图 2-5 显示了峰频为 30Hz 的雷克子波及其振幅谱，30Hz 的频率对应振幅谱的最大值。主频定义为地震信号视周期的倒数，对雷克子波而言，视周期是其两个波谷之间的时间间隔，对雷克子波求导数，并令导数为 0，则可以得到雷克子波波谷的时间位置，据此可以计算出雷克子波的视周期为：

$$T_d = 1/(1.3f_p) \tag{2-11}$$

主频作为视周期的倒数，有：

$$f_d = 1.3f_p \tag{2-12}$$

由式（2-12）可以看出，就雷克子波而言，其主频是峰值频率的 1.3 倍，主频高于峰值频率。另外，对于带限辛克子波而言，其主频也不在最高频率的 1/2 位置，而是最高频率 0.7 倍左右。子波的类型不同，峰值频率和主频的关系也不相同，对于实际地震资料而言，地震子波是未知的，很难确定主频和峰值频率之间的对应关系，只能利用峰值频率近似地震数据的主频。

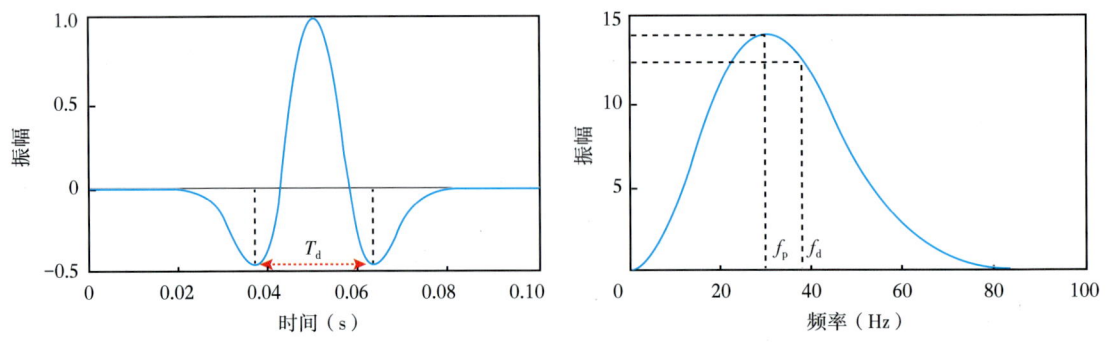

图 2-5　峰值频率为 30Hz 的雷克子波及其振幅谱

二、频率特征分析

与能量特性一样，频率特征是另外一个描述地震信号的基本特征。通过频率特性分析，可以了解地震信号的分辨能力及其在时间方向上和空间方向上的变化。影响地震信号频谱特征的因素很多，在纵向上，最值得关注的是地层吸收对频谱特性的影响，在横向上，最值得关注的是由于激发、接收和近地表差异造成的频率特性的空间差异。

由于地震波在黏弹性介质中的吸收效应，地震波随着传播时间的增大，高频成分逐渐被吸收，主频向低频移动，地震信号的分辨率整体呈减小的趋势。图 2-6 是对单炮地震记录的浅、中、深三个时窗进行傅里叶分析的结果，高频衰减、主频下移的趋势十分明显。基于这样的定量分析，可以详细地了解地震波在不同深度的高频衰减情况，采用反褶积和反 Q 滤波等针对性的处理方法对高频信号进行补偿和恢复。

采集因素和近地表因素的差异也会导致地震信号频谱特征在空间上的变化。图 2-7 是某工区野外地震数据目的层附近主频随空间的变化情况，通过对主频空间变化的分析，结合野外施工条件，可以判断主频差异的原因，采用近地表吸收补偿和地表一致性反褶积等方法可消除这些因素对地震信号频谱特征的影响。

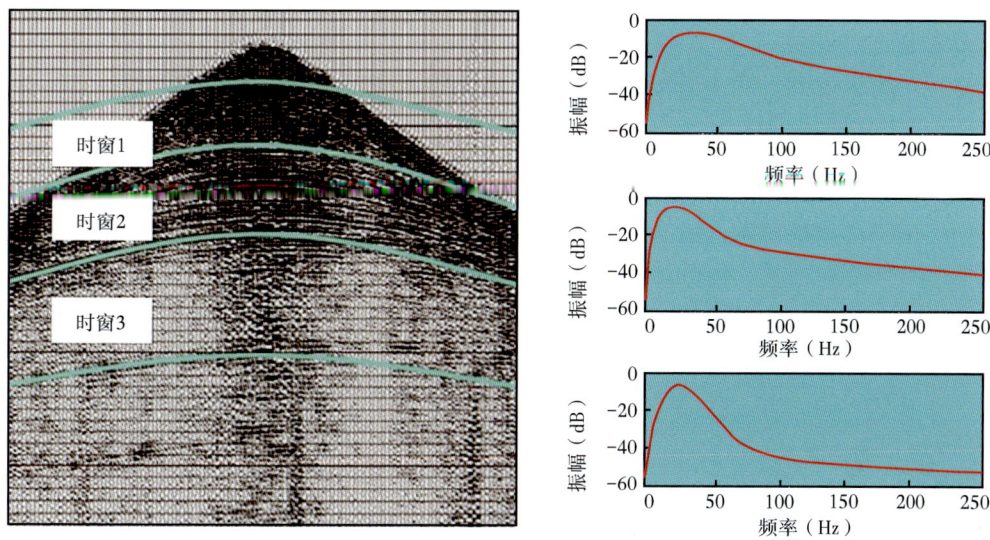

图 2-6　不同深度地震信号频谱特征定量分析

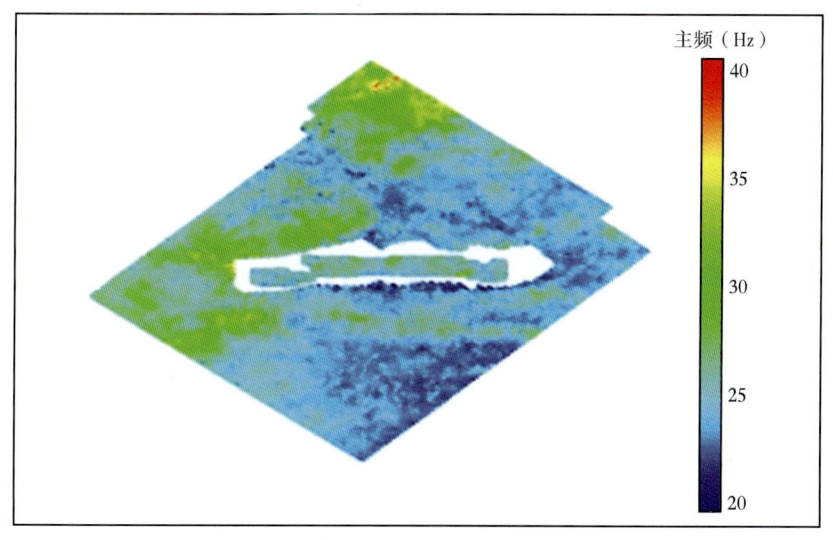

图 2-7　某工区野外地震数据主频空间变化

第三节　信噪比分析

信噪比反映了地震资料的品质和地震反射的可信度，是衡量地震资料好坏的重要标志之一。处理人员一般凭借自己的认识对地震剖面的信噪比进行定性评价，评价结果在一定程度上依赖于主观认识，缺乏客观性和定量性。在地震资料处理中，很多处理方法对地震数据的信噪比有特殊的要求，因此，在地震资料处理之前充分了解研究区信噪比的大小和空间变化情况，不仅对噪声压制模块的选择、关键参数的确定有着极其重要的意义，还对其他处理方

法的选择、处理流程的制定也有着重要影响。

一、信噪比与信噪比谱

由信号 $s(t)$ 和噪声 $n(t)$ 构成地震记录 $x(t)$：

$$x(t) = s(t) + n(t) \tag{2-13}$$

在频率域，式（2-13）表示为：

$$X(f) = S(f) + N(f) \tag{2-14}$$

该地震记录的信号纯度（也称为含信比）定义为：

$$P = \frac{\int s^2(t)\,dt}{\int s^2(t)\,dt + \int n^2(t)\,dt} = \frac{\int S^2(f)\,df}{\int S^2(f)\,df + \int N^2(f)\,df} = \frac{1}{1+1/R} \tag{2-15}$$

其中，R 为信噪比，且：

$$R = \frac{\int s^2(t)\,dt}{\int n^2(t)\,dt} = \frac{\int S^2(f)\,df}{\int N^2(f)\,df} \tag{2-16}$$

可以看出，信噪比为信号能量与噪声能量之比，它刻画了地震数据被噪声污染的程度。信号纯度谱为每一个频率的信号纯度，定义为：

$$p(f) = \frac{S^2(f)}{S^2(f) + N^2(f)} \tag{2-17}$$

不失一般性，信号纯度谱也可以定义为：

$$p(f) = \frac{|S(f)|}{|S(f)| + |N(f)|} = \frac{1}{1+1/r(f)} \tag{2-18}$$

其中，$r(f)$ 称为信噪比谱，有：

$$r(f) = \frac{|s(f)|}{|n(f)|} \tag{2-19}$$

可以看出，信噪比谱指的是每一个频率的信噪比，它是频率的函数，描述了每一个频率成分被噪声污染的程度。

经过反褶积之后的地震记录在频率域表示为：

$$Y(f) = X(f)H(f) \tag{2-20}$$

式中 $H(f)$——频率域反褶积算子。

则反褶积之后的信号纯度谱为：

$$p_y(f) = \frac{|H(f)||S(f)|}{|H(f)|[|S(f)| + |N(f)|]} = \frac{1}{1+1/r(f)} = p(f) \tag{2-21}$$

由式（2-21）可以看出，尽管反褶积之后地震记录的整体信噪比可能下降，但对于给定的频率而言，由于信号和噪声以相同的比例因子放大或减小，反褶积并不改变地震记录的信噪比谱。

图 2-8 是反褶积前后地震记录及其信号和噪声的变化情况，其中，图 2-8（a）至（f）是反褶积前后的信号、噪声和地震记录，图 2-8（g）至（l）是反褶积前后的信号、噪声和地震记录的振幅谱。反褶积之前地震记录的信噪比和信号纯度分别为 5.278 和 0.841，反褶积之后地震记录的信噪比和信号纯度分别降低为 1.401 和 0.584。这可以通过反褶积前后振幅谱的变化进行直观地解释：反褶积之后，90Hz 以上的高频分量对整个地震记录产生了更大的贡献，但是，这些高频分量绝大部分为噪声所占据。图 2-9 是反褶积前后信号纯度谱的对比，可以看出，虽然反褶积之后地震记录的整体信号纯度减低了，但信号纯度谱在反褶积前后没有改变。

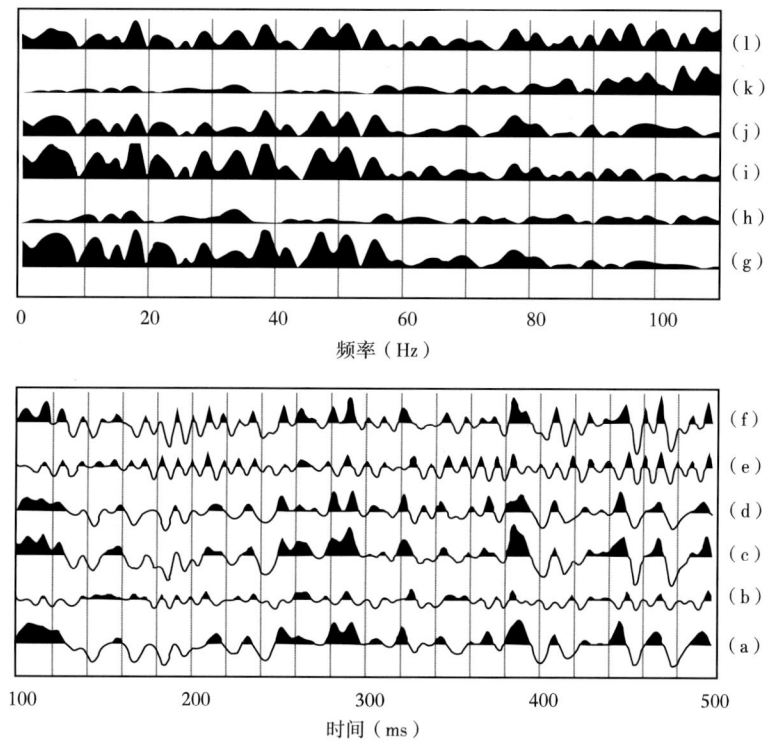

图 2-8　反褶积在提高分辨率的同时，降低了信噪比

图（a）至（f）分别是反褶积之前和反褶积之后的信号、噪声和地震记录；

图（g）至（d）是图（a）至（f）对应的振幅谱

二、信噪比估算方法

按照信噪比的定义，在已知信号和噪声的情况下，才能够精确计算信噪比的大小，这在实际工作中显然是不可行的。在实际信噪比的估算中，往往是基于地震信号的空间连续特征对信号进行某种估算，然后再对信噪比进行近似估算。很显然，实际信噪比的估算精度依赖

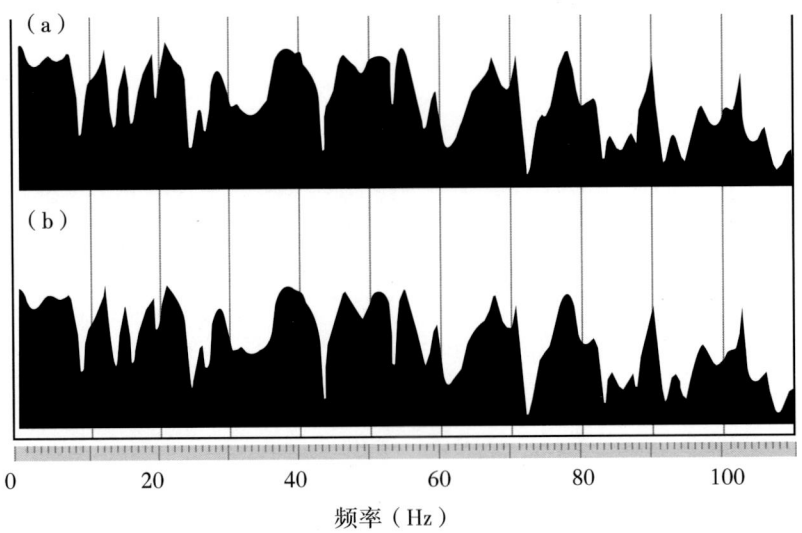

图 2-9　图 2-8 所示的地震记录反褶积前 (a) 后 (b) 的信号纯度谱

于所采用的信号检测方法。常用的信噪比估算方法有局部叠加法、奇异值分解法、统计平均法和相关扫描法等。这些方法具有各自的优点，但其计算效率都难以满足叠前大数据质量监控的时效性。为此，中国石油新疆油田公司勘探开发研究院郑鸿明等对现有方法进行了改进，实现了高密度叠前大数据的实时信噪比估算。与其他信噪比估算方法一样，该方法也采用了下面三个基本假设：(1) 地震信号在空间上是线性相关的；(2) 噪声在空间上是线性无关的；(3) 信号和噪声在空间上也是不相关的。

基于以上假设，地震记录的自相关可以表示为地震信号自相关和噪声自相关之和，而相邻地震道互相关的最大值仅为信号的自相关。由此得到了信噪比估算方法：

$$R=\frac{2R_{xy}}{R_{xx}+R_{yy}-2R_{xy}} \tag{2-22}$$

式中　R_{xx} 和 R_{yy}——分别是这两个地震道的自相关；

　　　R_{xy}——这两个地震道的互相关。

郑鸿明等采用下列策略大幅度提高了信噪比估算的计算效率：

(1) 用相关函数的极值替代相关函数的功率谱；

(2) 自相关函数是偶函数且在零时刻取极大值；

(3) 利用互相关函数的极值代替互相关功率谱。

信噪比的另一种表达方式称为含信比（也称为信号纯度），它与信噪比的关系表示为：

$$P=\frac{R}{R+1}\times 100\% \tag{2-23}$$

信噪比和含信比是同一概念不同的表达方式，两者可以通过式（2-23）互换。它们的值域不同，信噪比的值域为 0~∞，它表达了信号能量和噪声能量的倍数关系。而含信比的

值域为 0~100%，它表达的是信号能量占总能量的比值。由于含信比有固定的取值范围，绘图显示更加方便。

三、信噪比估算的应用

原始单炮地震记录是地震资料处理的最为重要的基础数据，熟悉并掌握整个工区内地震记录品质的分布情况，有助于选择针对性的处理流程和处理参数。影响地震记录品质的因素包括反射能量、噪声能量、信噪比、主频、频宽和子波一致性等，其中信噪比又是评判炮集记录好坏的重要参数。图 2-10 是某工区炮集记录的信噪比平面图，每个色块代表某一炮的信噪比，可以看出炮集记录的信噪比由南向北逐渐降低。影响每个炮集记录信噪比的因素很多，通过对图 2-10 信噪比空间分布的认识，结合近地表结构变化、近地表岩性变化及观测系统和激发、接收采集参数的变化，可以确定影响该工区地震记录信噪比的主要因素，根据分析结果指导相邻或类似区域地震资料采集方案的优化部署。根据信噪比估算结果可以定量统计本工区不同信噪比的炮数和道数，还可以根据信噪比确定工区内信噪比最低与最高的炮集记录（图 2-10 中的 1 号和 2 号点），再结合反射能量、噪声能量、信噪比、主频、频宽和子波一致性差异等属性的定量计算结果，选定一些特征地震记录作为后续处理的质控点，后续各处理环节需要关注这些代表性质控点的变化。同样也可以根据信噪比的分布及其他质控属性，选定工区内具有代表性的质控线，监控后续处理在这些质控线上的变化。总之，掌握原始地震资料信噪比的空间变化，对后续处理具有非常重要的指导意义。

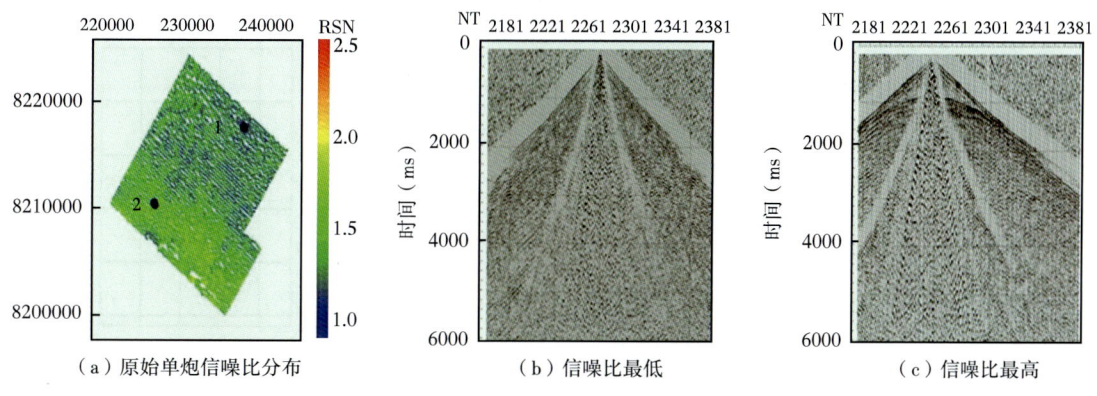

（a）原始单炮信噪比分布　　（b）信噪比最低　　（c）信噪比最高

图 2-10　原始单炮信噪比分布图（a）及其工区内信噪比最低（b）和最高（c）的单炮记录

处理过程对地震记录品质有较大影响，需要在关键环节上对处理质量进行监控和分析，以保证最终处理质量。以往只能在控制点和控制线上就处理过程的影响进行分析和评价，有了信噪比估算方法之后，能够很容易地计算整个地震数据的信噪比，对处理效果进行全面分析和整体评价。图 2-11 至图 2-13 显示了原始地震数据及其噪声压制和反褶积之后信噪比的变化情况，其中，图 2-11 是不同处理阶段单炮记录信噪比空间分布情况，图 2-12 是不同处理阶段信噪比柱状图，横轴是信噪比，纵轴是炮数，柱状图直观地展示了不同信噪比地震记录在整个地震数据中的分布。图 2-13 是不同处理阶段的典型单炮记录。可以看出，随着处理过程的推进，地震数据的信噪比逐步提高，且相同处理阶段不同单炮记录之间的信噪比差异也逐渐减小，信噪比柱状图由原始记录的正态分布逐步过渡到高信噪比居多的分布形态。

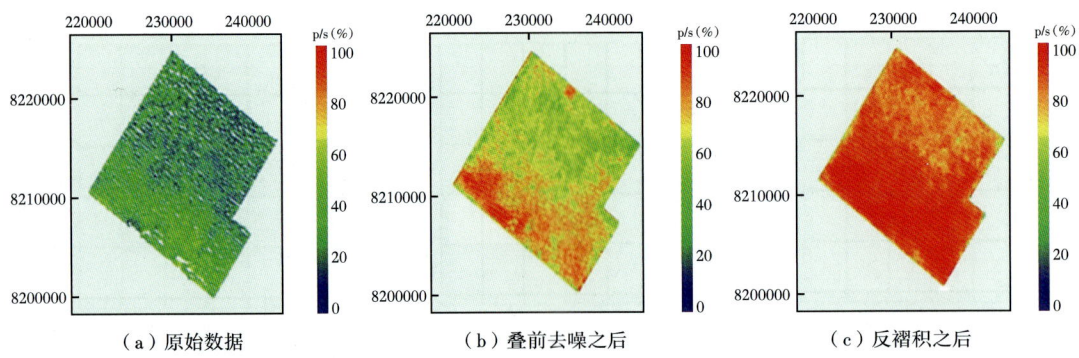

(a) 原始数据　　　　　　　　(b) 叠前去噪之后　　　　　　　(c) 反褶积之后

图 2-11　地震资料不同处理阶段单炮记录信噪比空间分布情况

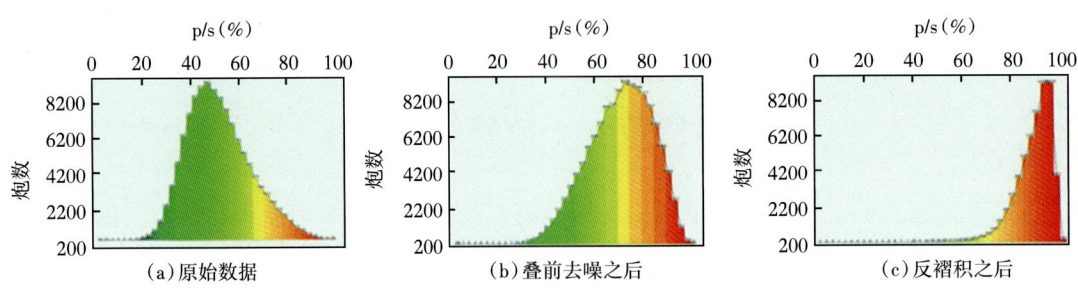

(a) 原始数据　　　　　　　　(b) 叠前去噪之后　　　　　　　(c) 反褶积之后

图 2-12　地震资料不同处理阶段信噪比柱状图

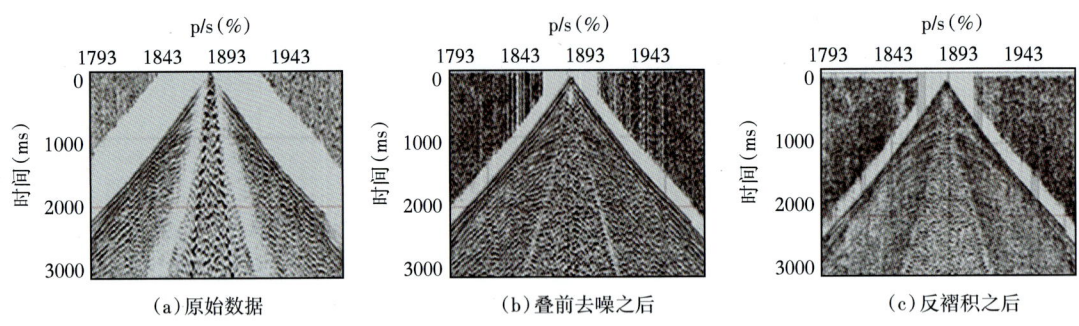

(a) 原始数据　　　　　　　　(b) 叠前去噪之后　　　　　　　(c) 反褶积之后

图 2-13　地震资料处理过程中典型单炮记录

相对于叠前数据，叠后地震记录的数据量大幅度减小，可以采用信噪比剖面对噪声干扰进行更加细致的分析，以便更加细致地观察不同处理方法和处理参数在地震剖面上的差异。图 2-14 是叠加数据及其信噪比剖面，信噪比剖面上方的柱状图显示了该地震道的平均信噪比。信噪比剖面直观地显示了地震数据在时间方向上和空间方向上的信噪比变化情况，有利于对处理流程进行深入细致的质量监控。需要注意的是，由于信噪比估算依据的是相邻地震道的相似性，断裂、尖灭、超覆等不连续地质现象也会降低信噪比的估算值，因此，除了信噪比分析之外，质量评价时还要考虑地震剖面的地质特征，结合地质结构等多种信息对地震剖面质量进行综合评价。

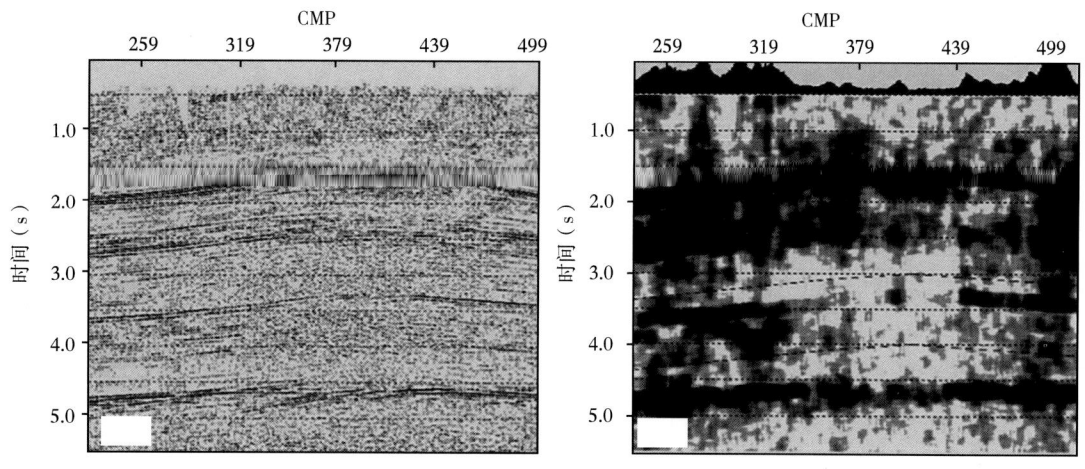

图 2-14 叠后数据（a）及其信噪比剖面（b）

第四节　子波特征分析

地震子波是地震记录的基本单元，是地震资料处理、地震属性分析和地震反演的关键要素，因此，地震子波特征分析在地震资料处理质量控制中具有非常重要的作用。通常认为，震源激发所产生的地震波是一个延续时间极短的尖脉冲，随着尖脉冲在黏弹性介质中传播，尖脉冲的高频成分很快被衰减，延续时间增大，在传播一段时间之后，形成波形相对稳定的地震子波。按照相位的差异，地震子波大致分为零相位子波、最小相位子波、最大相位子波和混合相位子波。地震子波的类型一方面取决于激发震源的类型（可控震源、炸药震源、气枪震源、重锤震源等），另一方面也与地震波的传播过程有关，地层吸收和耦合效应等都可能改变地震子波的形态。

一、子波估算方法

地震子波估计方法大体上可以分为确定性和统计性两类方法。在测井资料比较完备的地区，可以利用测井曲线计算反射系数序列，再结合井旁地震道由反射系数序列估算地震子波。确定性方法的优点是不需要对反射系数和地震子波进行任何假设，缺点是在井资料缺乏的地区或测井曲线受井孔环境影响较大的情况下，其应用会受到限制。另外，井曲线如何准确地投影到地震数据上（即井震匹配）也是一个较为棘手的问题。统计性子波估计方法的优点是不需要测井数据，当反射系数序列满足某种概率分布函数时，即可由地震数据估算地震子波。这类方法最早由 Robinson 于 1975 年提出，它基于反射系数白噪假设使得地震记录的自相关近似表示地震子波的自相关，再由自相关函数计算地震子波的振幅谱，进而得到零相位子波和最小相位子波。Lazear（1993）将高阶统计理论用于子波估计，提出了基于高阶统计量的混合相位子波估算方法。这两种方法是目前应用最为广泛的子波估算方法，下面分别进行简要介绍。

基于地震记录自相关的子波估算方法假设反射系数为白噪序列，地震子波的自相关近似等于地震记录的自相关，地震子波的振幅谱近似等于地震记录振幅谱的平滑包络，由此可以从地

射纵波、反射横波、透射纵波和透射横波，其反射系数和透射系数满足如下的 Zoeppritz 方程。

$$\begin{bmatrix} \sin\theta_1 & -\cos\phi_1 & -\sin\theta_2 & -\cos\phi_2 \\ -\cos\theta_1 & \sin\phi_1 & -\cos\theta_2 & \sin\phi_2 \\ \sin2\theta_1 & -\dfrac{v_{p1}}{v_{s1}}\cos2\phi_1 & \dfrac{\rho_2 v_{s2}^2 v_{p1}}{\rho_1 v_{s1}^2 v_{p2}}\sin2\theta_2 & \dfrac{\rho_2 v_{s2} v_{p1}}{\rho_1 v_{s1}^2}\cos2\phi_2 \\ \cos2\phi_1 & \dfrac{v_{s1}}{v_{p1}}\sin2\phi_1 & -\dfrac{\rho_2 v_{p2}}{\rho_1 v_{p2}}\cos2\phi_2 & \dfrac{\rho_2 v_{s2}}{\rho_1 v_{p1}}\sin2\phi_2 \end{bmatrix} \begin{bmatrix} R_{pp} \\ R_{ps} \\ T_{pp} \\ T_{ps} \end{bmatrix} = \begin{bmatrix} -\sin\theta_1 \\ -\cos\theta_1 \\ \sin2\theta_1 \\ -\cos2\phi_1 \end{bmatrix} \quad (2-28)$$

式中　v_p、v_s、ρ——分别是纵波速度、横波速度和密度；

　　　θ_1——纵波的入射角和反射角；

　　　ϕ_1——横波的反射角；

　　　θ_2——纵波的透射角；

　　　ϕ_2——横波的透射角；

　　　R_{pp}、R_{ps}、T_{pp}、T_{ps}——分别是纵波的反射系数、转换横波的反射系数、纵波的透射系数、横波的透射系数。

上面的各个角度满足 Snell 定律：

$$p = \frac{\sin\theta_1}{v_{p1}} = \frac{\sin\phi_1}{v_{s1}} = \frac{\sin\theta_2}{v_{p2}} = \frac{\sin\phi_2}{v_{s2}} \quad (2-29)$$

其中，p 为式（2-29）定义的射线参数。

尽管 Zoeppritz 方程在 20 世纪初就已经建立，但由于数学上的复杂性和物理上的非直观性，一直未能得到很好的应用。直到 20 世纪 80 年代，出现了著名的 Aki&Richards 近似公式，推动了 AVO 技术的实际应用。该近似公式表示为：

$$R_{pp}(\theta) = \frac{1}{2}(1 - 4v_s^2 p^2)\frac{\Delta\rho}{\rho} + \frac{1}{2\cos^2\theta}\frac{\Delta v_p}{v_p} - 4v_s^2 p^2 \frac{\Delta v_s}{v_s} \quad (2-30)$$

其中：

$$\Delta v_s = v_{s2} - v_{s1}$$
$$v_s = (v_{s1} + v_{s2})/2$$
$$\Delta v_p = v_{p2} - v_{p1}$$
$$v_s = (v_{p1} + v_{p2})/2$$
$$\rho = (\rho_2 + \rho_1)/2$$
$$\Delta\rho = \rho_2 - \rho_1$$
$$\theta = (\theta_1 + \theta_2)/2$$

随后，Shuey（1985）将式（2-30）修改为工业界广泛使用的所谓的 Shuey 近似，即

$$R_{pp}(\theta) \approx R_0 + \left[A_0 R_0 + \frac{\Delta\sigma}{(1-\sigma)^2}\right]\sin^2\theta + \frac{1}{2}\frac{\Delta v_p}{v_p}(\tan^2\theta - \sin^2\theta) \quad (2-31)$$

其中：

$$R_0 = \frac{1}{2}\left(\frac{\Delta v_p}{v_p} + \frac{\Delta \rho}{\rho}\right)$$

$$A_0 = B_0 - 2(1 + B_0)\left(\frac{1 - 2\sigma}{1 - \sigma}\right)$$

$$B_0 = \frac{\Delta v_p/v_p}{(\Delta v_p/v_p) + (\Delta \rho/\rho)}$$

σ 为泊松比，有：

$$\sigma = \frac{1 - 2(v_s/v_p)^2}{2[1 - (v_s/v_p)^2]}$$

式（2-31）将反射系数表示为小角度项（第一项）、中等角度项（第二项）和大角度项（第三项）之和，在实际应用中经常忽略大角度项，此时 Shuey 公式可进一步简化为：

$$R_{pp}(\theta) \approx P + G\sin^2\theta \tag{2-32}$$

其中：

$$P = R_0 = \frac{1}{2}\left(\frac{\Delta v_p}{v_p} + \frac{\Delta \rho}{\rho}\right) = \frac{1}{2}\ln(v_p \rho) \tag{2-33}$$

$$G = \frac{1}{2} \times \frac{\Delta v_p}{v_p} - \frac{2\Delta v_s^2}{v_p^2} \times \frac{\Delta \rho}{\rho} - \frac{4\Delta v_s^2}{v_p^2} \times \frac{\Delta v_s}{v_s} \tag{2-34}$$

从式（2-32）可以看出，反射振幅与入射角正弦函数的平方 $\sin^2\theta$ 呈线性关系，其形态受两个参量 P 和 G 控制，P 称为 AVO 截距，描述了零炮检距剖面的振幅属性，G 称为 AVO 梯度，描述了振幅随炮检距（入射角）的变化率。

二、合成 AVO 道集

为了对实际地震数据 AVO 反射特征的可靠性进行考核与分析，需要利用测井数据合成 AVO 叠前地震记录。利用测井数据合成叠前地震记录的方法很多，基于 Zoeppritz 方程的叠前正演是较为常用的一种方法，但是，该方法只能模拟一次反射波，不能模拟上覆介质的影响及与此有关的多次波和转换波。虽然目前多次波压制的方法很多，但所压制的一般为长周期多次波，对于层间多次和短程多次，尚缺乏有效的压制方法。另外，地震波在波阻抗界面不断发生类型转换，纵波转换为横波，横波再转换为纵波，实际地震记录中也广泛发育此类的转换纵波。反射率法基于矩阵传播理论对叠前波场进行正演模拟，该方法不仅能够模拟一次反射信号，还能够对多次波和转换波进行精确模拟，尤其适合于利用测井数据对叠前波场进行正演模拟。

图 2-20 利用模型数据展示了反射率法所合成的叠前地震记录，从左到右依次为一次波合成记录、引入多次波之后的合成记录、引入多次波和转换波之后的合成记录及其多次波和转换波合成记录。从中可以清晰地看到多次波和转换波对合成地震记录波场特征的影响。图 2-21 展示了 Zoeppritz 方程和反射率法合成道集的对比情况，两者的 AVO 反射特征存在较大的差异，因此，为了客观地评价实际叠前道集的反射特征，需要在合成地震记录的过程中考虑多次波和转换波的影响，实现全波场地震模拟。

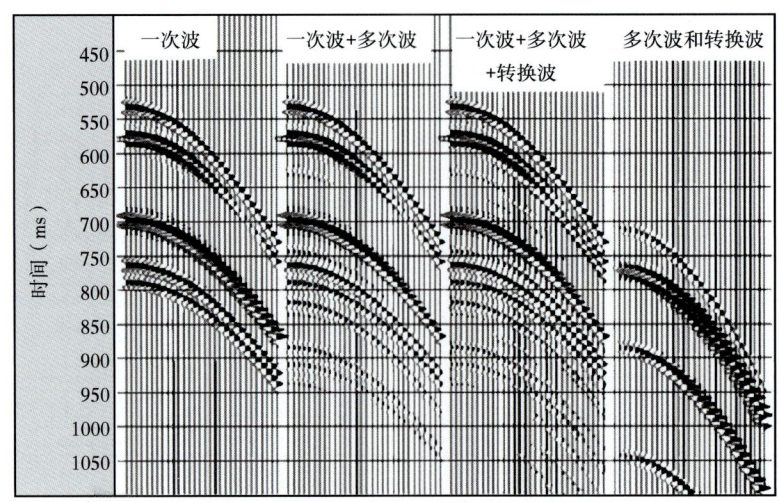

图 2-20 反射率法合成叠前地震记录

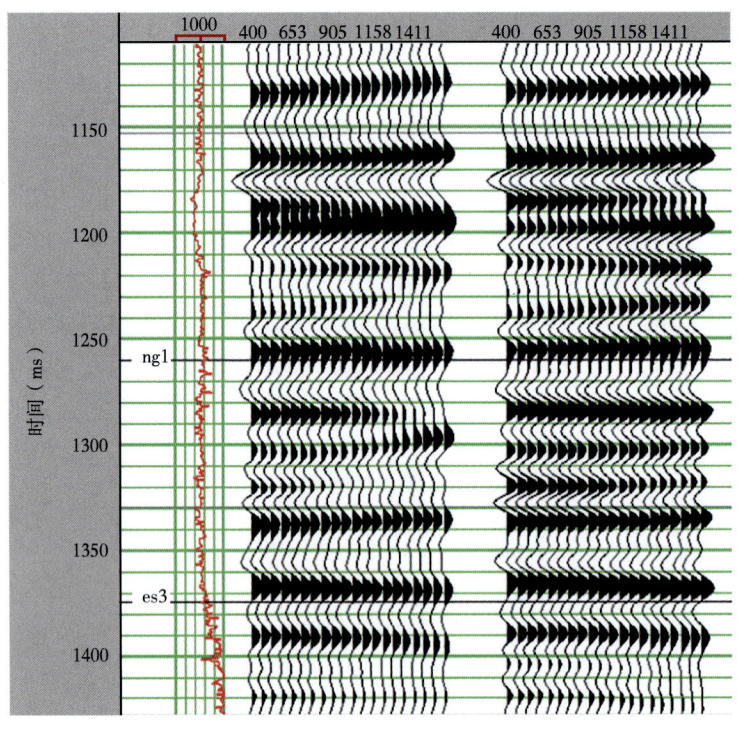

图 2-21 Zoeppritz 方程（左）和反射率法（右）合成道集对比

三、AVO 特征分析

相对于常规的以叠后合成地震记录标定为考核指标的质量控制方法，叠前 AVO 分析质量控制方法对叠前数据的保幅性能提出了更高要求，尤其适合于以叠前反演为目标的地震资料处理质量监控。图 2-22 是对偏移数据进行合成地震记录标定的结果，合成地震记录与井旁地震道具有很好的一致性，满足了常规质量控制的要求。图 2-23 是叠前合成地震记录与

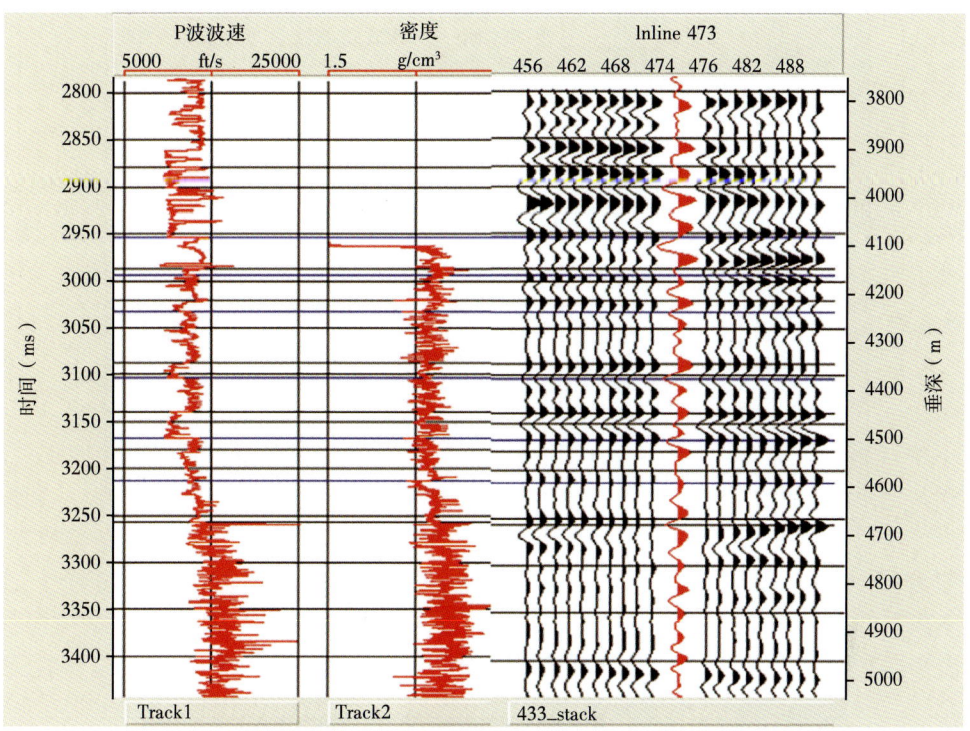

图 2-22 叠后合成记录与井旁地震道对比

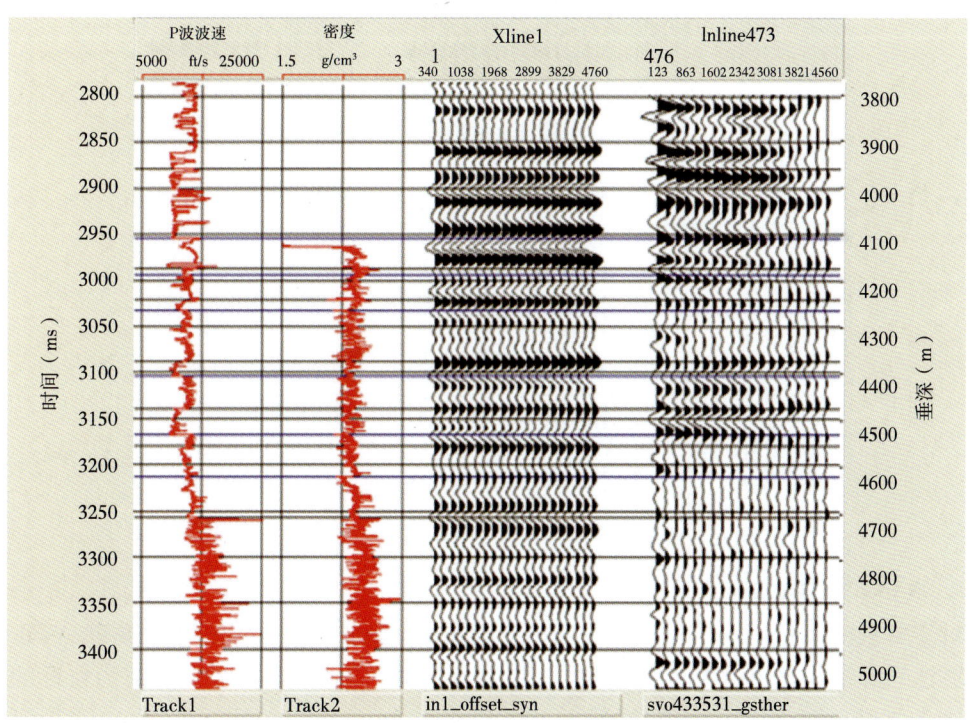

图 2-23 叠前合成记录与井旁道集对比

井旁道集的对比情况。尽管两者在叠后具有很好的一致性，但两者在叠前AVO反射特征上存在较大差异。叠后合成地震记录层位标定只能说明成像位置的正确性，并不能保证叠前数据的保幅性能。就该实例而言，需要对引起叠前AVO特征差异的原因进行深入分析，改进和优化处理流程，提高叠前数据的保幅性能。

图2-24是新疆油田某区块利用叠前合成地震记录对叠前偏移CRP道集进行AVO反射特征质控分析的情况。可以看出，井旁CRP道集与合成叠前道集相比，无论是在反射特征和波组关系上，还是在AVO曲线变化趋势上，都具有较高的一致性，可以满足AVO反演对叠前数据保幅性能的要求。

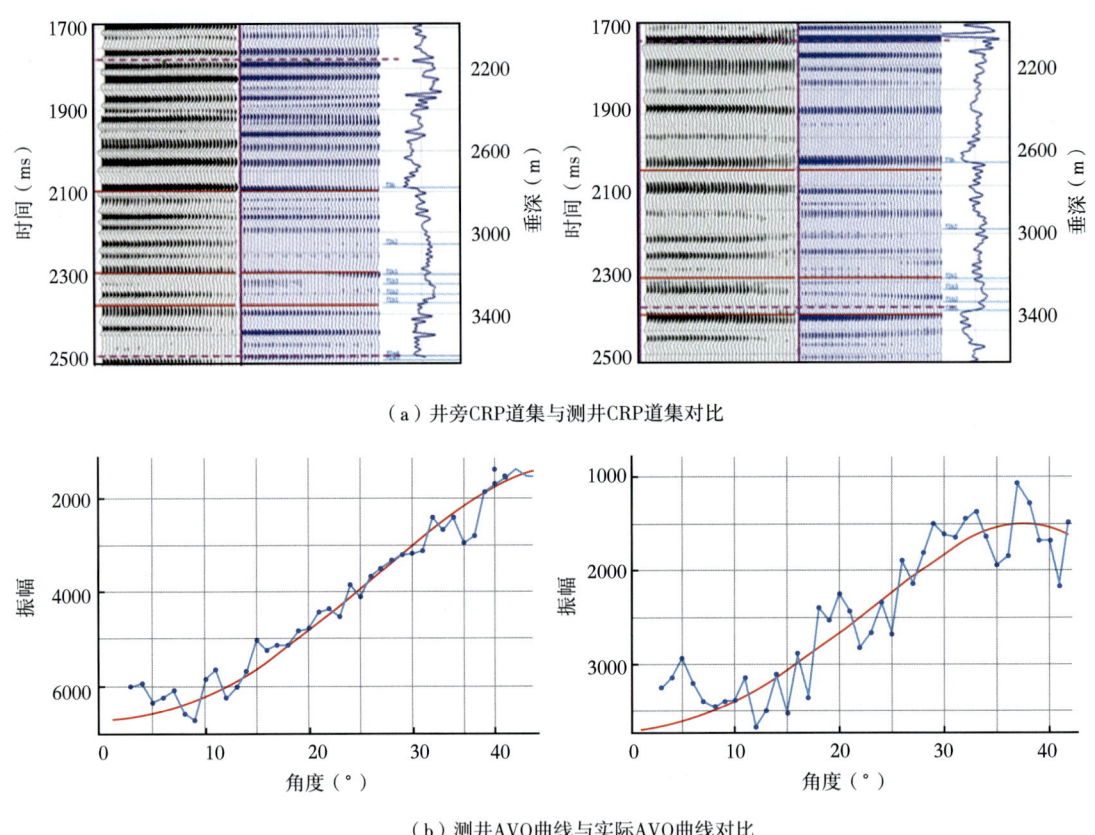

(a) 井旁CRP道集与测井CRP道集对比

(b) 测井AVO曲线与实际AVO曲线对比

图2-24 新疆油田某区块AVO反射特征质量监控

梯度和截距是AVO特征分析的两个重要参数。其中，截距代表零炮检数据的反射振幅，是叠后地震反演的基础数据。梯度与含油气性密切相关，在一定程度上可以反映储层的流体性质。图2-25是由某工区叠前偏移道集得到的梯度和截距属性平面图，结合地表因素和采集因素，这两张属性图上没有与地表和采集因素有关的"非地质因素脚印"，在一定程度上满足了AVO质控的要求。

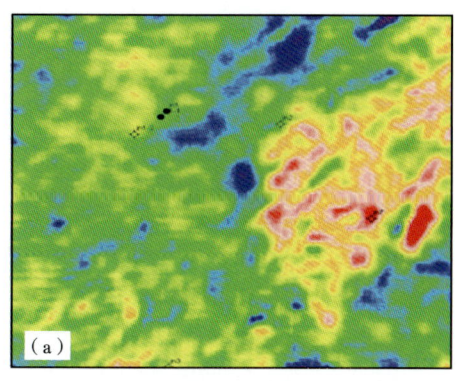 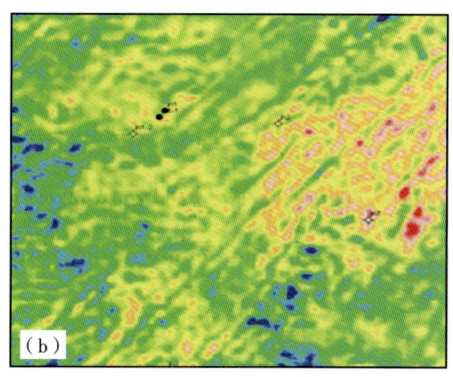

图 2-25 某工区叠前道集计算的 AVO 截距 (a) 和 AVO 梯度 (b) 属性

第六节 平面属性分析

地震属性是从地震数据中提取的与地震波几何学、运动学、动力学和统计特征有关的参数，可用来表征和研究地震数据包含的时间、振幅、频率、相位及衰减等特性。地震属性分析技术利用从地震数据体中提取的有用信息，并将其转化为与岩性、物性或油藏参数有关的信息，为地震地质解释提供依据。

一、地震属性的分类

地震属性的种类有很多，按使用的数据体分为叠前和叠后地震属性。按属性作用方式分为剖面属性、层面属性和体属性。按属性计算方法分为几何属性和物理属性，其中，几何属性主要描述地震反射界面的几何形态，通常用于断层、反射同相轴的构造解释；物理属性描述了地震波的动力学特征，包括振幅、频率、相位及其衍生属性。按照属性的地震道数可分为单道属性和多道属性，前者反映地震信息与地质信息在时间上的变化，后者描述地质信息的空间变化。Brown（1996）按属性的基本定义将地震属性分为振幅属性、频率属性、时间属性和吸收属性四类。Chen（1997）以运动学和动力学为基础，将地震属性分为振幅、频率、相位、波形、能量、衰减、相关和比率共八类属性。另外，按照地震属性的功能，Chen（1997）又将地震属性分为亮点、暗点、不整合圈闭、含油气异常、薄储层、地层不连续性和岩性尖灭等相关属性。张延玲等（2005）从实际应用角度，根据不同研究目标、层系和岩性变化，结合地震属性的地质意义将属性划分为振幅统计类、频谱统计类、相位统计类、复地震道类、层序统计类和相关统计类，这类方法考虑了地震属性的数学意义和物理意义，地质意义较为明确。凌云研究组（2004）从众多地震属性中定义了瞬时振幅、瞬时频率、瞬时相位、相干体和波形聚类五种基本属性，认为当这五种基本地震属性对地质异常体没有任何反映时，其他地震属性的分析结果缺乏必要的可信度。

不同于地震资料解释和储层预测中的属性分析，地震资料处理质量监控所使用的地震属性相对较少，主要使用振幅和频率等较为稳定的地震属性，其中，振幅属性在地震资料处理质量监控中应用最为广泛。图 2-26（a）是薄互层模型砂体累计厚度分布图，图中包含 6 套相互叠置的砂体，砂体最大累计厚度在 10m 左右。在地震剖面上，现有的地震分辨率很难对 6 套砂体进行有效的识别和分辨。图 2-26（b）是从地震数据中提取的均方根振幅切片，

在振幅切片上,不仅能够清晰地确定每套砂体的边界和范围,振幅大小还很好地反映了砂体厚度的变化情况。

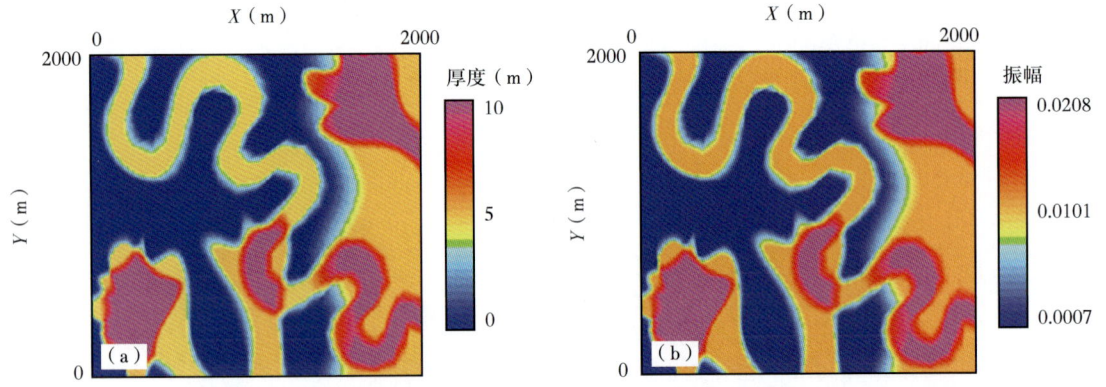

图 2-26 薄互层模型砂体累计厚度(a)及其地震反射振幅切片(b)

二、平面属性的质控

在地震资料处理质量监控过程中,值得关注的不是属性切片的地质含义,而是如何保护这些地震属性不被众多的处理环节所破坏,为综合研究提供高保真的处理成果。

图 2-27 展示了不同处理阶段的振幅属性切片,依次是原始数据、叠前去噪、振幅补偿、反褶积、叠加和偏移。原始数据的振幅切片由于信噪比较低和特征比较模糊,叠前去噪

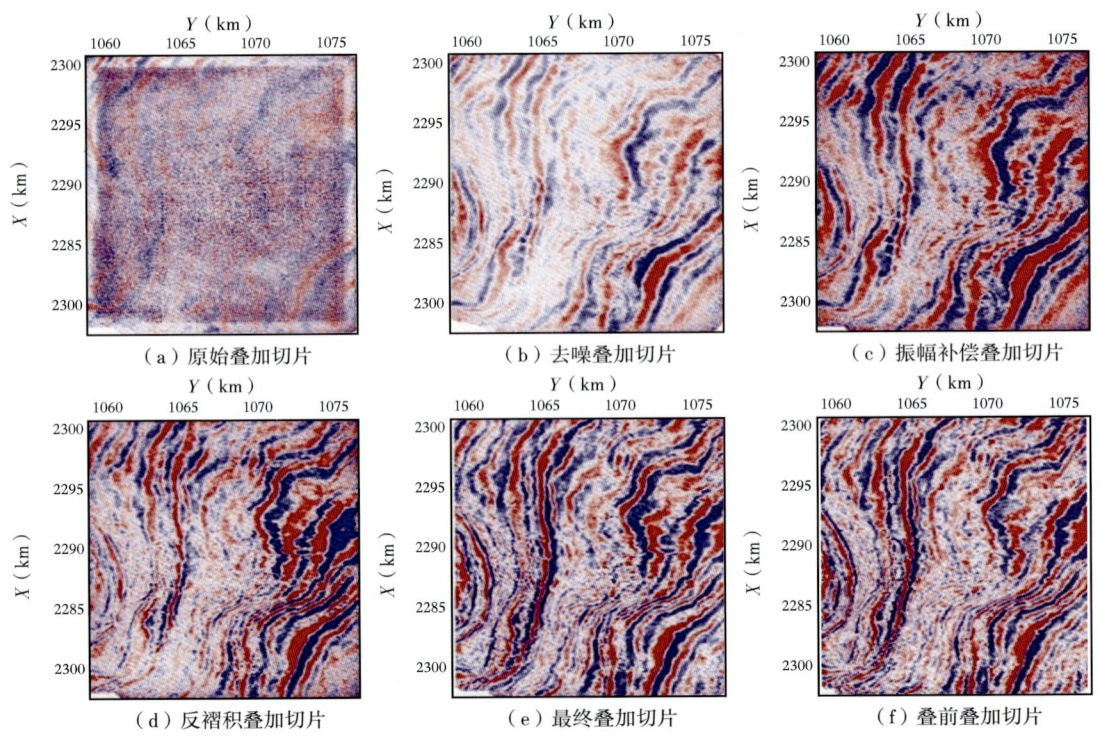

图 2-27 不同处理阶段振幅属性的变化

后切片的轮廓更加清晰，但由于没有进行振幅补偿，弱振幅信息显示不够清楚。在振幅补偿后的属性切片上，能量变化更加分明。反褶积后提高了地震记录的有效带宽，增强了振幅切片上的细节变化。最终处理成果上的振幅切片能量均匀、层次分明，可靠地反映了地质结构的横向变化。图2-28是提高分辨率前后振幅切片质控对比，提高分辨率之后，在相位关系保持不变的情况下，振幅切片所反映的地质现象更加清晰。

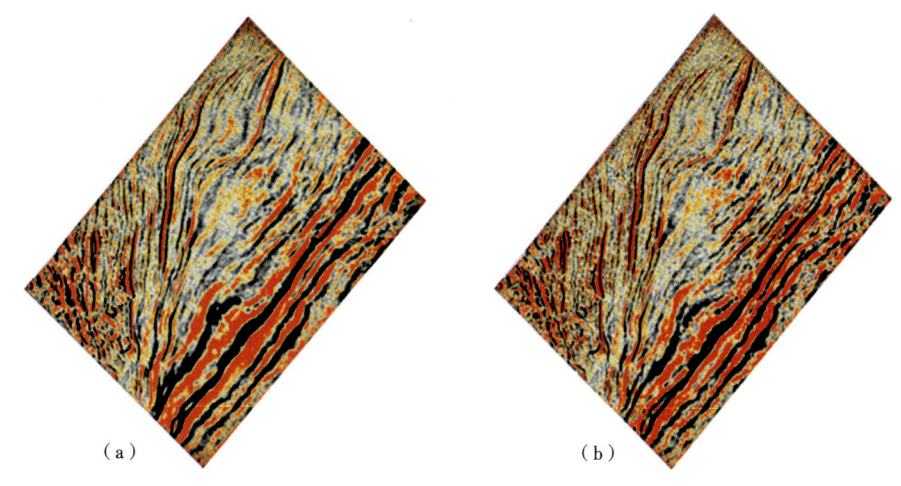

图2-28　提高分辨率前（a）后（b）地震切片对比

第七节　质控点和质控线的选择

地震资料处理项目应设置质量监控的点、线、面，在控制点、控制线和控制面上对处理过程进行多维度质量监控，具体要求包括：

（1）点、线、面的选择要具备代表性与控制性，应反映地表和地下地震地质特征的变化，且各处理环节质量控制的点、线、面应保持一致；

（2）质控点应按不同类型进行选择，不同类型范围内至少包含一个点，工区范围内质控点数不少于4个，在地表和地下地震地质条件复杂地区，应相应增加质控点的数目；

（3）根据钻井分布和地质目标确定控制线，二维地震勘探应为十字线或过井线，三维地震勘探至少为"井"字形线和过井线；

（4）质控面应至少包含工区内最浅、最深的标志层和主要目的层；

（5）质控点、线、面的选择由项目提供方与项目处理方共同确认；

（6）质控点、线、面的检查率要达到100%。

图2-29是玛湖地区三维地震数据处理过程中对考察点进行质量监控的情况，就单炮记录而言，叠前去噪、Q补偿和反褶积均取得了预期效果，满足控制点质量评价的要求。图2-30是对控制线进行质量监控的情况，控制线的质量在叠前去噪、Q补偿、反褶积、叠后偏移和叠前偏移之后逐步得到改善，满足了控制线质量监控的要求。图2-31是利用振幅切片对不同处理阶段的叠后数据进行质量监控的情况，通过观察振幅、频率等平面属性的变

化，对不同处理阶段的效果进行质量监控。在完成平面质量监控之后，在有钻井数据的地区还要抽取连井测线，如图 2-32 所示，利用测井合成记录等对处理成果进行分析和评价。

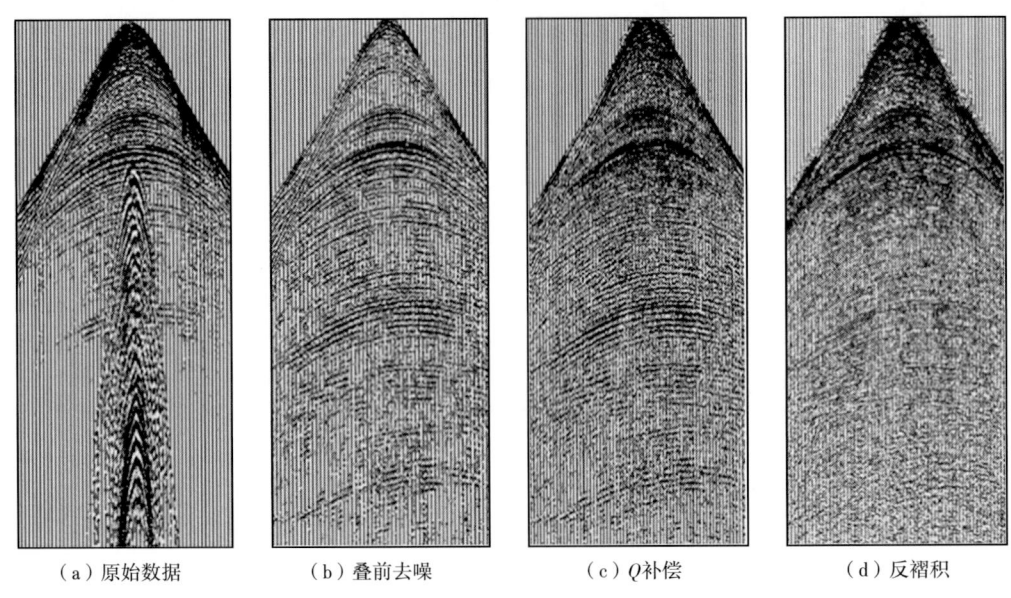

(a) 原始数据　　(b) 叠前去噪　　(c) Q 补偿　　(d) 反褶积

图 2-29　不同处理阶段控制点质量检查

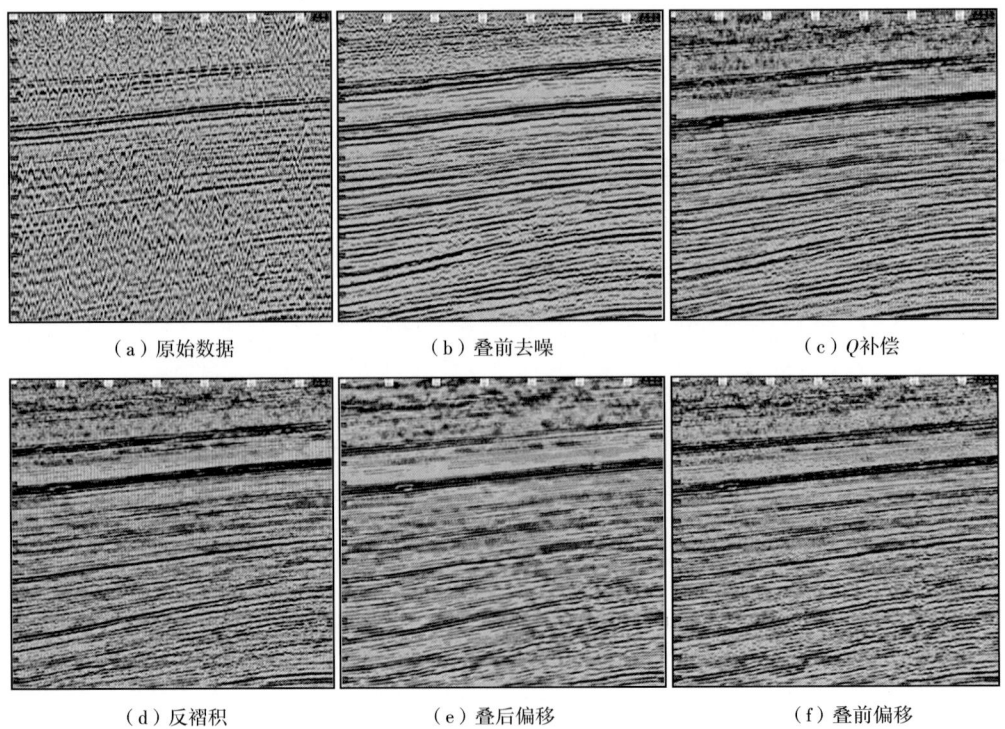

(a) 原始数据　　(b) 叠前去噪　　(c) Q 补偿

(d) 反褶积　　(e) 叠后偏移　　(f) 叠前偏移

图 2-30　不同处理阶段控制线质量检查

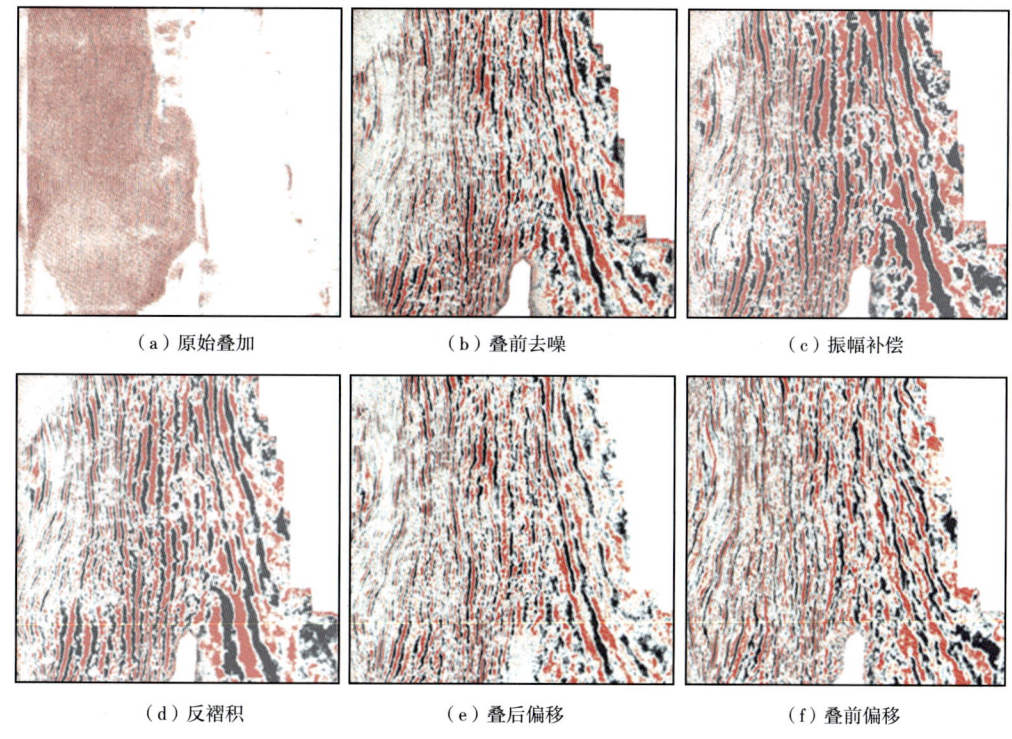

图 2-31　不同处理阶段振幅切片质量监控

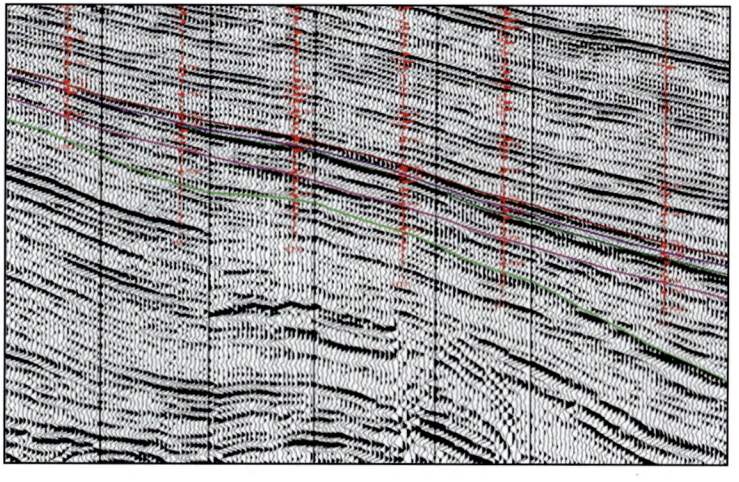

图 2-32　连井测线质量监控

第三章 预处理阶段质量监控

预处理指地震数据处理前的准备工作,它是地震资料处理中重要的基础工作,一般定义为把野外采集的地震数据正确加载到地震资料处理系统,进行观测系统定义,并结合采集因素和近地表因素对地震数据进行分析和评价的过程。相对于其他阶段的处理工作,预处理工作虽然没有涉及太多的理论和方法,但要对野外施工设计、采集班报、观测系统、高程和野外静校正数据等进行仔细检查和认真核对,工作庞杂、任务烦琐,对质量控制具有更高的要求。

第一节 观测系统分析

地震资料处理中的许多工作是基于地震道的炮点坐标、检波点坐标及根据这些坐标所定义的处理网格进行的。野外地震数据的道头中记录了每一个地震道的野外文件号(FFID)和道号(Channel Number),炮点和检波点的坐标信息记录在野外班报中。观测系统定义就是以野外文件号和记录道号为索引,赋予每一个地震道正确的炮点坐标、检波点坐标及由此计算的中心点坐标和面元序号,并把这些数据记录在地震道头或观测系统数据库中。观测系统定义一般由炮点定义、检波点定义和炮点与检波点关系模版定义三部分组成。

观测系统定义是地震资料处理中重要的基础工作。不同的处理系统,观测系统定义方式不同,特别是当野外采集条件复杂、观测系统变化较大、偏离设计位置的炮点和检波点数目较多时,很容易产生错误,因此需要有相应的质量控制手段对观测系统进行检查。首先,参照施工设计对基于观测系统绘制的炮点位置分布图、检波点位置分布图、覆盖次数分布图等观测系统属性图件进行检查和分析,然后对地震记录的初至波进行线性动校正,以共炮点、共检波点和共偏移距显示初至时间变化情况,对初至异常变化地震道涉及的观测系统参数进行检查和更正。

图 3-1 是观测系统定义后绘制的炮点和检波点位置分布图,结合野外施工报告和地表情况,对图 3-1 中的空炮和空道进行核实和检查,确保炮点、检波点空间位置和相对关系的完整性、正确性。线性动校正是观测系统检查的重要手段,其基本原理是:若观测系统正确,则根据炮检距计算的线性时差应该保证初至波在共炮点、共检波点和共炮检距上呈大致拉平的形态,若某一道的时差相对相邻地震道出现较大的跳跃,则该地震道的几何信息可能在观测系统定义时存在错误。图 3-2 是某一共炮点道集线性动校正后的局部显示,初至波大致拉平,整体趋势比较平稳,因此,该道集中检波点的几何信息应该是正确的。

炮检位置图和覆盖次数图是最基本的观测系统属性图件。对于叠前偏移处理,为了避免偏移画弧、保证反射能量的聚焦和归位,要求地震数据的覆盖次数、炮检距和方位角分布相对均匀。因此,预处理阶段还要对每个反射面元的炮检距分布和方位角分布进行考察和分析,以便在后续的地震资料处理中采取针对性的面元均匀化方法,保证地震偏移的成像质

量。可以从图 3-3 所示的图件对不同面元炮检距和方位角分布进行考察和分析，另外还可以绘制不同炮检距和不同方位角的覆盖次数图。

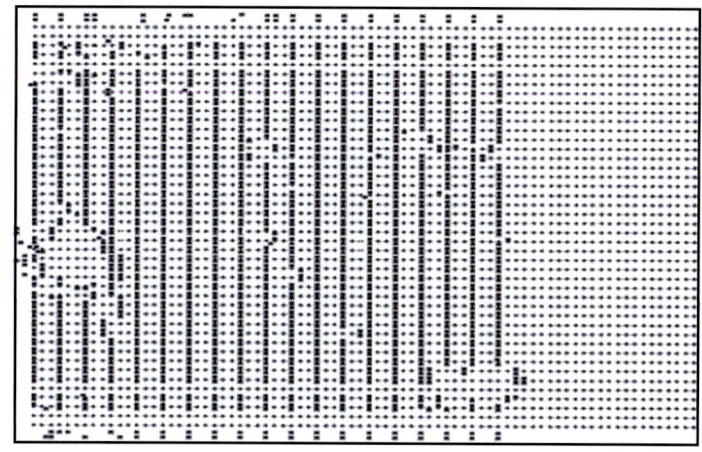

图 3-1　炮点和检波点位置图

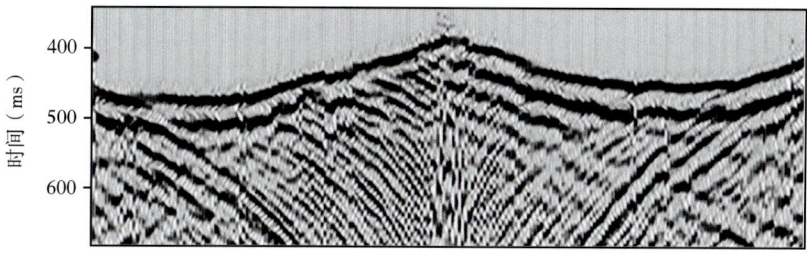

图 3-2　初至波线性动校正

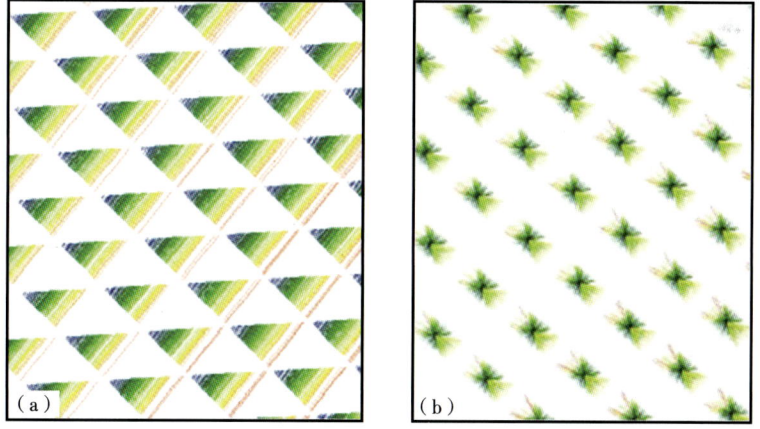

图 3-3　炮检距（a）和方位角（b）分布图

第二节　能量分析

在野外地震采集中,地震记录的能量与激发、接收、近地表性质、地层吸收和传播距离等多种因素有关。预处理阶段能量分析的主要目标是观测和确定采集因素和近地表因素对地震能量横向变化的影响。通过计算并显示共炮点道集的能量分布情况,评价激发因素和炮点位置的近地表差异对反射能量的影响,通过计算并显示共检波点道集的能量分布情况,评价接收因素和检波点位置的近地表差异对反射能量的影响。对照野外施工情况,就能量差异的大小及引起差异的原因进行深入分析,为后续的振幅补偿处理提供参考和依据。

图 3-4 是某工区的炮点能量分布图。可以看出,该工区能量分布极不均匀,西南高,东北低,两者能量相差 10 倍左右。图 3-5 是该工区西南区域和东北方向抽取的共炮点道集对比,两者的能量差异十分突出。该地区在施工过程中强化了西南方向的激发能量,造成工区内能量的横向变化,这些差异需要在后续的地表一致性处理中进行补偿和消除。需要指出的是,地表一致性能量补偿主要是补偿一个排列范围内的能量差异,对于超出一个排列长度的能量差异,需要首先进行炮点能量调整,再进行地表一致性能量补偿,才能取得理想的补偿效果。

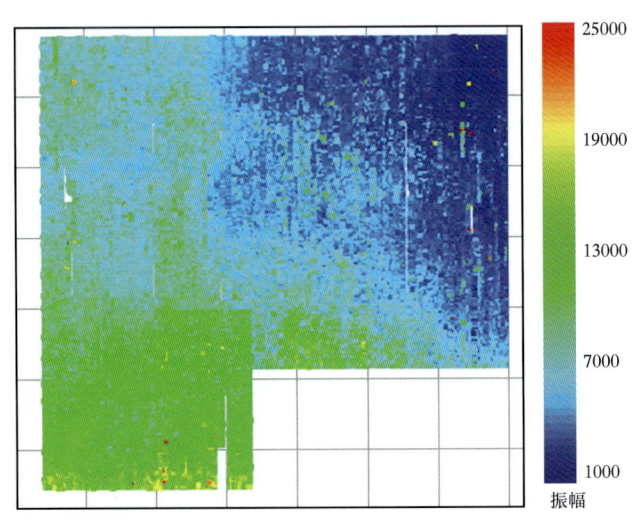

图 3-4　某工区原始单炮能量平面图

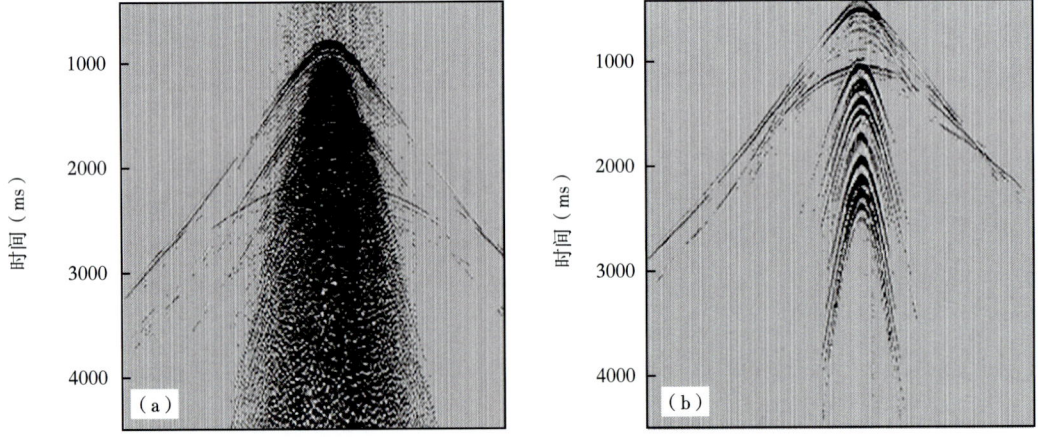

图 3-5　西南方向(a)和东北方向(b)抽取的共炮点道集对比

第三节 噪声分析

噪声识别和压制在地震资料处理中具有十分重要的作用。常见的噪声类型有面波、浅层折射和多次折射、声波干扰、机械干扰、工业电干扰、异常振幅及各类随机干扰等。

面波是地震资料中最为常见的干扰类型，具有低频、低速、频散、强能量和扫帚状等特点，是一种很容易识别的噪声类型。人们经常将面波归属于线性干扰，实际上只有当炮点在排列上时，面波才表现为线性特征，当炮点在横向上偏离排列时，面波表现为双曲线特征（图3-6）。另外，面波的频散特性使得其传播速度与频率有关，高频传播得快，低频传播得慢，波形在传播过程中逐渐发散，最后形成扫帚状形态，从这个意义上讲，面波也不完全属于线性干扰。加之，面波的振动方向是逆进的椭圆，地表接收到的振幅分量随炮检距发生变化，这也加重了面波的非线性特征。

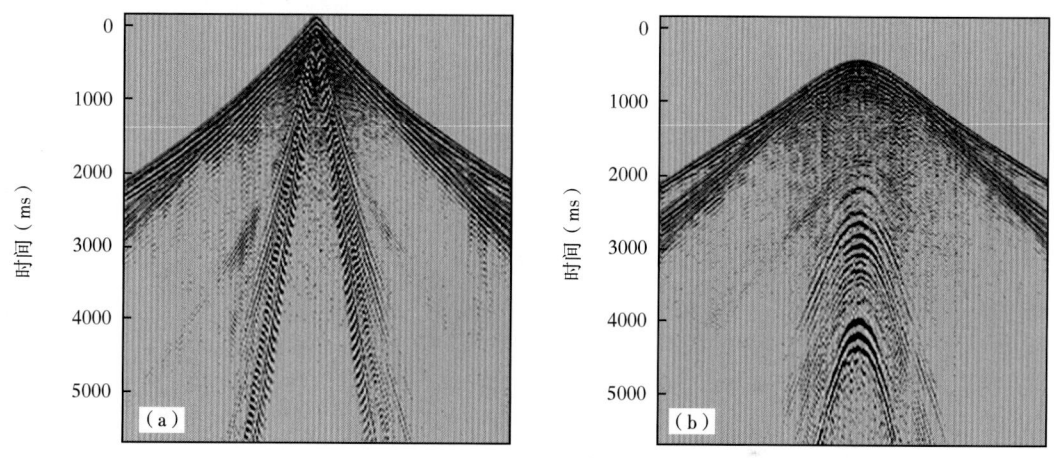

图3-6 炮点在排列上（a）和炮点在横向上偏离排列（b）时的面波

浅层多次折射是另外一种常见的规则干扰。如图3-7所示，多次折射表现为一组相互平行的线性同相轴，能量强、波形稳定、频率成分与有效信号接近，对有效信号伤害很大。浅层多次折射的形成与地表结构有关，当近地表速度变化较大时，很容易产生次类干扰波。若近地表厚度不是很大，则低速层之下激发可以较大幅度地降低该类干扰的影响。

在地震数据采集过程中，如果附近有抽油机等机械振动，则可能产生图3-8（a）所示的有源干扰。在海上地震勘探过程中，附近可能有船只活动，因此，这类有源干扰在海上地震勘探中更加常见。这类干扰波能量较强，频率不稳定，速度接近为地表速度，呈线性或双曲线形态，对有效信号影响很大。若在野外采集过程中，检波器出现漏电等情况，则可能产生图3-8（b）所示的强能量异常干扰。这类干扰能量很强，仅出现在某些地震道上，从浅到深分布，在地震资料处理中一般采用整道剔除的压制策略。

声波和工业电干扰也是常见的噪声类型，但这些噪声有固定的速度或固定的频率，比较容易识别和剔除。野外地震记录中普遍发育有各种随机干扰，随机干扰不具备时间方向和空间方向的相关性，从浅到深弥漫在整个地震剖面上。由于深层地震信号较弱，而随机噪声的

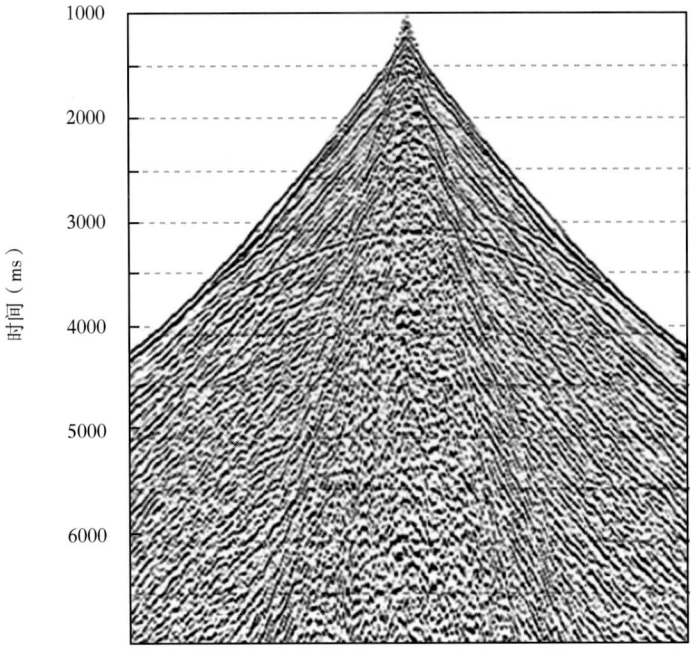

图 3-7 浅层多次折射干扰波

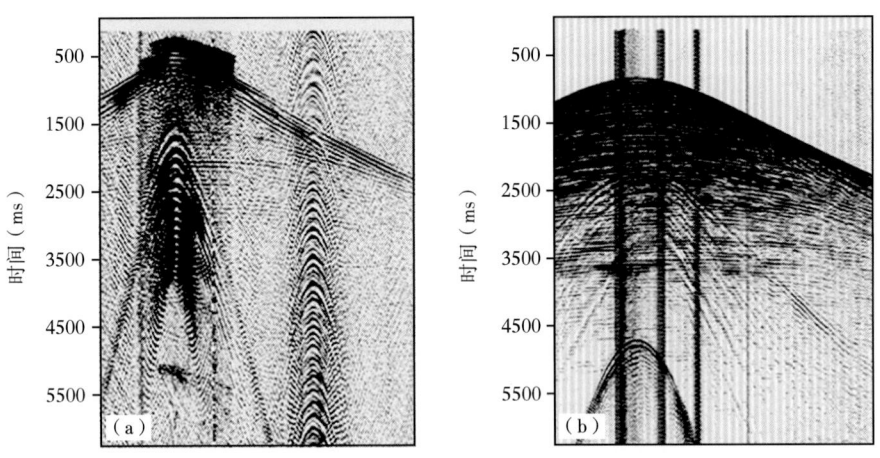

图 3-8 有源机械干扰（a）和异常道干扰（b）

强度与反射时间无关，使得深层反射具有更低的信噪比。随机噪声大致可以划分为与震源有关的随机噪声和与震源无关的随机噪声。风吹草动等这类干扰属于与震源无关的随机噪声，而地表和地下的散射属于与震源有关的随机噪声。对于与震源有关的随机噪声，其噪声强度与震源强度成正比，震源信号越强、噪声也越大，因此，这类噪声较与震源无关的随机噪声对地震资料的影响更加严重。由于多次波的反射特征在原始地震数据上与有效反射比较接近，预处理阶段很难识别和分析多次波干扰，因此，预处理阶段一般不对多次波进行太多的分析，而是留待后续处理中进行识别和压制。

在对工区噪声干扰的类型和特点初步分析的基础上,下一步需要计算并显示整个工区的信噪比分布图,就整个工区的噪声分布情况进行综合分析。图3-9是某工区原始地震数据信噪比分布平面图,红色代表信噪比较高的区域,绿色代表信噪比较低的区域。由于地表条件的差异,原始数据信噪比差异较大,需要在后续处理中对信噪比较低的区域采取针对性处理方法,并采用类似的方法对噪声压制效果进行监控和评价。

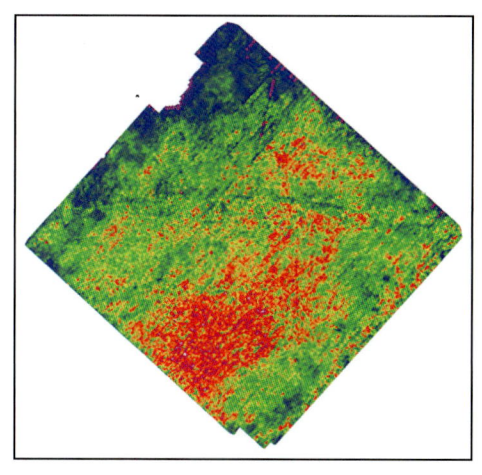

图3-9 某工区信噪比分布图

第四节 频率分析

地震信号的频率特性在横向上受激发、接收因素和近地表因素的影响,在纵向上受地层吸收的影响。通过频率分析可以明确原始地震数据的有效频带范围及其在时间方向上和空间方向上的变化情况。

首先需要对原始单炮记录进行分时窗频谱分析,考察地震信号在不同深度的频率分布情况。图3-10是某工区典型单炮记录及其不同时窗的振幅谱,由于地层吸收作用,从浅到深,地震信号的频带逐渐变窄,主频向低频移动。由于在频谱分析图件上很难区分哪些频率是噪声干扰,哪些频率是有效信号。因此,对单炮记录进行初步的频谱分析之后,还要对原

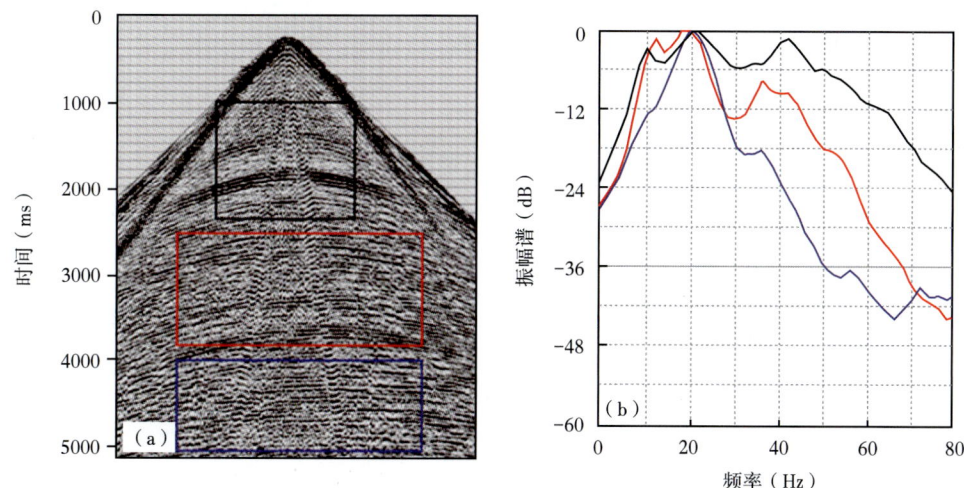

图3-10 某工区典型单炮记录(a)及其不同深度的振幅谱(b)

始地震数据进行图 3-11 所示的从低频到高频的分频段扫描处理。由于高频信号较弱，随着扫描频率的增加，地震信号的连续性逐渐变差，最终消失在随机干扰的背景之中，以此来判断地震信号的有效频带范围。这种有效频带判断方法基于不同频段地震信号的横向连续性，隐含有信噪比谱分析的基本思想，较频谱分析更加准确和可靠。另外，通过频率扫描，也能够更加准确地判断不同噪声的频率分布情况，为噪声压制提供更加准确的参数依据。

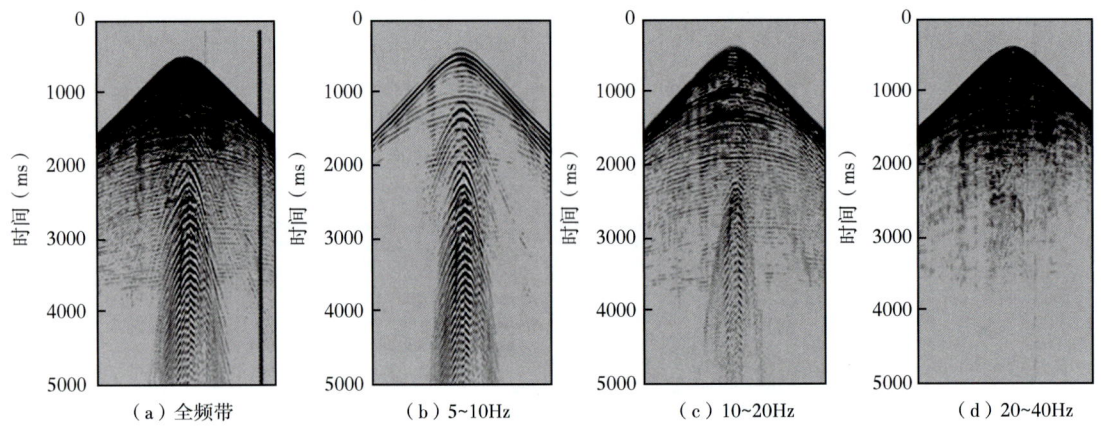

图 3-11　分频扫描优势频带分析

在单炮频谱分析和频率扫描的基础上，还需要计算和显示整个工区的主频分布平面图和频宽分布平面图，对整个工区的频率分布情况进行综合分析和全面评价。图 3-12 是某工区原始地震数据主频分布平面图，主频在工区范围内变化较大，其中，主频较低的绿色区域与近地表条件有关，这些差异可以通过后续的近地表吸收补偿和地表一致性反褶积进行补偿和消除。

图 3-12　某工区原始地震数据主频分布图

第五节 子波分析

地震资料处理的核心任务之一就是压缩子波并改善子波在空间上的一致性。影响子波的因素很多，激发条件、接收条件和传播过程都会对子波产生不容忽视的影响。

图 3-13 展示了不同震源激发导致的子波差异，图中红线左侧是可控震源、右侧是炸药震源。一般而言，炸药震源激发的子波趋近于最小相位子波，其能量集中在子波的前部，而可控震源子波是扫描信号自相关的结果，趋近于零相位子波，其能量集中在子波的中部。因此，图 3-13 中红线两侧的地震数据在相位上存在明显的区别，加之两类子波在能量和频率上的不同，使得整个地震剖面在反射特征和波组关系上存在差异。

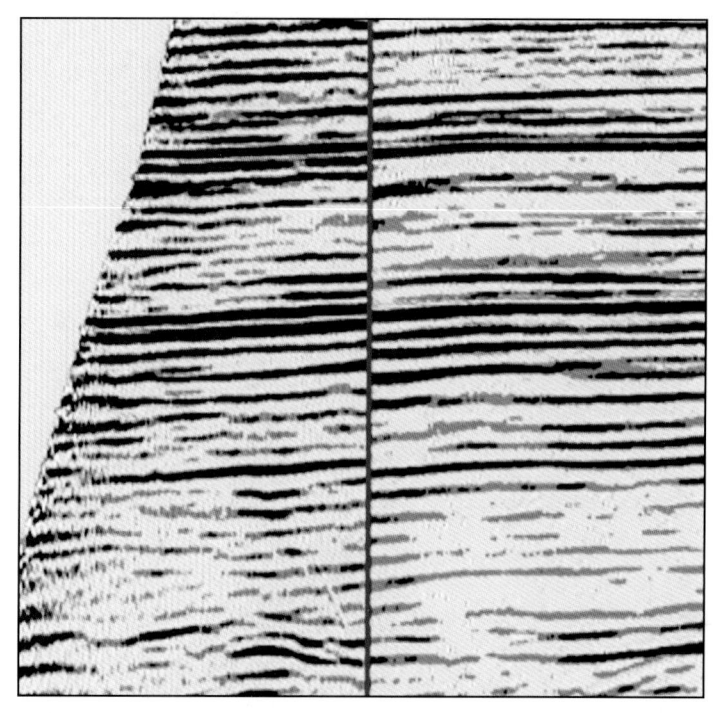

图 3-13　不同震源激发导致的子波差异（红线左侧为可控震源，红线右侧为炸药震源）

不同类型检波器具有不同的频率特性，即使检波器的类型相同，其频率特性也不完全一样。图 3-14 展示了不同类型检波器接收对地震子波的影响，图中红线两侧采用了不同类型的检波器，左侧为浅水接收，采用了压电检波器，右侧为陆上接收，采用了速度检波器。图 3-14 清晰地展示了两类检波器造成的子波差异。

即使是相同的震源类型，井深、岩性等激发环境对地震子波也具有较大影响。图 3-15 展示了微测井近地表调查中不同井深激发子波的差异。检波器埋置在地表，采用相同类型的雷管激发，激发深度分别是 10m 和 40m。理论上讲，由于 40m 深度激发的地震信号较 10m 深度激发的地震信号传播到地表检波器时经历了更多的高频吸收作用，其频率要低于 10m 深度激发的地震信号。实际上，由于激发环境的差异，40m 深度激发的地震信号的主频比

10m 深度激发的地震信号的主频高 40Hz 左右,该实验很好地展示了激发环境对子波的影响。

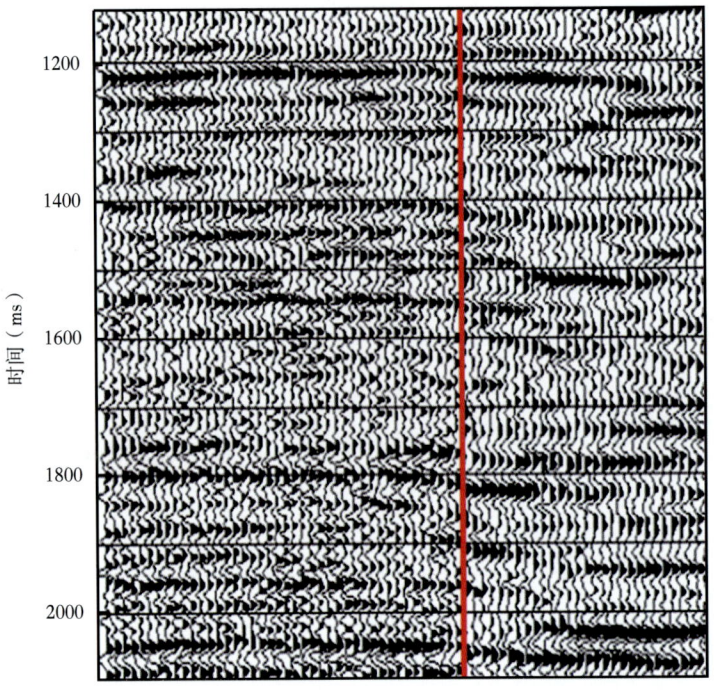

图 3-14　不同类型检波器接收导致的子波差异（红线左侧为压电检波器,红线右侧为速度检波器）

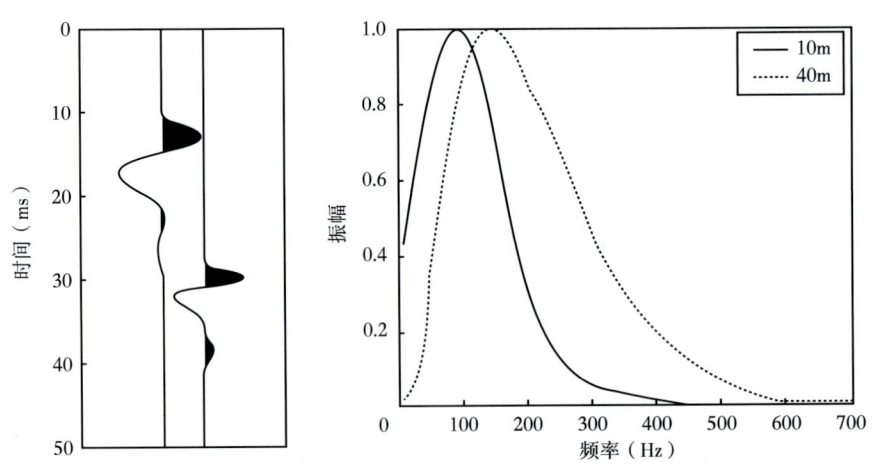

图 3-15　激发深度对子波的影响

图 3-16 展示了检波器耦合对地震子波影响。在地表同一位置埋置了 5 个类型相同,但耦合程度不同的检波器;其中,前三个检波器按照野外采集规范进行埋置,尽量保证检波器与地表的充分耦合,后两个检波器中,一个埋置得比较松散,另外一个没有与地表垂直埋置。从图 3-16 中可以看出,前三个埋置较好的检波器所接收的地震子波与后两个没有按规范埋置检波器所接收的地震子波存在明显差异,另外,即使是前三个埋置较好的检波器,其

波形在视觉上也存在一些差异。

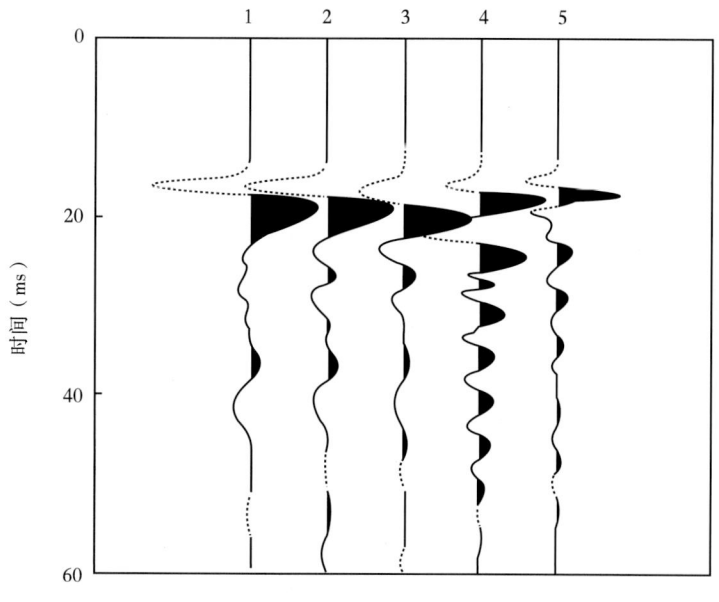

图 3-16　检波器耦合对子波的影响

在地震资料处理中经常涉及不同区块的连片处理，不同区块之间采集因素和近地表因素存在差异，导致了地震子波及其反射特征的横向变化。另外，即使是同一块资料，在不同采集年度，潜水面等地表因素也可能产生变化，这些都会导致地震子波的不同。图 3-17 是几个区块拼接的地震数据，两块资料在反射特征上存在明显差异。

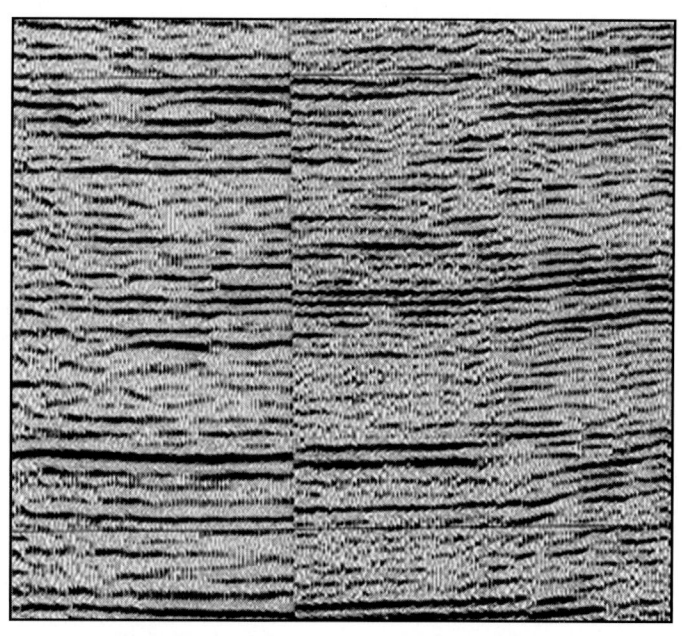

图 3-17　不同采集参数地震资料的拼接显示

地震记录的自相关函数是地震子波一致性分析的常用工具，其理论基础是：在反射系数为白噪的假设下，可以利用地震记录的自相关近似地震子波的自相关。在实际应用中，为满足反射系数白噪假设，自相关时窗长度至少为子波长度的4倍，且尽量避开噪声干扰。需要注意的是，自相关本身不包含地震子波的相位信息，两个相同振幅谱、不同相位谱的地震子波具有完全一致的自相关函数，因此，自相关的一致性只能代表振幅谱的一致性。图3-18是某一排列的自相关函数，近地表条件的变化及由此导致的检波器耦合差异，使得自相关函数在横向上差异较大，这种差异反映了地震子波及其频谱沿排列方向的变化情况，需要采用地表一致性处理方法进行补偿和校正，并对处理的实际效果进行监控分析。

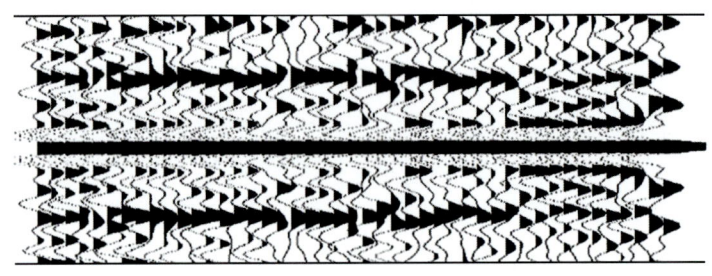

图3-18　某一排列的自相关函数

自相关函数是一个对称函数，其主峰值在零点位置，幅值大小与子波的能量有关。主峰值的两侧有若干个波峰和波谷，其间存在零值振幅，称为过零点位置。主峰值两侧的两个过零点位置的时间间隔与地震子波的频率有关，间隔越小，子波的频率越高。因此，可以使用自相关函数过零点平面图对地震子波的空间进行考察和评价。图3-19是某工区自相关函数过零点平面图，可以直观地看出地震子波在空间上的变化情况。

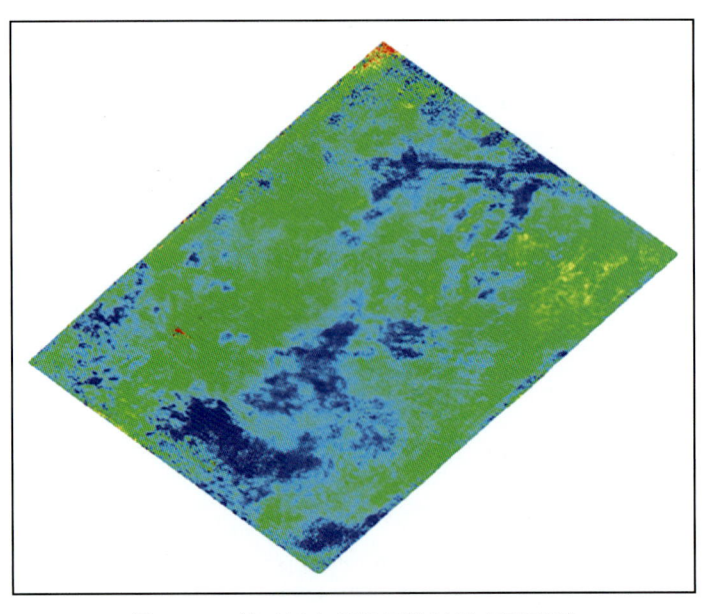

图3-19　某工区自相关函数过零点平面图

第六节 地表因素分析

近地表因素对野外地震数据的质量具有较大影响，这些因素包括地理环境、地形地貌、施工条件、采集参数和低降速带变化等。复杂的地表环境使得近地表波场十分复杂，除了面波和多次折射之外，还伴随有复杂的散射波场，这些散射波能量很强，频谱和反射波接近，严重降低了原始地震数据的信噪比。地表高程和近地表结构的变化畸变了地震信号的轨迹和时差，破坏了地震反射在共反射点道集上的一致性，降低了叠加质量。在地表和近地表结构存在长波长变化时，还可能导致在处理成果中出现虚假的反射构造。近地表未固结地层对地震波具有强烈的吸收作用，不仅降低了地震信号的能量，还造成高频衰减和相位畸变，降低了地震记录的分辨率。

一、地形地貌分析

不同的地表环境对野外数据采集参数具有很大的影响，不仅会引起震源位置、震源类型、震源强度、检波器位置、检波器类型及其观测系统的变化，还会引起激发环境、检波器耦合质量、能量吸收和频率衰减、噪声类型和强度等因素的变化。在村庄、厂矿附近施工时，可能要适当减小激发强度并采取变观方式采集。在工业区施工时，不可避免地会产生工业电干扰。在石灰岩裸露区、沙漠地区和戈壁砾石区施工时，会伴随很强的地表噪声，且噪声类型和发育特征存在较大差异。因此，在预处理阶段，地震资料处理人员应该结合野外施工设计和野外施工验收报告对工区的地形地貌特征进行全面梳理，对地形地貌的变化做到心中有数，以便在后续处理中对出现的问题进行针对性分析，采用恰当的解决方案。

图 3-20 是新疆某工区的航空卫片和不同地表条件现场照片，施工区域内有农田、戈壁、山地和河流等不同的地表环境，并有公路和铁路等穿过整个工区。地震资料野外采集报告中对这些区域的具体位置、地形地貌特征、采集参数及其地震资料品质特征的变化等都有十分详细的描述，地震资料处理人员在预处理阶段应该对这些资料进行深入学习和系统梳理。

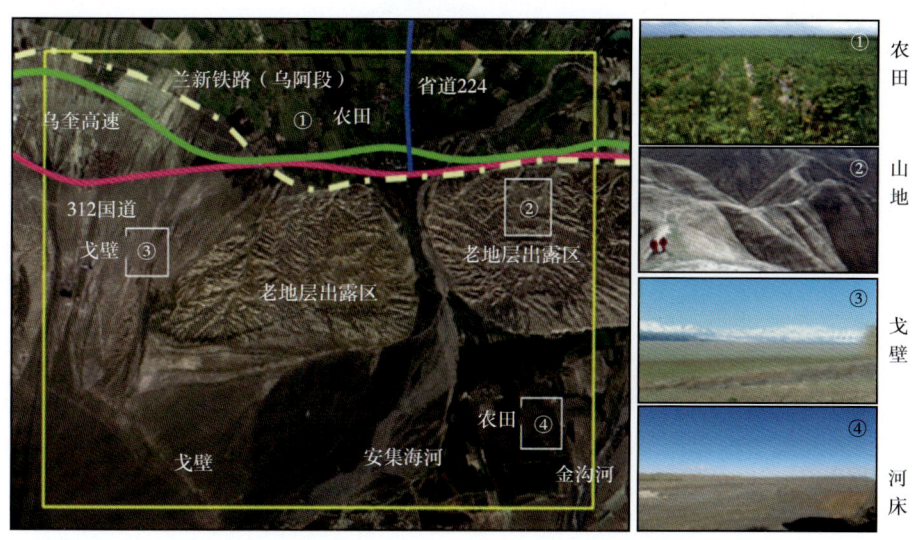

图 3-20 某工区地形地貌等施工条件的变化

二、与地表有关的地震资料品质分析

不同的地表条件其信号特征和噪声特征存在较大差异，另外，为适应地表条件的变化，野外施工过程中会采用不同的采集参数和观测系统。所有这些都会引起不同地表条件地震资料品质的差异。海上采集的地震数据，其地震信号频率较高，但多次波干扰十分严重。沙漠地区采集的地震数据，有效信号的能量衰减十分突出，且存在严重的沙丘散射干扰。戈壁区采集的地震数据，不仅存在强烈的散射噪声，还伴随有能量很强的浅层多次折射干扰。黄土塬地区采集的地震数据，除了能量衰减和高频吸收之外，还存在较强的侧向回声干扰。湖泊区地震数据采集往往使用压电检波器进行接收，与陆地接收的地震信号存在相位差异。草原湿地采集的地震数据虽然整体上具有较高的信噪比，但风吹草动的影响会弥漫在地震记录的高频背景之中，干扰了地震记录的高频信号。因此，在预处理阶段，地震资料处理人员需要对工区内不同地表环境的地震记录进行对比分析，明确不同地表条件的能量特征、频率特征和信噪比特征，初步评估这些差异对后续处理的影响，为后续处理和质量监控提供参考依据。

图 3-21、图 3-22 是某工区不同地表条件采集的原始地震记录及其频谱。三张原始单炮记录在地震反射特征、噪声发育特征和频率分布特征等方面都存在较大差异，需要在后续的处理中采用不同的噪声衰减方法和频率补偿方法，尽量消除地表因素对地震资料的影响，恢复地下结构的真实反射特征。

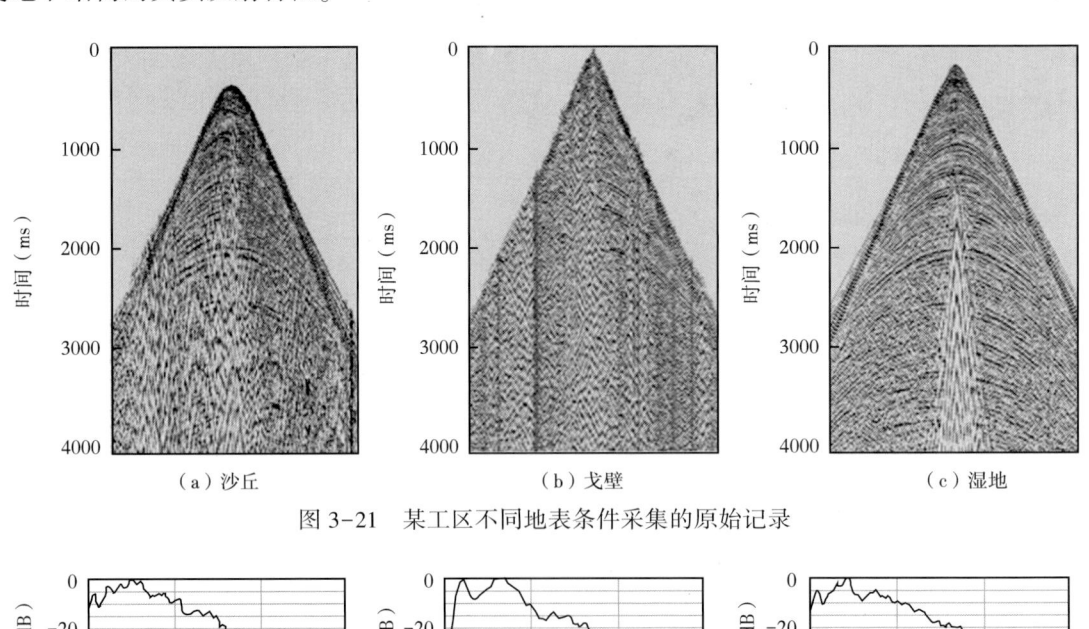

图 3-21 某工区不同地表条件采集的原始记录

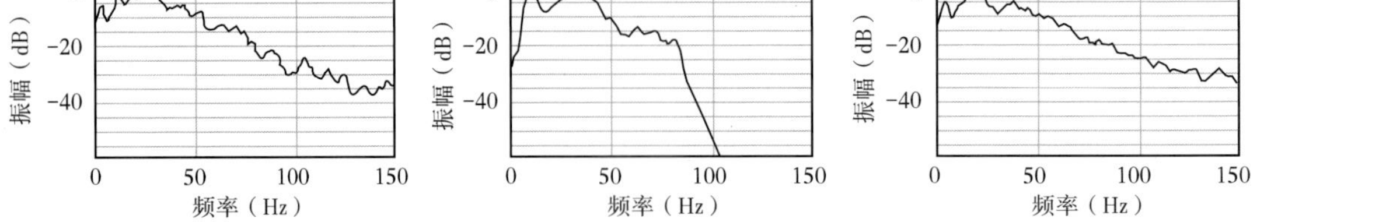

图 3-22 某工区不同地表条件采集的频谱

三、静校正分析

静校正问题与近地表条件密切相关,需要结合工区的地形地貌和低降速带调查资料,对工区的静校正问题和时差特点进行全方位分析,为后续的静校正处理提供准确详实的基础数据。图3-23是新疆油田某工区地表地貌图,工区内主要地表类型包括浮土小沙区(工区中部)、沼泽水网区(工区西部、北部、东南部)、农田村庄区(工区东北部)和戈壁砾石区(工区西部)四种。图3-24显示了该工区近地表结构调查的结果,低降速带比较稳定,且长波长趋势和地表特征呈现一定程度的相关性。图3-25显示了炮点高程和炮点静校正量、检波点高程和检波点静校正量的对比情况,两者具有较好的吻合关系。

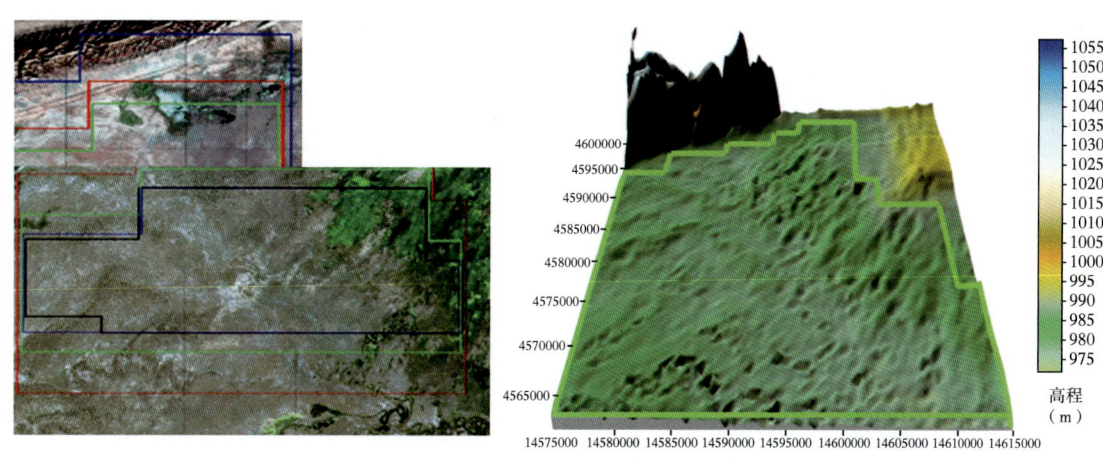

图3-23 某工区地表地貌图

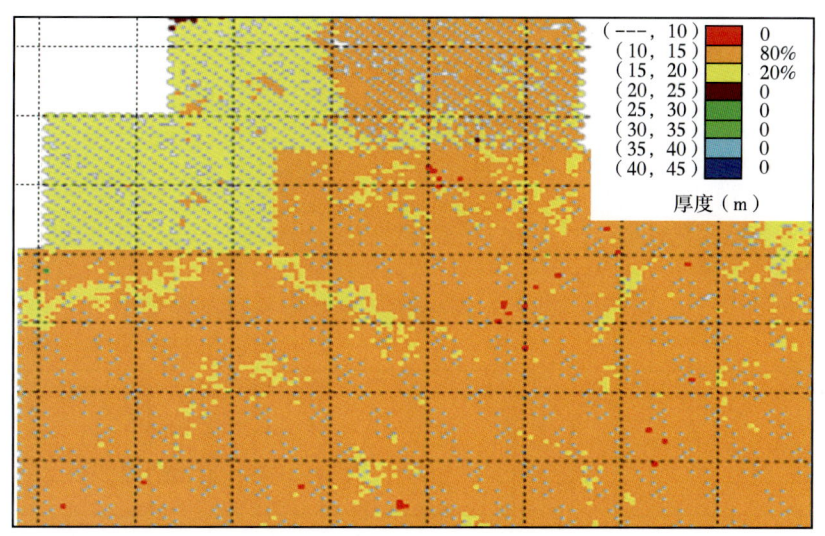

图3-24 低降速带厚度分布图

在对地表和低降速带的空间变化进行调查分析的基础上,再结合地表和近地表的变化对单炮地震记录上初至波的时差变化进行详细分析。首先考察初至波轨迹的变化趋势和畸变幅

度，定性判断静校正问题的严重程度，再考察初至波波组关系和斜率特征的变化情况，对近地表结构做出基本的判断。图 3-26 是某工区的单炮初至显示，尽管初至波时差在横向上波动较大，存在较大的静校正问题，但其波组关系和曲率形态比较稳定，不存在多个折射界面，近地表结构相对简单。

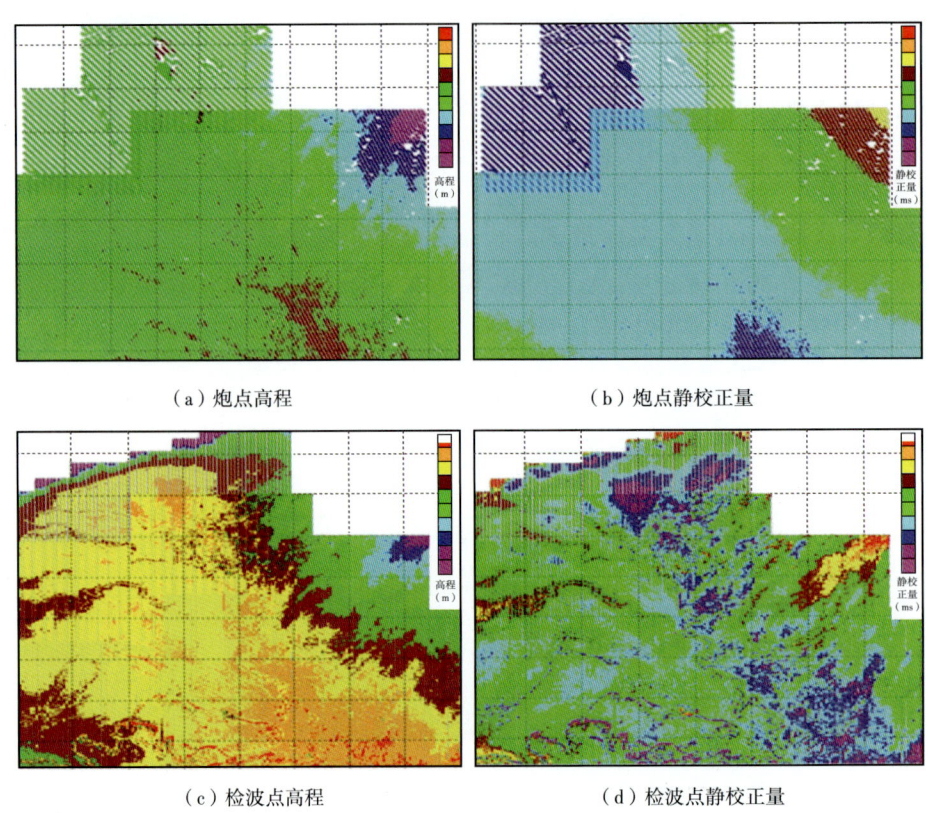

（a）炮点高程　　　　　　　　　　（b）炮点静校正量

（c）检波点高程　　　　　　　　　　（d）检波点静校正量

图 3-25　炮点高程和炮点静校正量、检波点高程和检波点静校正量对比图

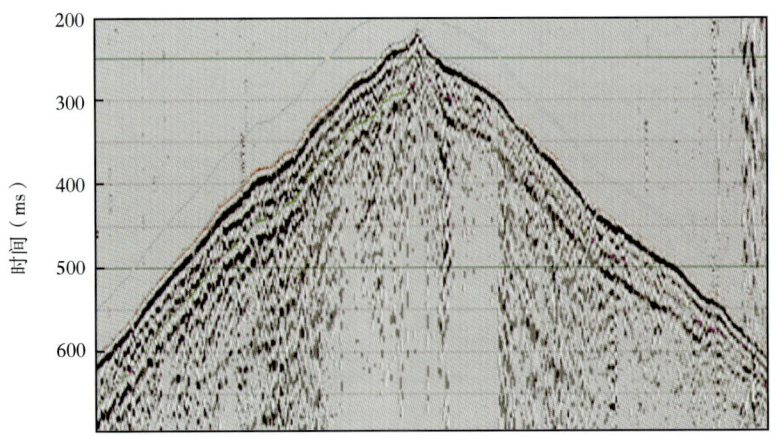

图 3-26　静校正引起的初至波时差变化

四、近地表吸收分析

欠压实的近地表地层对地震波具有强烈的吸收衰减效应，当表层厚度较大且横向变化较剧烈时，在预处理阶段需要对地表吸收作用进行详细分析。为消除地表吸收对地震资料分辨率的影响，很多地区都开展了单井微测井和多井微测井近地表吸收结构调查工作，依托这些资料可以相对准确地反演和估算近地表吸收结构的变化情况。通过对反演结果的考察和分析，明确近地表吸收对地震资料分辨率的影响，为后续处理提供基础数据。

准噶尔盆地表结构变化剧烈，低速带厚度在0~380m之间，沙漠区平均厚度超过100m，地震信号的中高频能量在表层遭受了严重的吸收和衰减。例如，玛2井戈壁区地表厚度在20m左右，100Hz频率成分衰减了大约10倍，而阜2井沙漠区地表厚度约为140m，100Hz频率成分衰减了大约1000倍，两个地区高频能量衰减的差异在100倍左右。图3-27是准噶尔盆地某工区利用微测井数据估算的表层Q空间分布图，该区为高密度三维采集，满覆盖面积为600km^2，表层厚度在130~300m之间，低降速层速度300~1000m/s，高频吸收十分严重。图3-28、图3-29是某测线补偿前后的地震剖面及其振幅谱，高频拓展了10Hz左右，地震剖面的分辨率得到显著改善。

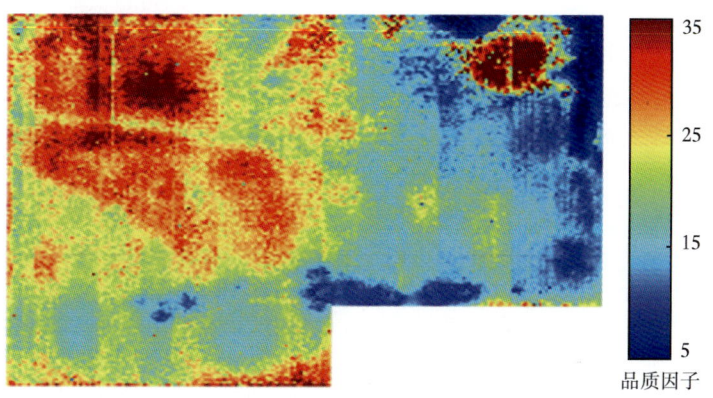

图3-27 准噶尔盆地某工区地表的Q空间变化

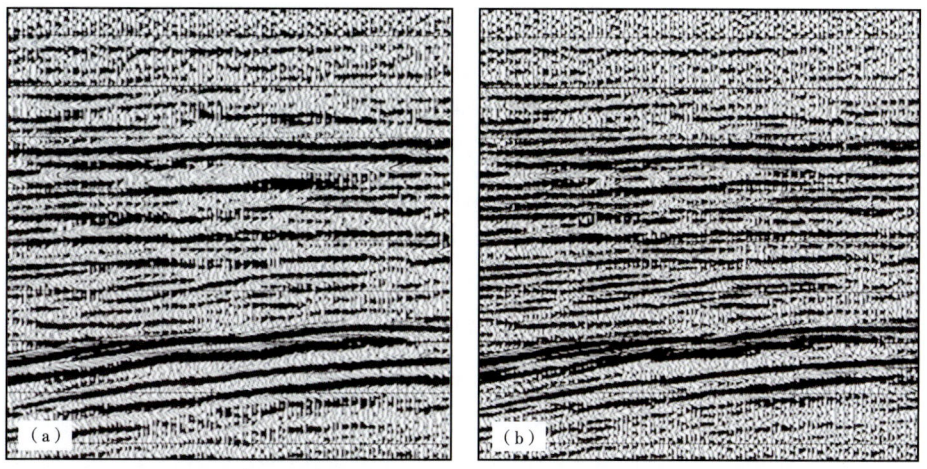

图3-28 准噶尔盆地某测线近地表吸收补偿前（a）后（b）地震剖面对比

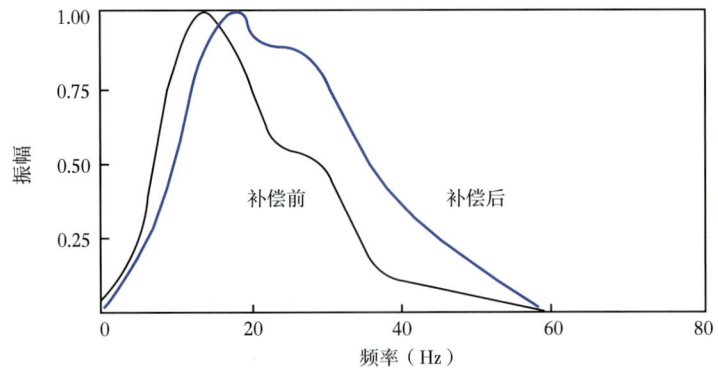

图 3-29　准噶尔盆地某测线近地表吸收补偿前后的频谱对比

图 3-30、图 3-31 是准噶尔盆地另外一个工区近地表补偿前后的地震剖面及其频谱对比，近地表吸收补偿之后，波组关系层次分明、层位接触清晰明确、高频拓展 15Hz 左右，较好地消除了地层吸收对地震资料分辨率的影响，为后续处理奠定了良好基础。

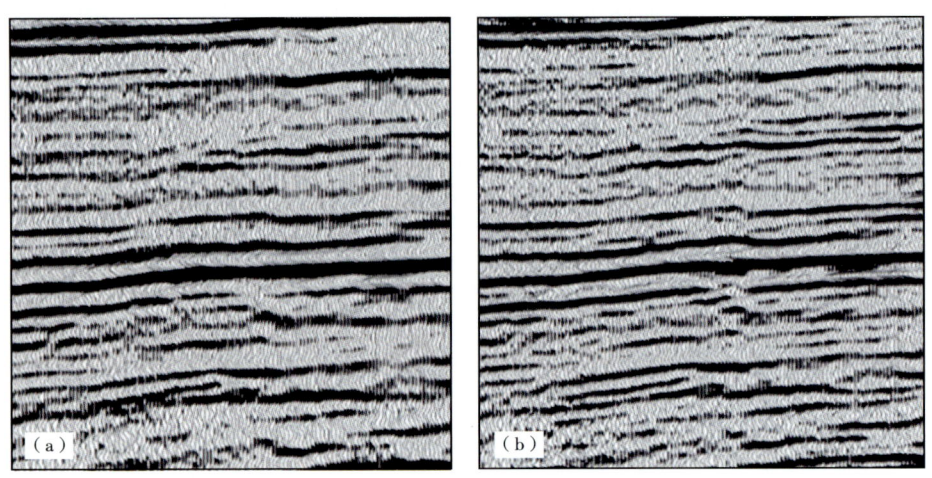

图 3-30　准噶尔盆地另一工区近地表吸收补偿前（a）后（b）地震剖面对比

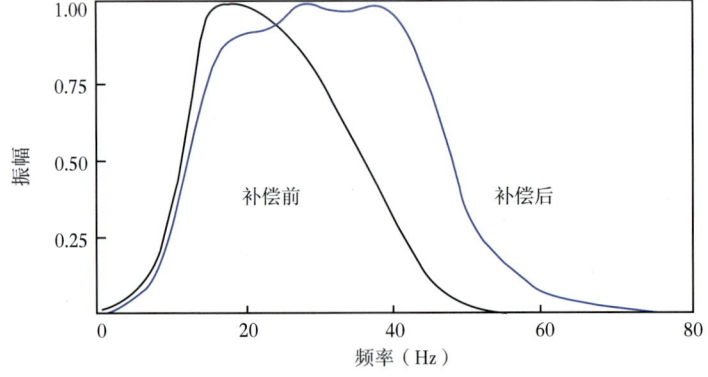

图 3-31　准噶尔盆地另一工区近地表吸收补偿前后的频谱对比

第四章 真振幅恢复

地震记录的振幅不仅反映了地层界面的反射系数，还与地震波的激发、接收和传播路径等因素有关。这些因素包括激发条件、接收条件、波前扩散、地层吸收、透射损失、入射角变化、波的干涉和噪声干扰等。真振幅恢复的目的是尽量消除激发、接收、地层吸收和近地表变化对反射振幅的影响，恢复与反射系数有关的振幅，主要包括波前扩散能量补偿、地表一致性振幅补偿和近地表吸收能量补偿。

第一节 波前扩散能量补偿和质量监控

当地震波在地下介质中传播时，波前面随着传播距离的增加不断扩张，而地震波激发产生的总能量是一定的，因此波前面上单位面积的能量密度不断减小，振幅随着传播距离增大逐渐减弱，这种现象称为波前扩散。

一、基本原理

1. 均匀介质的波前扩散

当地震波在地下均匀介质中传播时，波前面是一个以震源为中心的球面，震源发出的总能量逐渐分散在一个面积不断扩大的球面上，单位面积上的能量密度逐渐减小，振幅不断减弱。

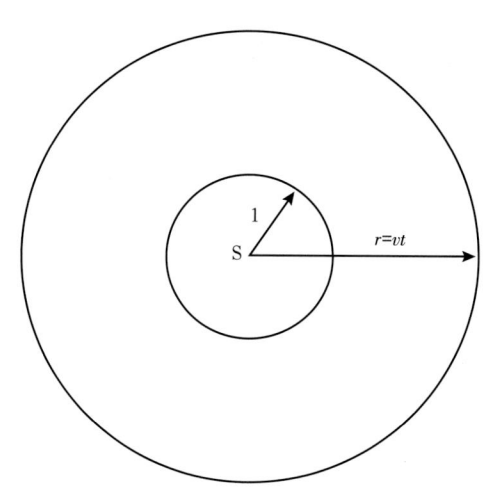

图 4-1 均匀介质球面扩散

如图 4-1 所示，从震源出发的地震波在任意时刻波前面上的能量密度为：

$$e = \frac{E}{4\pi r^2} = \frac{E}{4\pi v^2 t^2} \quad (4-1)$$

式中 E——总能量；
r——传播距离；
v——传播速度；
t——传播时间。

距震源单位距离处波前面上的能量密度为：

$$e_0 = \frac{E}{4\pi} \quad (4-2)$$

由式（4-1）和式（4-2）得：

$$\frac{e}{e_0} = \frac{1}{r^2} = \frac{1}{v^2 t^2} \quad (4-3)$$

由于地震波振幅与能量密度的平方根成正比，因而任意 t 时刻的地震波振幅 A 与离开震源单位距离处的振幅 A_0 之比 D_d 为：

$$D_d = \frac{A}{A_0} = \frac{1}{r} = \frac{1}{vt} \tag{4-4}$$

D_d 就是均匀介质中波前扩散所引起的地震波振幅衰减因子，简称为波前扩散因子。波前扩散补偿的目的就是通过下式恢复波前扩散对地震波振幅的影响，

$$A' = \frac{A}{D_d} \tag{4-5}$$

式中 A'——波前扩散补偿后地震波的振幅。

2. 层状介质的波前扩散

假设有图 4-2 所示的 n 层水平层状介质，其中任意第 i 层的厚度为 h_i，速度为 v_i，由震源 S 发出的地震波 SP 在第 n 层的底面反射后，到达接收点 G，入射波由震源出发的入射角为 θ_s，反射波的出射角为 θ_r，相应的炮检距为 x。另外，与入射射线 SP 相邻取一射线 SP'，其入射角增量为 $\delta\theta_s$，相应的反射射线 $P'G'$ 出射点的炮检距增量为 δx。

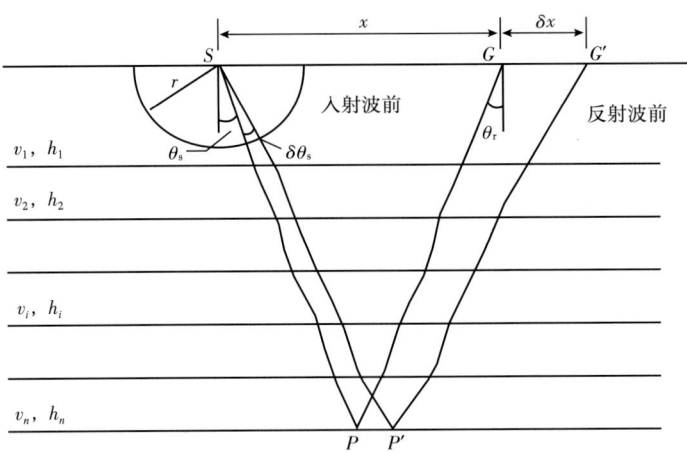

图 4-2 层状介质波前扩散

与均匀介质相似，这里规定地震波的振幅与垂直地震波传播方向单位面积上能量密度的平方根成正比。如果用 A_i 表示入射波在震源附近半径 r 为球面上的振幅，A_r 表示通过接收点 G 反射波波前面上的振幅，S_i 表示入射线 SP 和 SP' 绕通过震源的铅直线旋转在距离震源半径 r 为的球面上所夹的环形面积，S_r 表示反射线 PG 和 PG' 绕通过震源的铅直线旋转在反射波波前上所夹的环形面积。由于波通过环形面积 S_i 的能量（如果不考虑其他能量损失的话）将全部流过环形面积 S_r，地震波的振幅与其能量所流过面积的平方根成反比，有：

$$\frac{A_r}{A_i} = \left(\frac{S_i}{S_r}\right)^{\frac{1}{2}} \tag{4-6}$$

由图 4-2 可知：

$$S_i = 2\pi r^2 \delta\theta_s \sin\theta_s \tag{4-7}$$

$$S_r = 2\pi x \delta x \sin\theta_r \tag{4-8}$$

代入式 (4-6)，有：

$$\frac{A_r}{A_i} = \left(\frac{r^2 \sin\theta_s \delta\theta_s}{x\cos\theta_r \delta x}\right)^{\frac{1}{2}} \tag{4-9}$$

如果震源和接收点都在第一层介质中，由于各层都是水平的，则 $\theta_s = \theta_r = \theta_1$，取 $r=1$ 为单位距离，则：

$$D_d = \frac{A_r}{A_i} = \left(\frac{\tan\theta_1}{x}\frac{\delta\theta_1}{\delta x}\right)^{\frac{1}{2}} \tag{4-10}$$

式中 D_d——层状介质中从震源到达炮检距为 x 接收点的反射波由波前扩散所形成的振幅衰减因子。

为了计算波前扩散因子 D_d，考虑速度随深度变化的函数 $v(z)$，对任意一条射线，其反射波出射点到炮点的距离为：

$$x = 2\int_0^x \frac{pv(z)}{[1-p^2v^2(z)]^{\frac{1}{2}}}dz \tag{4-11}$$

其中，p 为射线参数，有：

$$p = \frac{\sin\theta_1}{v_1} \tag{4-12}$$

对式 (4-11) 和式 (4-12) 分别求导数，得到：

$$\frac{dx}{dp} = 2\int_0^x \frac{v(z)}{[1-p^2v^2(z)]^{3/2}}dz \tag{4-13}$$

$$\frac{dp}{d\theta_1} = \frac{\cos\theta_1}{v_1} \tag{4-14}$$

由式 (4-13) 和式 (4-14) 得到：

$$\frac{d\theta_1}{dx} = \frac{v_1}{2\cos\theta_1} \frac{1}{\int_0^x \frac{v(z)}{[1-p^2v^2(z)]^{3/2}}dz} \tag{4-15}$$

将式 (4-15) 代入式 (4-10)，得到波前扩散因子：

$$D_d = \left(\frac{v_1\tan\theta_1}{2x\cos\theta_1}\left\{\int_0^x \frac{v(z)}{[1-p^2v^2(z)]^{3/2}}dz\right\}^{-1}\right)^{1/2} \tag{4-16}$$

在水平层状介质情况下，式 (4-16) 中的积分变为求和，有：

$$\int_0^x \frac{v(z)}{[1-p^2v^2(z)]^{3/2}}dz = \sum_{i=1}^n \frac{v_i h_i}{(1-p^2v_i^2)^{3/2}} = \frac{v_1}{\sin\theta_1}\sum_{i=1}^n \frac{h_i \sin\theta_i}{\cos^3\theta_i} \tag{4-17}$$

于是,得到波前扩散因子:

$$D_\mathrm{d} = \left[\frac{\tan^2\theta_1}{2x}\left(\sum_{i=1}^{n}\frac{h_i\sin\theta_i}{\cos^3\theta_i}\right)^{-1}\right]^{\frac{1}{2}} \quad (4-18)$$

当地震波沿垂直界面的方向入射和传播时,$\theta_1 = \theta_i = 0$,则 $p \to 0$,$\cos\theta_i \to 1$。将 $\tan\theta_1 = \dfrac{pv_1}{\cos\theta_1}$、$\sin\theta_1 = pv_1$ 和 $x = 2p\sum_{i=1}^{n}\dfrac{h_iv_i}{\cos\theta_i}$ 代入式(4-18),然后令 $p \to 0$,$\cos\theta_i \to 1$,得到垂直入射即炮检距为零时的层状介质波前扩散因子:

$$D_\mathrm{d} = \frac{v_1}{2\sum_{i=1}^{n}h_iv_i} = \frac{v_1}{\sum_{i=1}^{n}t_iv_i^2} \quad (4-19)$$

式中 t_i——地震波在第 i 层中的双程垂向旅行时间。

将均方根速度:

$$v_\mathrm{rms}^2 = \frac{\sum_{i=1}^{n}t_iv_i^2}{\sum_{i=1}^{n}t_i} \quad (4-20)$$

代入式(4-19),得到:

$$D_\mathrm{d} = \frac{v_1}{v_\mathrm{rms}^2 t} \quad (4-21)$$

式中 t——垂直入射的反射波旅行时间;

v_1——第一层介质的速度;

v_rms——对应于反射波旅行时间 t 的均方根速度。

图 4-3 是波前扩散能量补偿前后的叠加剖面。波前扩散导致地震波振幅随传播距离增

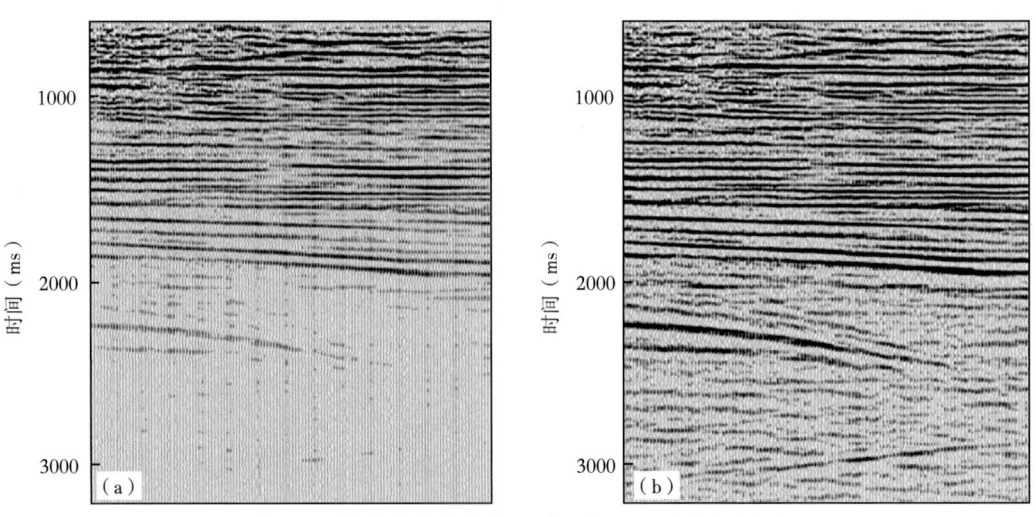

图 4-3 波前扩散补偿前(a)后(b)的叠加剖面

大而不断减小，叠后剖面上地震信号由浅到深逐渐变弱，以至于在深层几乎看不到有效反射能量。经过波前扩散能量补偿之后，深层能量得到恢复，地震反射特征在剖面得以显现。

二、质控事项

球面扩散补偿的原理比较简单，处理参数也不是很多，其中，最为关键的处理参数是地层速度函数 $v(z)$。在处理流程上，速度分析一般放在几何扩散补偿之后，在几何扩散补偿时还没有较为精确的速度场。为此，通常的做法是首先利用区域速度等先验信息进行第一轮几何扩散补偿，在速度分析之后，再将第一轮的补偿去掉，利用速度分析之后的速度场重新进行补偿，由此提高几何扩散补偿的精度。

实际工作中，经常采用反射振幅随时间的变化对补偿效果进行质量监控。图4-4显示了大港油田某工区几何扩散补偿前后振幅曲线随时间的变化，几何扩散补偿之后反射振幅随时间减弱的趋势得到了有效校正。

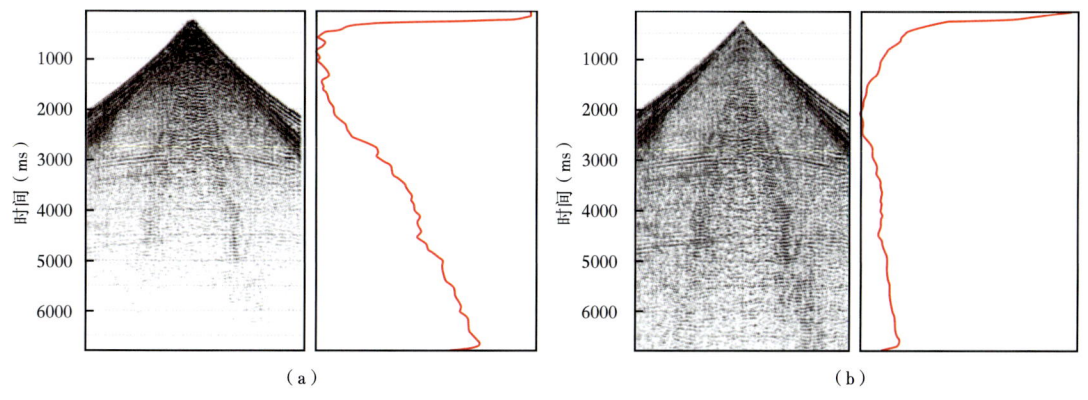

图4-4　波前扩散补偿前（a）后（b）振幅随时间的变化曲线

第二节　地表一致性振幅补偿和质量监控

地震反射信号的振幅除了与反射系数有关之外，还与激发、接收和近地表的横向变化有关，在地震资料处理过程中，通常采用地表一致性振幅补偿消除上述因素对反射振幅的影响。

一、基本原理

通常所说的地表一致性校正就是根据地表位置来计算观测点的时间、振幅和波形变化并消除这些变化对地震道的作用。所谓的地表一致性是指反射波的变化只与地表位置有关而与传播路径无关。也就是说，同一激发点的所有接收道，都具有这个激发点和它附近地表引起的相同影响。同理，对于同一个接收点的所有地震道，都具有这个接收点及其附近地表引起的相同影响。对于共炮点波场而言，这种影响主要表现在向下传播的波前上。对于共检波点波场而言，这种影响主要表现在向上传播的波前上。对于共炮检距波场而言，这种影响表现在入射角、出射角及射线轨迹上。

基于地表一致性假设，地震记录可以分解为炮点响应、接收点响应、炮检距响应和共中心点响应的褶积，即：

$$x_{ij}(t) = s_i(t) \cdot g_j(t) \cdot m_k(t) \cdot p_l(t) \tag{4-22}$$

式中　$x_{ij}(t)$——地震记录；

　　　$s_i(t)$——与地表位置 i 处的激发因素有关的震源响应；

　　　$g_j(t)$——与地表位置 j 处的接收因素有关的接收点响应；

　　　$m_k(t)$——地表位置 $k=(i+j)/2$ 处的地下响应；

　　　$p_l(t)$——炮检距 $l=(j-i)$ 处的炮检距响应。

式（4-22）中各个分量的振幅关系近似表示为：

$$\ln A_{x_{ij}} = \ln A_{s_i} + \ln A_{g_j} + \ln A_{m_k} + \ln A_{p_l} \tag{4-23}$$

每一个地震道对应一个线性方程，由此构成一个庞大的线性代数方程组，由于采用了地表一致性假设，该方程组是超定的，可以采用高斯赛德尔迭代等方法进行求解。

除了上述的地表一致性补偿方法之外，还有一类基于多道统计的振幅补偿方法。该方法首先对共炮点道集、共检波点道集和共炮检距道集上的能量进行统计分析，基于统计分析的结果对各个地震道进行能量补偿。具体方法如下：

（1）在给定的时窗内计算各道的振幅统计量 $A(i, j, k)$。其中 $i=1, 2, \cdots, N$ 为炮点序号，$j=1, 2, \cdots, M$ 为检波点序号，$k=1, 2, \cdots, Q$ 为偏移距序号。

（2）分别求取炮点 i_0 处的振幅统计量 A_{i_0}，检波点 j_0 处的振幅统计能量 A_{j_0}，偏移距 k_0 处的振幅统计能量 A_{k_0}，有：

$$A_{i_0} = \frac{1}{\phi} \sum_{j=1}^{M} \sum_{k=1}^{Q} A(i_0, j, k) \tag{4-24}$$

$$A_{j_0} = \frac{1}{\Omega} \sum_{i=1}^{N} \sum_{k=1}^{Q} A(i, j_0, k) \tag{4-25}$$

$$A_{k_0} = \frac{1}{\psi} \sum_{i=1}^{N} \sum_{j=1}^{M} A(i, j, k_0) \tag{4-26}$$

式中　ϕ——$A(i_0, j, k)$（$j=1, 2, \cdots, M$；$k=1, 2, \cdots, Q$）中非零点的个数；

　　　Ω——$A(i, j_0, k)$（$i=1, 2, \cdots, N$；$k=1, 2, \cdots, Q$）中非零点的个数；

　　　ψ——$A(i, j, k_0)$（$i=1, 2, \cdots, N$；$j=1, 2, \cdots, M$）中非零点的个数。

（3）由式（4-24）、式（4-25）、式（4-26）计算出地表因素对道 $x_{i_0 j_0 k_0}(t)$ 的振幅响应：

$$A(i_0, j_0, k_0) = A_{i_0} A_{j_0} A_{k_0} \tag{4-27}$$

（4）期望补偿的平均能量为：

$$B = \frac{1}{G} \sum_{i=1}^{N} \sum_{j=1}^{M} \sum_{k=1}^{Q} A(i, j, k) \tag{4-28}$$

式中 G——$A(i, j, k)$ 中非零项的个数。

(5) 补偿后的地震道 $y_{i_0, j_0, k_0}(t)$ 为：

$$y_{i_0, j_0, k_0}(t) = B \cdot x_{i_0, j_0, k_0}(t) / A(i_0, j_0, k_0) \tag{4-29}$$

图4-5是地表一致性振幅补偿处理前后的单炮记录，从图4-5中可以看出，经过地表一致性振幅补偿处理后，接受条件差异导致的横向振幅变化得到了明显改善。图4-6是地表一致性振幅补偿前后的叠后剖面。由于激发、接受和近地表因素的影响，叠加剖面上存在明显的能量横向差异，地表一致性振幅很好地消除了上述因素的影响，恢复了地下反射的真实能量。

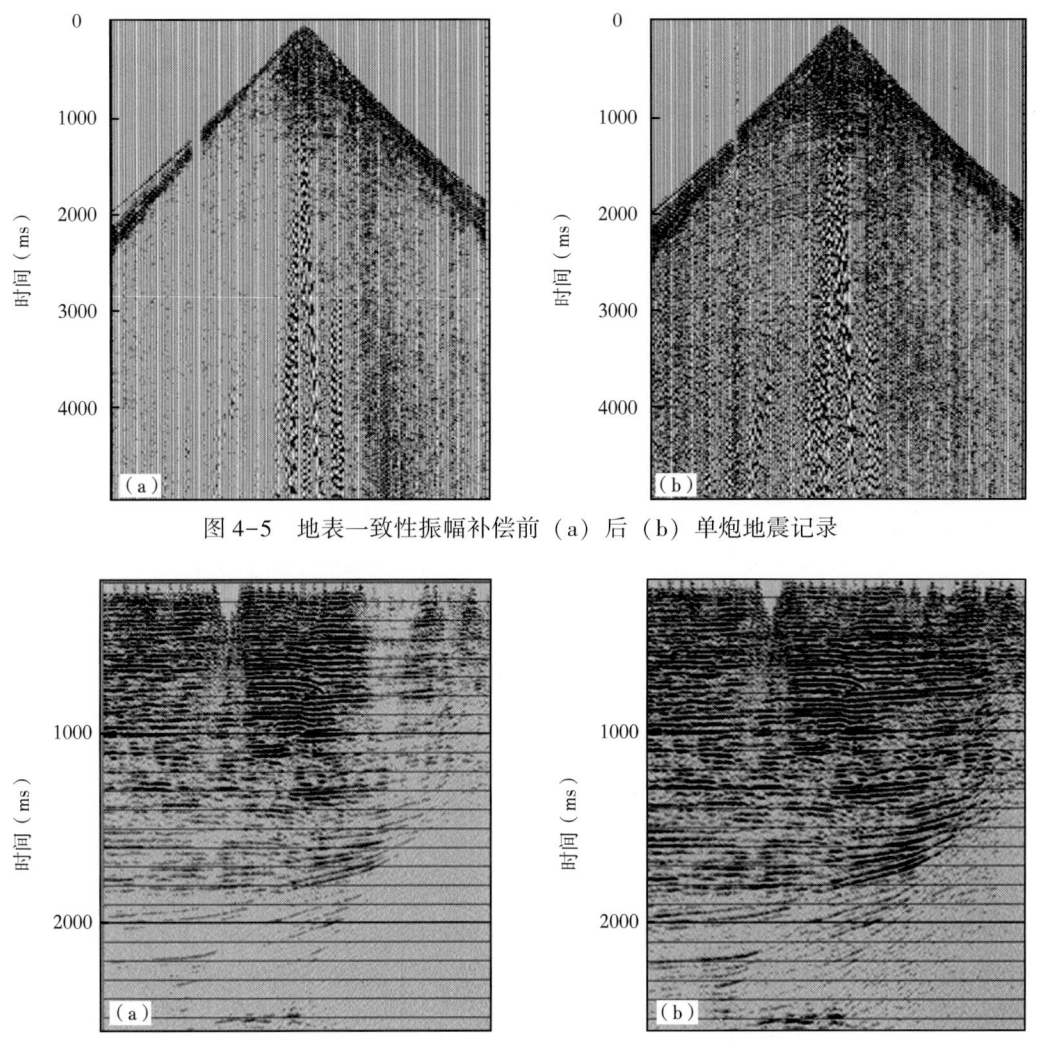

图4-5 地表一致性振幅补偿前（a）后（b）单炮地震记录

图4-6 地表一致性振幅补偿前（a）后（b）叠加剖面

二、质控事项

地表一致性振幅补偿的应用效果比较稳定，处理参数也不是很多，实际工作中需要注意两个主要问题。

1. 噪声的影响

地表一致性振幅补偿将反射振幅分解为三个或者四个分量，在这几个分量中没有考虑噪声的影响，因此，地表一致性振幅补偿之前首先应该进行必要的噪声压制处理，消除噪声，特别是面波等强能量干扰对振幅估算和振幅分解的影响。可以先采用某种强力去噪方法对噪声进行压制，在去噪后的地震记录上进行补偿因子估算，然后再将振幅补偿因子应用到去噪之前的地震记录上。这样既可以消除噪声干扰对振幅补偿因子的影响，也可以避免强力去噪方法对地震信号动力学信息的畸变效应。

2. 振幅估算方法

业内有三种主要的振幅计算方法，分别是：

（1）均方根振幅：

$$A_{\mathrm{rms}} = \sqrt{\frac{1}{N}\sum_{i=1}^{N} a^2(i)} \qquad (4-30)$$

（2）绝对振幅：

$$A_{\mathrm{abs}} = \frac{1}{N}\sum_{i=1}^{N} |a(i)| \qquad (4-31)$$

（3）相关振幅：

$$A_{\mathrm{cor}} = \frac{1}{N}\sum_{i=1}^{N} \left| \sum_{l} s(i+l)s(l) \right| \qquad (4-32)$$

噪声类型决定了求取振幅的方式，均方根振幅是使用最为广泛的振幅计算方法，但是当存在较强的突发噪声时，其应用效果受到影响，此时建议采用对突发噪声免疫性较强的绝对值振幅。相关振幅是继均方根振幅和绝对振幅之后的一种新的地震道振幅计算方法，它能够更好地减少随机噪声对振幅统计的影响。

除了对地表一致性振幅补偿前后的叠前道集和叠加剖面进行对比分析之外，地震切片是最为有效的振幅补偿质量监控方法。在对采集报告中激发、接收和近地表条件的变化深入了解的基础上，对补偿前后地震切片上的能量变化进行对比分析，考察地表一致性振幅补偿对上述影响的消除能力。图4-7是新疆油田某三维地震勘探区块地表一致性振幅补偿前后的振幅切片，地表一致性补偿很好地消除了激发、接收和近地表变化对反射振幅的影响。

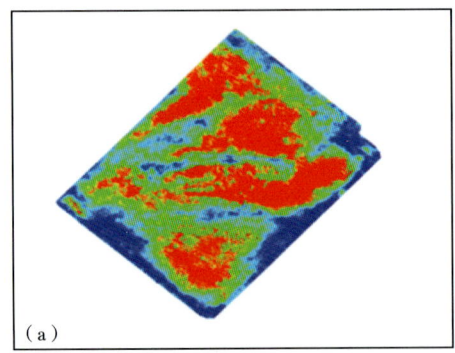
（a）

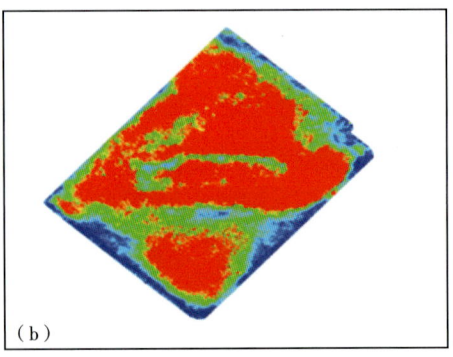
（b）

图4-7 地表一致性振幅补偿前（a）后（b）的振幅切片

第三节　近地表吸收能量补偿和质量监控

欠压实的近地表地层对地震波具有强烈的吸收衰减效应，改变了有效信号的反射能量。采用微测井观测方式对近地表吸收结构进行反演，在此基础上，对近地表吸收进行能量补偿，是地震信号真振幅恢复的重要研究内容。不同于几何扩散补偿和地表一致性振幅补偿，近地表吸收除了与传播路径有关之外，还与地震波的频率有关，频率越高，吸收衰减越严重，因此，近地表吸收补偿除了对反射振幅的能量进行恢复之外，还能消除地层吸收对地震资料分辨率的影响。

一、观测方法

地震微测井是目前普遍采用的近地表速度结构观测方法，其基本做法是：打一口激发井，井深最好钻透近地表地层，在井口附近埋置一个检波器。由深及浅激发地震波，利用井口检波器记录直达波的到达时间，利用不同深度地震信号的到达时间估算近地表速度参数。理论上讲，利用这种观测方式也可以对近地表吸收参数进行反演和估算。但是，速度反演利用的是地震波走时信息，对动力学信息不甚敏感，而吸收反演利用的是地震信号的频率特征，常规的单井微测井观测方式不能满足吸收反演对地震波动力学信息的要求。

双井微测井是目前应用较为广泛的近地表吸收结构调查方法，其基本做法是，依据一定的空间距离，打两口微测井，一口激发井，一口接收井。在其中一口井的不同深度上激发地震信号，在另外一口井的不同深度上接收地震信号，由此构成多个共炮点道集和共检波点道集。为提高近地表吸收参数的反演精度，大港、新疆等油田将双井微测井观测方式扩展为井地联合观测方式。图4-8是大港油田采用的井地联合近地表吸收参数观测系统。首先打一口深度为15m的激发井，然后在半径为7m的圆周上，沿圆周方向等间隔打四口接收井，四口接收井的深度依次是3m、6m、9m和12m，在四口接收井的井口和井底分别安置检波器。除此之外，再沿地表布设一条排列线，在排列线上等间隔埋置检波器，由此构成完整的井地联合观测方式。

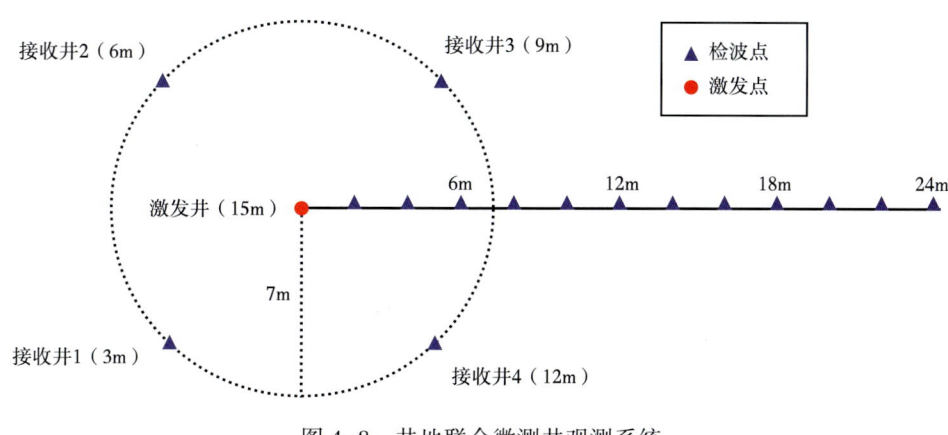

图4-8　井地联合微测井观测系统

二、吸收反演

近地表吸收结构反演是近地表吸收补偿最为重要的基础工作,只有在对近地表吸收结构准确估算的基础上,才能保证近地表吸收补偿的精度。吸收层析反演是在速度层析反演的基础上发展起来的,两者的区别在于吸收层析反演的观测结果是检波点接收的频谱信息,而速度层析反演的观测结果是初至时间。要想构建吸收层析反演方程,一方面要通过射线追踪确定地震波的传播路径,另一方面是要设法获得与地震波吸收有关的信息,此信息来源于不同检波器之间的频率差异。目前有两种常用的吸收参数层析反演方法,谱比法层析反演和质心频率层析反演,下面首先介绍谱比法层析反演。

地震信号的振幅谱可以表示为:

$$u(r, f) = s(f)p(r)g(f)\exp\left(-\frac{\pi fr}{Qv}\right) \tag{4-33}$$

式中 $s(f)$——激发点地震信号的频率响应;
$g(f)$——检波点耦合的频率响应;
$p(r)$——几何扩散、透射损失等与频率无关的影响;
v——地层速度;
r——炮点到检波点的距离。

对距离 r_2、r_1 处的振幅谱之比取对数,有:

$$\ln\frac{u(r_2, f)}{u(r_1, f)} = \ln\frac{s_2(f)g_2(f)}{s_1(f)g_1(f)} + \ln\frac{p_2(r_2)}{p_1(r_1)} - \frac{\pi f(r_2 - r_1)}{Qv} \tag{4-34}$$

采用共炮点道集进行处理,两个接收点具有相同的激发响应,假设两个检波点均与地层紧密耦合,忽略检波点耦合差异,式(4-34)简写为:

$$R(f) = C - \frac{\pi \Delta t}{Q}f \tag{4-35}$$

其中,$R(f) = \ln\frac{u(r_2, f)}{u(r_1, f)}$ 为衰减函数,$\Delta t = (r_2 - r_1)/v$,C 为与频率无关的常数。假设 Q 是频率无关的常数,则 $R(f)$ 是 f 的线性函数,通过线性拟合得到衰减函数的斜率 p 之后,再计算品质因子 Q:

$$Q = -\frac{\pi \Delta t}{p} \tag{4-36}$$

假设近地表为层状介质,则表达式(4-35)的离散形式可以表示为:

$$R_{ij}(f) = C_{ij} - \sum_{k=1}^{n} \frac{\pi \Delta t_{ijk}}{Q_k}f \tag{4-37}$$

式中 Q_k——第 k 层的品质因子;
Δt_{ijk}——第 k 层的第 i 道与第 j 道的时差;

$R_{ij}(f)$——第 i 道与第 j 道对数衰减量的差值；

n——直达波所经过地层的层数。

与式（4-36）的推导类似，斜率 p_{ij} 可以表示为：

$$p_{ij} = - \sum_{k=1}^{n} \frac{\pi \Delta t_{ijk}}{Q_k} \tag{4-38}$$

式（4-38）的矩阵形式表示为：

$$\begin{bmatrix} \Delta t_{211} & \Delta t_{212} & \cdots & \Delta t_{21n} \\ \Delta t_{321} & \Delta t_{322} & \cdots & \Delta t_{32n} \\ \vdots & \vdots & \ddots & \vdots \\ \Delta t_{m,m-1,1} & \Delta t_{m,m-1,2} & \cdots & \Delta t_{m,m-1,n} \end{bmatrix} \begin{bmatrix} \alpha_1 \\ \alpha_2 \\ \vdots \\ \alpha_n \end{bmatrix} = \begin{bmatrix} p_{21} \\ p_{32} \\ \vdots \\ p_{m,m-1} \end{bmatrix} \tag{4-39}$$

其中，$a_k = -\pi Q_k^{-1}$。式（4-39）采用相邻道计算衰减函数，在实际应用中，也可以采用非相邻道计算衰减函数。式（4-39）可以简写为：

$$\Delta \boldsymbol{T} \times \boldsymbol{a} = \boldsymbol{P} \tag{4-40}$$

其目标函数为：

$$obj = \min_{\alpha} \| \Delta \boldsymbol{T} \boldsymbol{a} - \boldsymbol{P} \|_2^2 \tag{4-41}$$

该目标函数的最小二乘解表示为：

$$\boldsymbol{\alpha} = (\Delta \boldsymbol{T}^T \Delta \boldsymbol{T})^{-1} \Delta \boldsymbol{T}^T \boldsymbol{P} \tag{4-42}$$

质心频率法是另外一种常用的吸收参数估算方法，该方法根据衰减前后质心频率的变化进行 Q 估算，具有较强的抗噪性。质心频率法的公式表达为：

$$\int_{\text{ray}} \alpha_0 \mathrm{d}l = \frac{f_{\text{S}} - f_{\text{R}}}{\sigma_{\text{S}}^2} \tag{4-43}$$

式中　α_0——衰减因子 $\alpha_0 = \pi/(Qv)$；

f_{S}——激发信号的质心频率；

f_{R}——接收信号的质心频率；

σ_{s}^2——激发信号频谱的方差。

它们的表达式分别为：

$$f_{\text{S}} = \frac{\int_0^{\infty} f S(f) \mathrm{d}f}{\int_0^{\infty} S(f) \mathrm{d}f} \tag{4-44}$$

$$f_{\text{R}} = \frac{\int_0^{\infty} f R(f) \mathrm{d}f}{\int_0^{\infty} R(f) \mathrm{d}f} \tag{4-45}$$

$$\sigma_S^2 = \frac{\int_0^\infty (f - f_S) S(f) \, df}{\int_0^\infty S(f) \, df} \tag{4-46}$$

在水平层状介质中，式（4-43）的离散形式表达为：

$$\sum_k \alpha_0^k L(i, j, k) = \frac{f_S(i) - f_R(i, j)}{\sigma_S^2(i)} \tag{4-47}$$

在实际资料处理中，无法直接获得激发信号的质心频率，假设有：

$$f_S = \bar{f}_S + \Delta f \tag{4-48}$$

式中 $\bar{f}_S$——各接收点质心频率的最小值；

Δf——两者的差值。

根据以上假设，公式（4-46）改写为如下形式：

$$\sum_k \alpha_0^k L(i, j, k) - \frac{\Delta f}{\sigma_S^2(i)} = \frac{\bar{f}_S(i) - f_R(i, j)}{\sigma_S^2(i)} \tag{4-49}$$

求解式（4-48），可得到近地表各层的 Q 值，所采用的算法有迭代重建法、奇异值分解法、最小二乘 QR 分解法等。

在利用微测井数据得到吸收参数之后，利用空间插值建立近地表吸收结构模型，采用反 Q 滤波技术进行吸收补偿，消除近地表吸收对振幅和频率的影响。图 4-9 是大港油田某三维地震勘探区块近地表吸收补偿前后的叠加剖面，吸收补偿很好地消除了由于近地表吸收造成

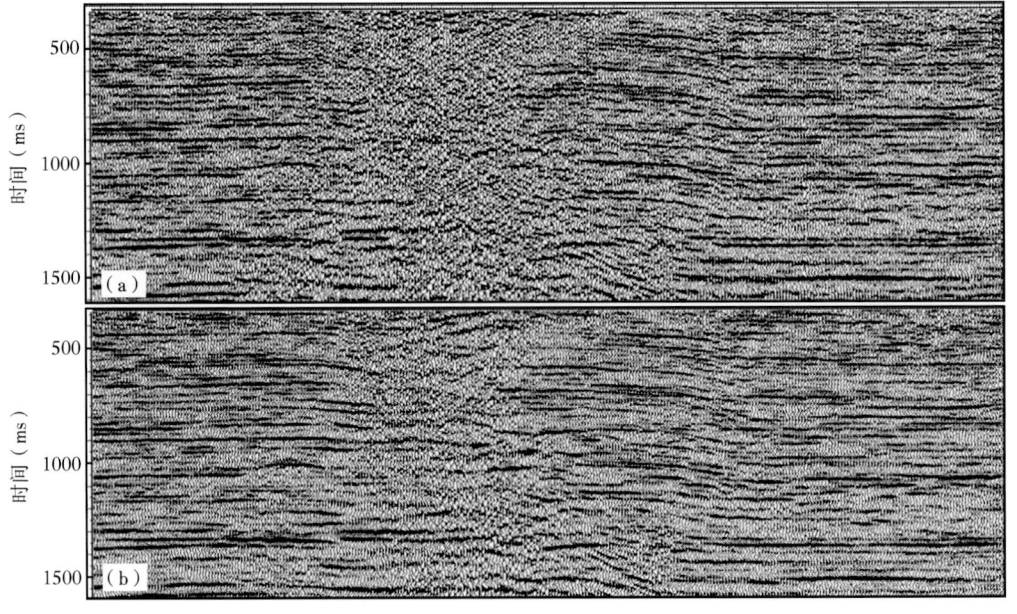

图 4-9 近地表吸收补偿前（a）后（b）的叠加剖面对比

的剖面中部的能量异常，其反射特征和能量分布在横向上趋于一致。

三、质控事项

吸收参数反演所依据的是不同位置地震信号的频谱差异，影响地震信号频谱特征的因素除了地层吸收之外，还有激发、耦合、散射和干涉等因素，此外，当激发深度较浅和炮检距较大时，直达波信号也很容易受到面波和折射波的干扰。以上因素都会降低吸收参数的估算精度，需要在质控工作中仔细甄别、认真分析，尽量消除上述因素对吸收参数估算的影响。

1. 激发子波的差异

理论上讲，若不存在激发子波的差异，通过上行波微测井就可以很容易地进行吸收参数估算。但是，由于激发环境的影响，不同深度激发的地震子波存在明显差异。假设在井中两个不同深度激发，地表同一检波器接收的直达波信号分别是 $u(r_1, f)$ 和 $u(r_2, f)$，则衰减函数为：

$$R(f) = c + \ln \frac{s_2(f)}{s_1(f)} - \frac{\pi f(r_2 - r_1)}{Qv} \tag{4-50}$$

式（4-50）可简化为：

$$R(f) = a + \Delta s(f) - \frac{\pi \Delta t}{Q} f \tag{4-51}$$

式中　$\Delta s(f)$——与子波差异有关的衰减项，该衰减项改变了衰减函数的线性特征。

因此，激发子波的差异会严重降低吸收参数的估算精度。

图 4-10 是大港油田某区块不同深度激发，地面同一个检波器接收的两个直达波信号及其频谱，激发深度分别位于 40m 和 10m。尽管 40m 处激发的地震信号传播到地面检波器时经历了更多的地层吸收，但它的主频依然比 10m 处激发的地震信号高出 47Hz。若不考虑激发因素的差异，直接采用谱比法计算 Q 因子，则会得到一个负的 Q 因子，这显然违背了地震波衰减的物理常数。因此，震源子波差异对吸收参数具有不容忽略的影响，在求取品质因

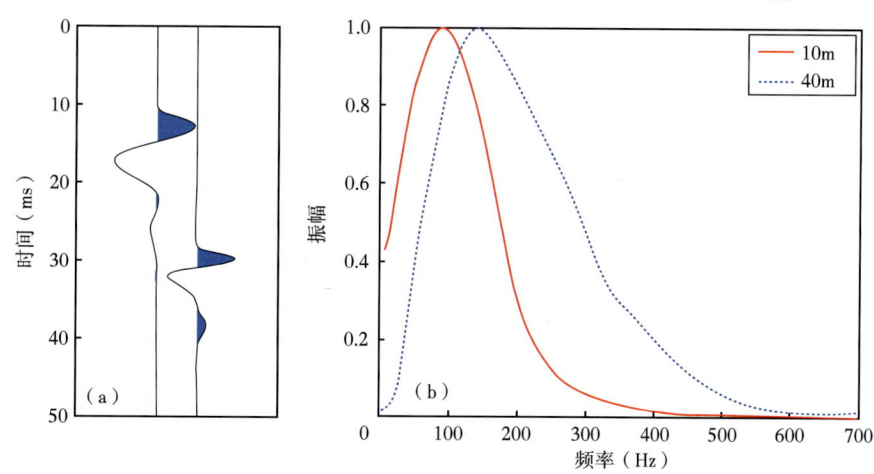

图 4-10　地表接收的两个直达波信号（a）及其频谱（b）

子 Q 时，应尽量保证所有地震信号具有相同的震源子波，或者能够在品质因子 Q 反演的过程中消除激发子波差异的影响。

上述现象在微测井资料中是相当普遍的，图 4-11 是上行波微测井观测系统及其记录的直达波信号，最小激发深度为 10m，最大激发深度为 40m，由深及浅间隔 1m 激发一炮。图 4-12 展示了图 4-11 中直达波信号的振幅谱。理论上，直达波信号的主频应该随着激发深度的增大而减小。然而，图 4-12 中出现了与预期相反的情况，直达波的主频随着激发深度的增加而增大。与预期相反的原因是不同深度激发子波的差异造成的，深度越大，激发信号的主频越高，震源子波的差异远远大于了地层吸收的影响。

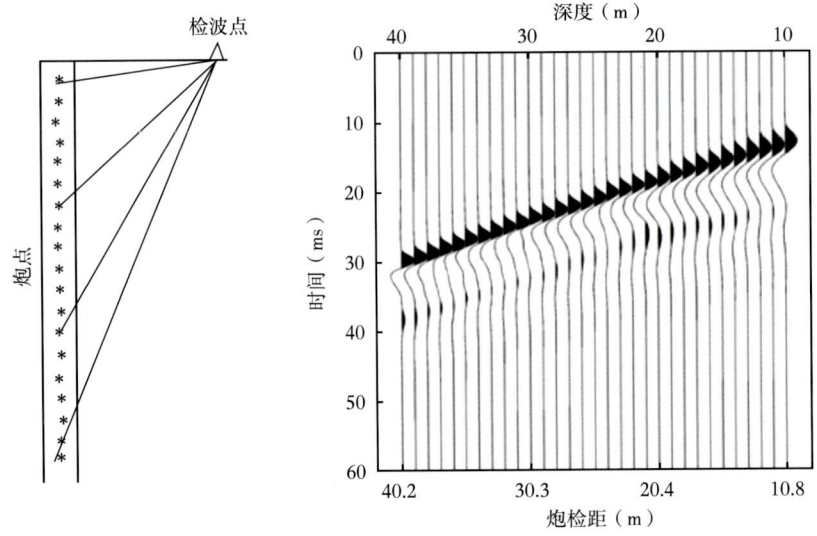

图 4-11　上行波微测井观测系统（a）及其记录的直达波信号（b）

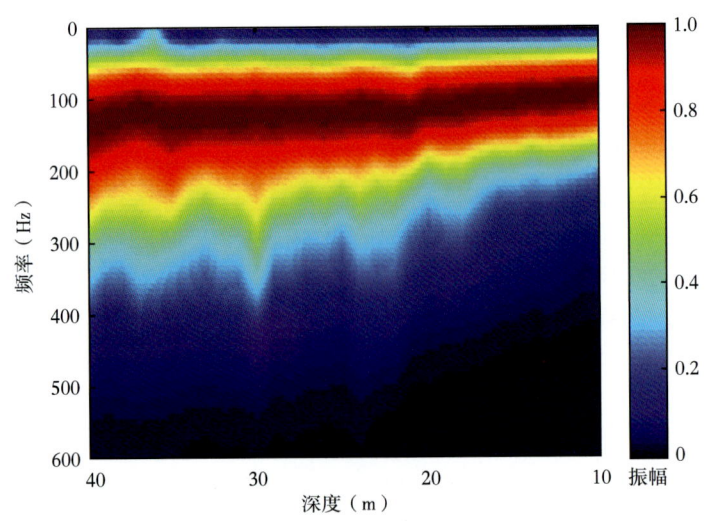

图 4-12　图 4-11 中直达波的振幅谱

2. 检波点耦合的差异

检波点耦合是指检波器在埋置过程中与地层的耦合程度。假设在井中激发，在地面两点接收，直达波信号分别是 $u(r_1, f)$ 和 $u(r_2, f)$，则衰减函数为

$$R(f) = c + \Delta g(f) - \frac{\pi \Delta t}{Q} f \tag{4-52}$$

其中，$\Delta g(f)$ 是与检波点耦合差异有关的衰减项，该衰减项影响了衰减函数的线性特征，降低了吸收参数的估算精度。

图 4-13 是同一炮激发，地面不同位置接收的地震信号及其频谱。激发深度为 21m，两个检波器距离井口的距离分别是 5m 和 10m。理论上，距离井口 10m 的检波器比距离井口 5m 的检波器经历了更多地层吸收，其主频要相对低一些。实际上，从两个信号的频谱分析可以看出，由于耦合因素的差异，距井口 10m 的检波器地震信号的主频反而要高于距井口 5m 的检波器地震信号的主频，耦合因素的差异严重畸变了地震信号的频率特征。

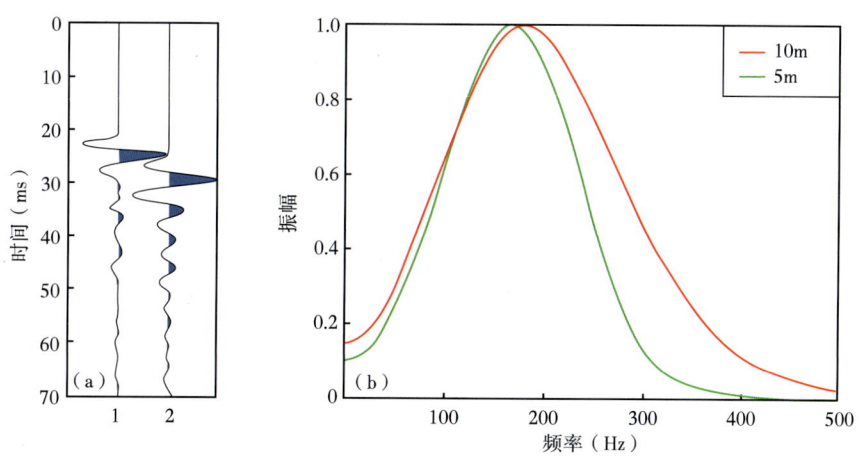

图 4-13 地面不同位置接收的地震信号（a）及其频谱（b）

3. 近场的影响

通常情况下，地震信号是由远场和近场两部分组成。对于常规地震勘探，由于传播路径较远，近场分量往往可以忽略不计。然而，对于浅层地震勘探，特别是近地表吸收结构观测，近场分量具有不可忽略的影响。在近地表 Q 估算时，应尽量避开近场分量的影响，否则，Q 估算会产生较大误差、甚至错误的结果。

熊金良、李国发等（2014）采用下列观测方式就近场的影响进行了实验分析。激发井深 20m，分别于 16m、20m 激发两炮。接收井深 3m，在井口和井底分别安置一个相同类型的检波器，两者的频率响应一致，且均与地层紧密地耦合。图 4-14 和图 4-15 分别是深度 16m 和 20m 时激发，地面和井底接收的地震记录及其频谱。图 4-16 分别是深度 20m 和 16m 时激发信号的衰减曲线，由于近场分量的影响，100Hz 之下衰减函数出现明显异常，利用该频段求取的 Q 因子为负值，这显然有悖于物理常识。

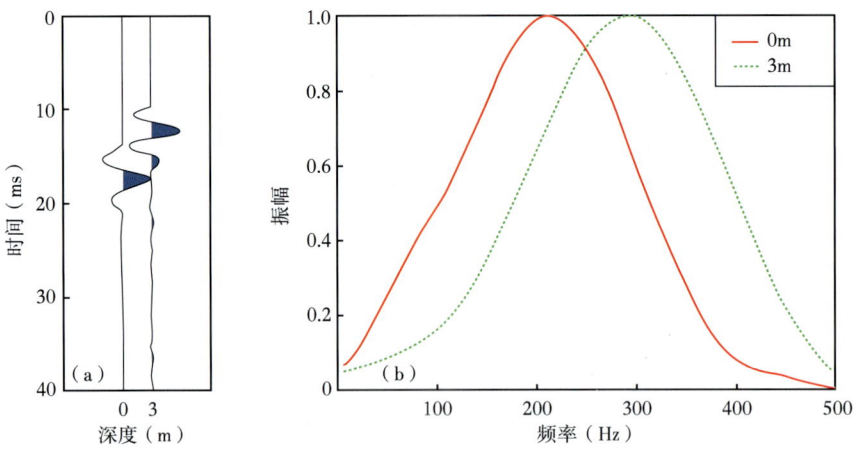

图 4-14　16m 深度激发，地表和井底接收的直达波（a）及其频谱（b）

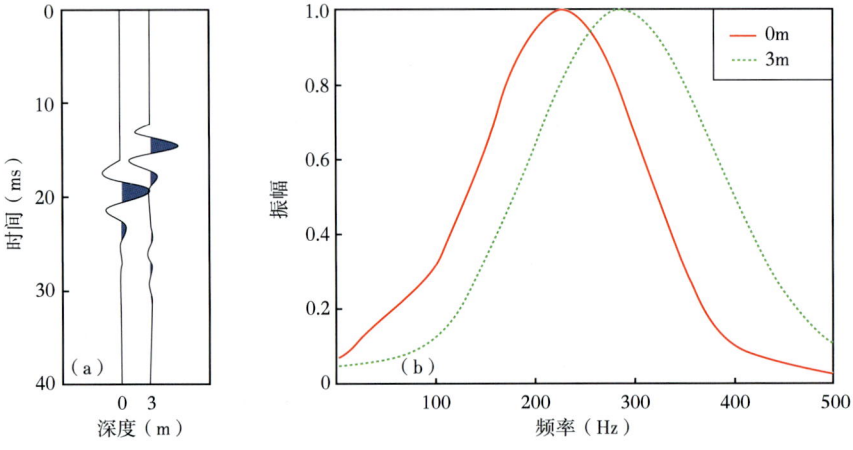

图 4-15　20m 深度激发，地表和井底接收的直达波（a）及其频谱（b）

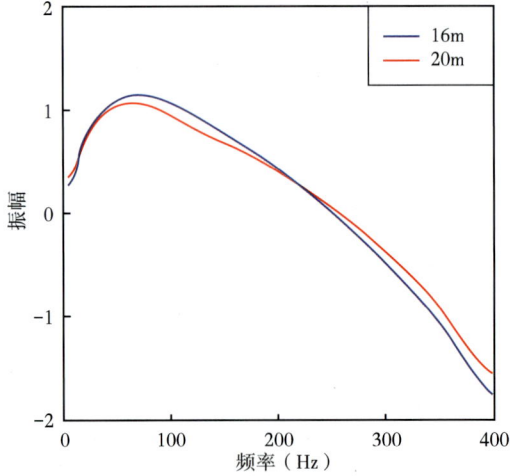

图 4-16　深度 16m 和 20m 时激发信号的衰减曲线

4. 面波的影响

在地震微测井表层结构调查工作中，面波是最为主要的干扰类型。当激发深度较浅时，面波与直达波发生干涉，降低了直达波信号的提取精度。图4-17是某工区近地表吸收结构调查观测系统示意图，从15m到1m每间隔1m激发一炮，共激发15炮。地面布置一小排列，道间距2m，共12道。图4-18分别是深度2m和4m时激发的共炮点道集，地震记录上存在较强的面波干扰，特别是当炮检距较大时，初至波与面波已经干涉在一起，很难分离出较为理想的初至波信号。

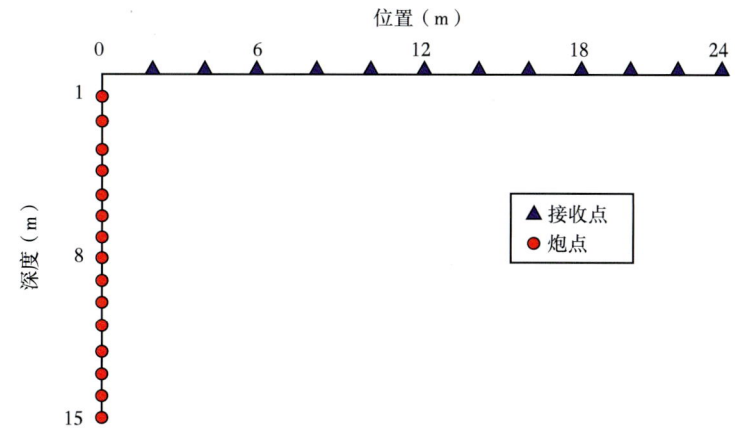

图4-17　某工区近地表吸收结构调查观测系统示意图

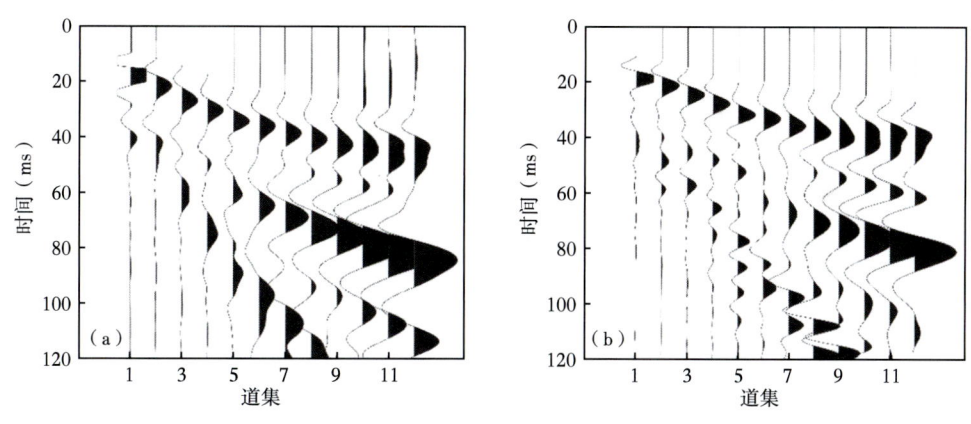

图4-18　激发深度为2m（a）和4m（b）的共炮点道集

5. 浅层折射的影响

浅层折射波也是近地表吸收结构反演中经常出现的干扰波类型。特别是当炮检距较大时，浅层折射波先于直达波达到检波器，以至于无法从地震记录中分离出理想的直达波信号。图4-19显示了道间距2m、激发深度6m和8m时的共炮点道集，当炮检距大于10m时，浅层折射波与直达波发生严重干涉，畸变了直达波的频谱特征，降低了吸收参数的估算精度。

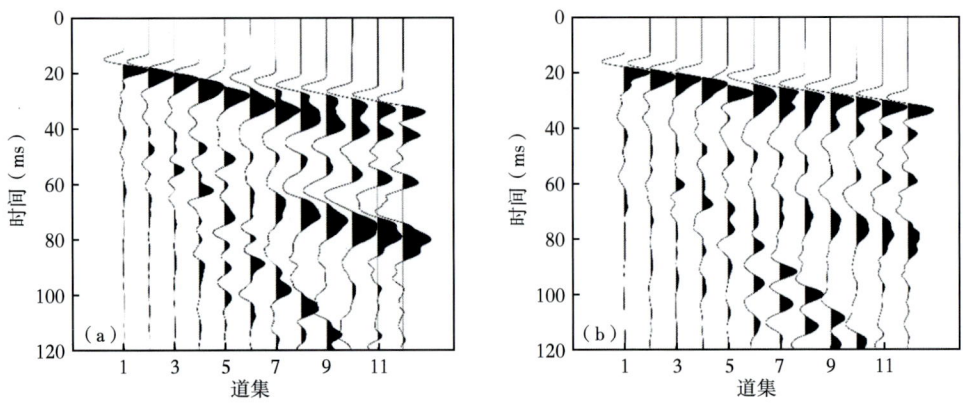

图 4-19　激发深度分别为 6m（a）和 8m（b）时的共炮点道集

6. 虚反射的影响

在双井微测井地震观测中，对于浅层激发、深层接收的地震道，其直达波信号很容易受到虚反射影响。图 4-20 给出了虚反射产生的示意图，深层检波器除了接收直达波信号之外，还受到来自地面和潜水面的虚反射干扰，当它们与直达波的时差较小时，对直达波产生干涉效应。图 4-21 是 G 点接收的共检波点道集，激发深度从 40m 到 1m 每间隔 1m 激发一炮。在共检波点道集上，可以明显地看到一条虚反射同相轴，其斜率与直达波相反，与浅层激发的直达波相互干涉，改变了直达波信号的频率特征。

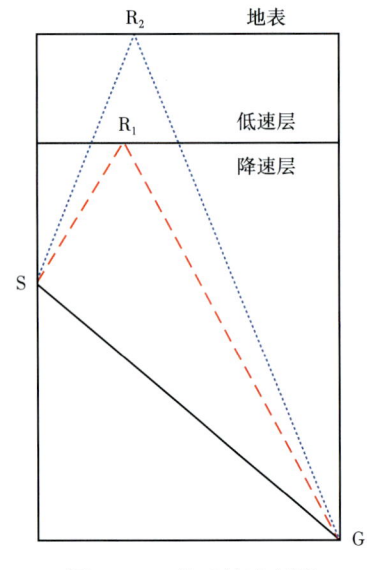

图 4-20　虚反射示意图

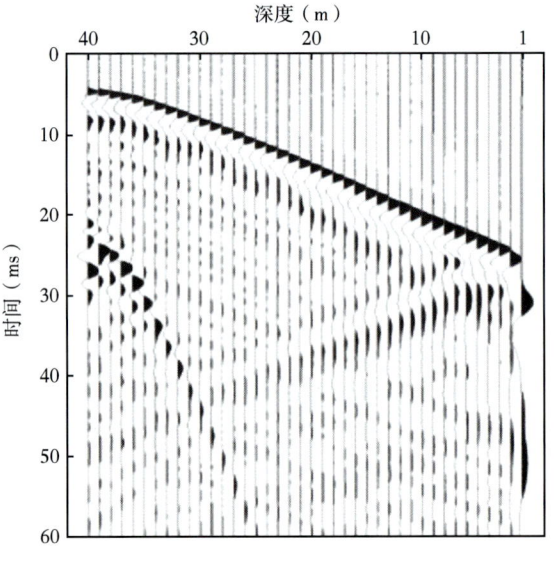

图 4-21　虚反射与直达波的干涉效应

第五章　静校正过程质量监控

　　静校正是消除由于地表高程和地下低、降速带变化对反射波旅行时间的影响，实现共反射点叠加的一项基础工作，它不仅影响着叠加剖面的信噪比和分辨率，还影响叠加速度分析和地震成像的质量。静校正问题是陆上地震资料处理的关键技术，尤其是表层地质条件复杂的地区，如地形起伏剧烈、表层岩性变化较大、低降速带厚度和速度变化大的地区。静校正问题已经成为进一步改善地震资料成像质量的技术瓶颈。复杂的近地表条件，一方面导致了激发和接收条件的复杂性，地震资料信噪比低、一致性差、成像困难；另一方面也导致了反射时差畸变，反射同相轴不能同相叠加，严重降低了叠加数据的信噪比，有些情况下甚至会出现由于静校正问题导致的虚假构造。著名地球物理学家 Dix 教授指出：解决好静校正问题就等于解决了地震勘探几乎一半的问题。相对于地震资料处理的其他技术环节，静校正处理涉及的方法较多，技术流程也更加复杂。静校正模型具有较强的多解性，方法选择和参数优化尤为困难，因此，质量控制在静校正处理中具有非常重要的作用。下面分别就野外静校正、沙丘曲线静校正、折射波静校正、层析反演静校正、反射波和初至波剩余静校正进行讨论和分析。

第一节　野外静校正质量监控

　　野外静校正也称为基准面静校正，顾名思义，就是将在地表采集的地震记录校正到同一基准面上，消除地表高程和低降速带变化对地震记录旅行时间的影响。对于地表特定的空间位置，只要知道该位置低降速带的速度和厚度，在给定基准面之后就可以计算该点的基准面静校正量，校正之后相当于在基准面上激发和接收地震信号。基准面静校正的关键是如何获得低降速带的厚度和速度，进而建立准确的近地表结构模型。微测井和小折射是目前常用的两种近地表结构调查和野外静校正方法。

一、微测井近地表结构调查

　　微测井野外静校正是最为常用的野外静校正方法。其基本原理是：在野外布设一口激发井，井深最好穿透低降速带，在地面井口附近埋置检波器。在井中由深及浅进行激发，地面检波器接收不同深度激发的地震信号。拾取微测井地震信号的初至时间，得到若干时间深度对 (h_i, t_i)，通过对时间深度对 (h_i, t_i) 的显示和解释，得到该观测点的速度深度模型 (h_i, v_i)。

　　图 5-1 是微测井地震观测和初至时间解释示意图。由深及浅激发地震信号，地面检波器记录了如图 5-2 所示的地震记录。从地震记录上拾取直达波初至时间，标注在深度—时间平面上，通过对初至时间的交互分析确定低降速带的厚度和速度。从图 5-2 所示的微测井地震记录可以看出，当激发深度较大时，直达波信号十分清晰；但当激发深度靠近地表时，面波干扰降低了直达波信号的拾取精度。

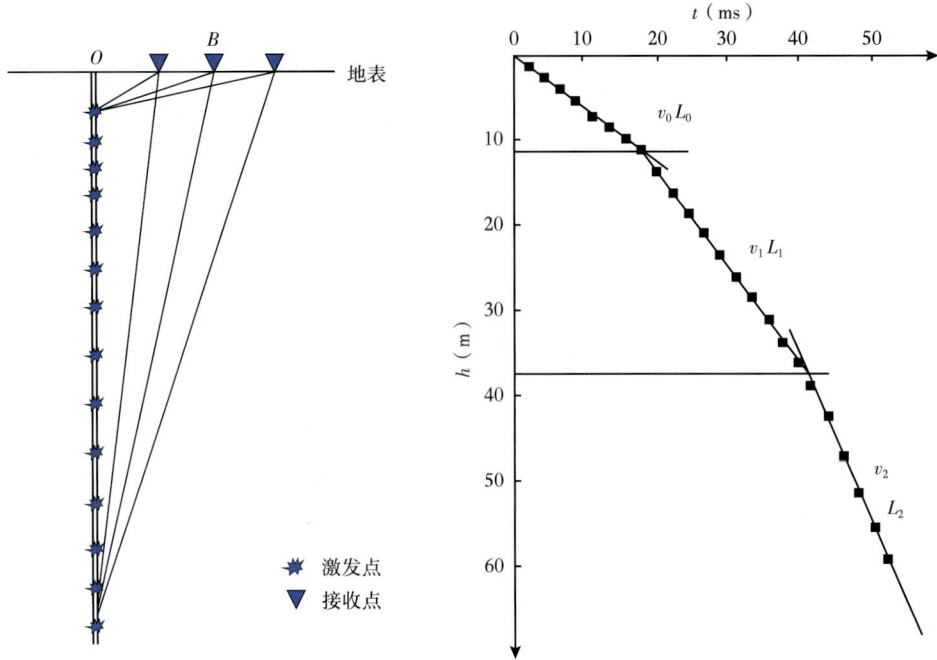

图 5-1 微测井野外观测和室内解释示意图

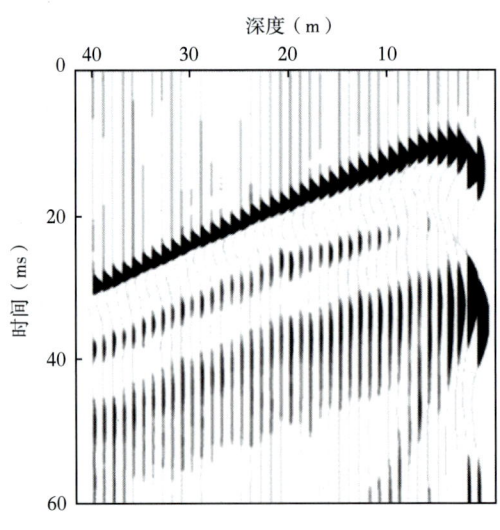

图 5-2 单井微测井地震记录

微测井静校正主要是针对长波长静校正问题，对近地表模型起到约束和控制作用。近地表模型的可靠性取决于微测井数据的解释精度。一个工区内一口井的不合理解释就可能改变近地表模型的低频趋势，从而引起地震剖面上构造趋势的变换。图 5-3 为一口微测井数据的不同解释方案，左边解释为 4 层，右边解释为 5 层。按照 4 层解释求取的静校正量应用到地震剖面，出现一个明显的长波长异常，中部向上凸起。这种地质情况在该工区比较少见，引起了处理人员的怀疑。对微测井数据划分为 5 层后重新进行解释，按照重新解释后的近地

表模型，消除了叠加剖面上的构造异常。该实例说明了微测井解释质量监控对近地表模型及其静校正处理的重要性。

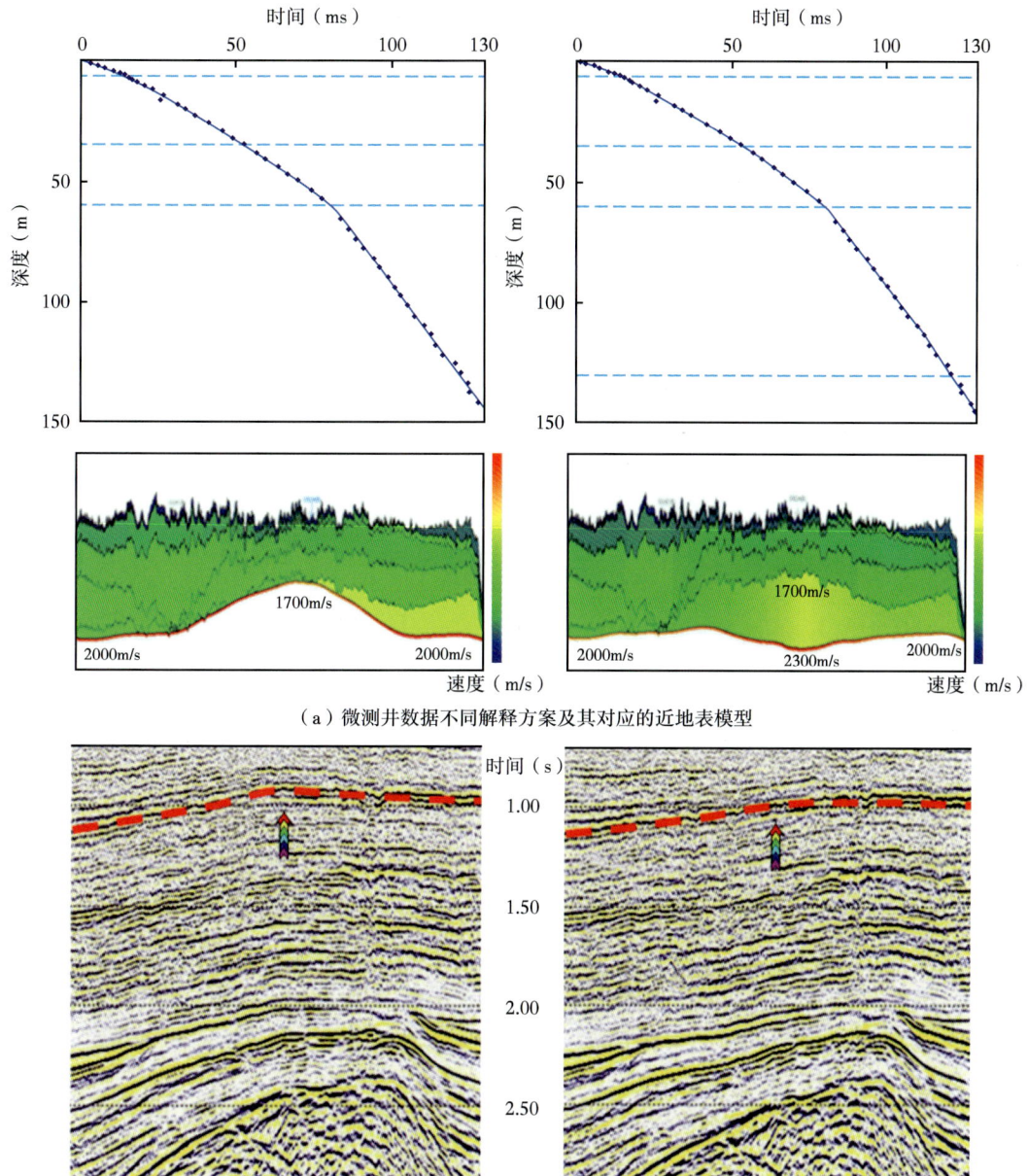

(a) 微测井数据不同解释方案及其对应的近地表模型

(b) 微测井不同解释方案静校正的结果

图 5-3　微测井解释对近地表模型及其叠加剖面的影响

二、小折射近地表结构调查

小折射实际上是折射波法在近地表勘查中的应用，小折射调查的排列长度要依据低降速带的厚度和速度而定，要保证低降速带底界的折射波时距曲线有足够的长度，排列长度通常

是低降速带总厚度的8~10倍。排列方式可以是等间距接收，也可以是不等间距接收；不等间距主要是为了加密近炮检距的接收道数，便于直达波的识别和拾取。图5-4是小折射地表结构调查的示意图，图中标注了直达波和折射波的时距曲线。

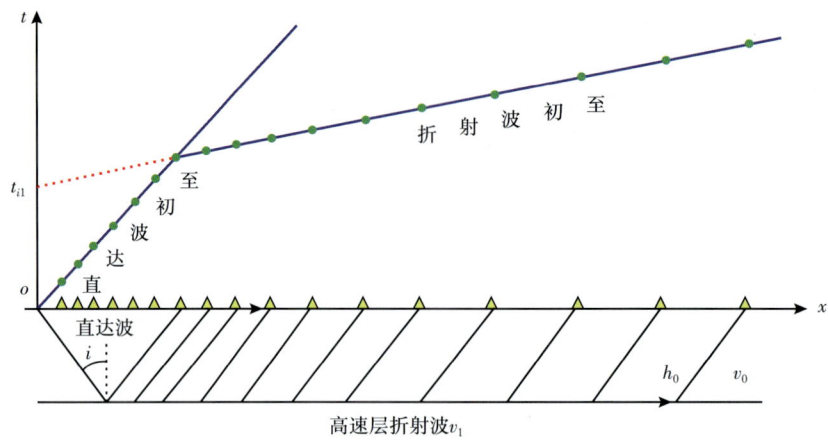

图5-4　小折射近地表结构调查和直达波时距曲线示意图

直达波在低速层传播，其速度低于折射波的速度，因此当炮检距较大时，直达波信号会被传播速度更快的折射波所覆盖而难以识别。直达波的时距曲线为一条过原点的直线，其数学表达式为：

$$t = x/v_0 \tag{5-1}$$

式中　v_0——近地表第一层的速度。

折射波的时距曲线也是一条直线，其数学表达式为：

$$t = \frac{x}{v_n} + 2\sum_{k=0}^{n-1} \frac{h_k \cos\theta_k}{v_k} \tag{5-2}$$

式中　k——地层序号；

　　　h——地层厚度；

　　　θ——入射波的临界角。

式（5-2）中，当$x=0$时，可以得到折射波时距曲线在时间轴上的截距，即截距时，也称为交叉时。折射波到达时间对时间求导可以得到各层折射波的视速度，在水平层状介质情况下，这个视速度就等于折射波下伏地层的层速度。当折射界面倾斜时，在折射界面的上倾方向和下倾方向激发会得到不同的时距曲线，其数学表达式分别为：

$$t_{上} = \frac{x\sin(\theta - \varphi)}{v} + \frac{2h\cos\theta}{v} \tag{5-3}$$

$$t_{下} = \frac{x\sin(\theta + \varphi)}{v} + \frac{2h\cos\theta}{v} \tag{5-4}$$

式中 φ——地层倾角；

h——界面的法向深度。

时距曲线式（5-3）和式（5-4）对时间求导，可以得到上倾方向和下倾方向的视速度，分别为：

$$v_{\text{上}}^* = \frac{v}{\sin(\theta - \varphi)} \quad (5-5)$$

$$v_{\text{下}}^* = \frac{v}{\sin(\theta + \varphi)} \quad (5-6)$$

比较上倾方向、下倾方向的视速度表达式可以看出，上倾方向时距曲线平缓，视速度较大；下倾方向时距曲线较陡，视速度较小。此时，折射界面下伏地层的速度不再等于折射波的视速度，它与两个视速度的关系表示为：

$$v = \frac{2v_{\text{上}}^* v_{\text{下}}^* \cos\varphi}{v_{\text{上}}^* + v_{\text{下}}^*} \quad (5-7)$$

联立以上各个方程，低速层厚度和降速层厚度的数学表达式分别为：

$$h_0 = \frac{v_0 t_{i1}}{2\sqrt{1 - (v_0/v_1)^2}} \quad (5-8)$$

$$h_1 = \frac{v_0 t_{i2}}{2\sqrt{1 - (v_1/v_2)^2}} - \frac{v_1 h_0 \sqrt{1 - (v_0/v_1)^2}}{v_0 \sqrt{1 - (v_1/v_2)^2}} \quad (5-9)$$

三、近地表模型的建立和质控方法

分层模型法静校正是根据表层调查点的成果数据，建立近地表速度结构模型，求取和应用基准面静校正量的方法。在低速带、降速带较为稳定的情况下，通过微测井和小折射的成果解释，可以得到可靠的低速层、降速层的速度和厚度参数。通过控制点内插建立表层结构模型是一项看似简单、实则复杂的工作。控制点内插包括界面内插和速度内插，对于二维地震勘探，层界面的划分主要由手工完成。三维控制点之间的内插比较复杂，目前有很多专业软件能够实现三维控制点的内插处理。在地表结构复杂的地区，还要考虑表层介质的突变和地层的尖灭，这些突变点和尖灭点的精确位置往往很难界定。因此，在表层结构较简单，且横向速度差异不大的情况下，应用控制点内插的方法能得到较好的结果。在表层结构复杂地区，控制点内插表层结构建模方法存在一定的局限性。图5-5展示了一个控制点内插示意图，可以看出，内插过程人为因素较多，具有一定的多解性。

基于微测井和小折射的野外静校正是最为基础的静校正工作，其结果可用于后续折射波静校正的验证和优化，因此，质量控制具有非常重要的作用。

（1）表层调查点的分布是否均匀，密度是否满足要求。通常每平方千米最好有一个控制点，若不满足建模条件，可以考虑补充控制点，或借用相邻项目的控制点；若仍不满足条件，对于表层结构不甚复杂的地区，可以考虑人工插入虚拟控制点。

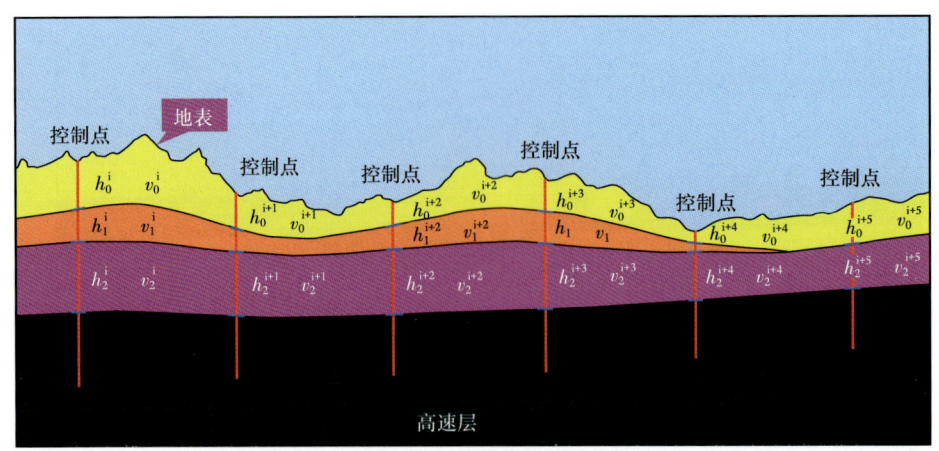

图 5-5　表层调查点表层结构的划分

（2）微测井数据的解释质量。一方面，当激发点距离地表较近时，如图 5-2 所示，直达波和面波相互干扰，很难拾取准确的初至时间；另一方面，依据多个时间深度对的变化轨迹，进行速度结构分层，当时深关系轨迹的拐点不是很明显时，分层方案具有一定的主观性和多解性。图 5-6 显示了同一微测井数据的不同解释结果。在没有其他先验信息的情况下，这两个解释方案很难判断哪一个方案是正确的。基于对该地区表层结构的先验信息和地表露头信息，本次研究排除了第一个解释方案，采用了第二个解释方案。

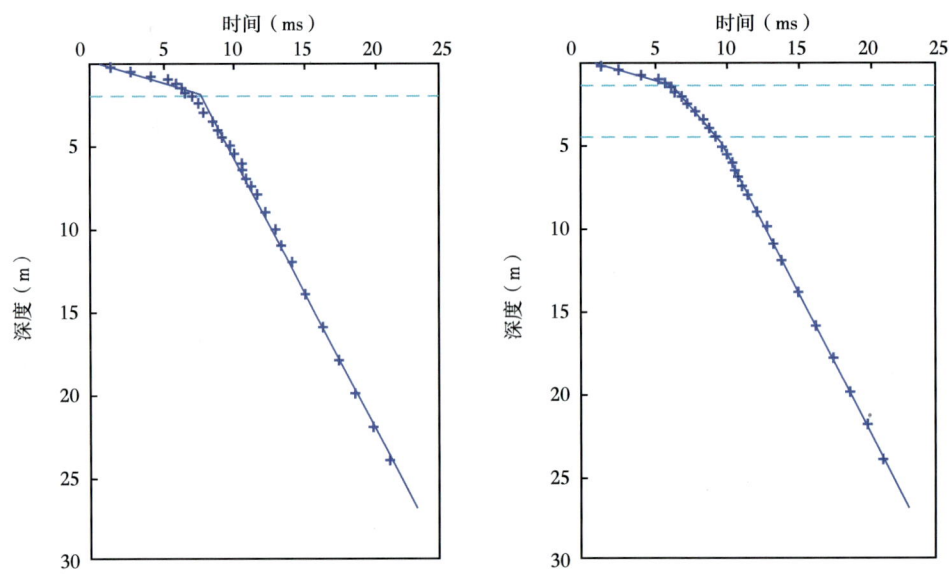

图 5-6　同一套微测井数据的两种解释方案

（3）表层成果是否有突变。如图 5-7 所示，表层结构在中间部位出现明显的突变异常。遇此类问题应先对微测井数据进行核实和检查，然后再根据控制点的地表情况进行可靠性分析，如沙丘地区的表层结构相对均匀，很少有类似的突变点。

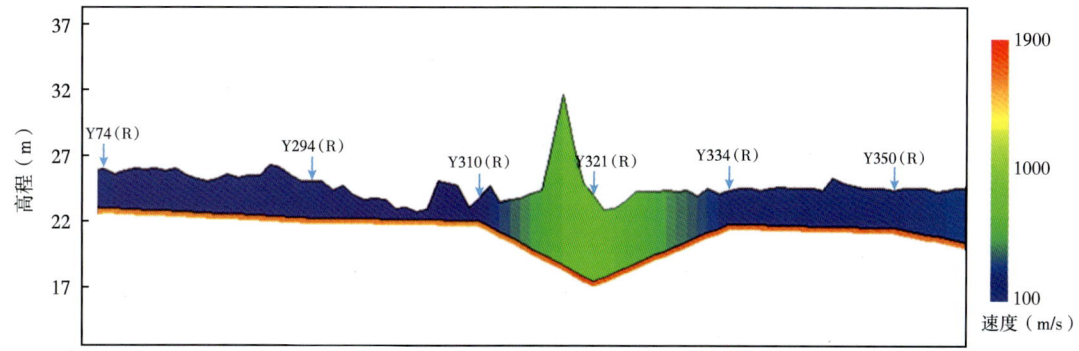

图 5-7 表层结构突变的近地表模型

（4）不同近地表结构调查方法在控制点的误差。如在同一位置存在微测井和小折射两种观测数据，检查两者的估算误差，若两者误差较大，重新解释两种观测数据。若重新解释之后依然存在较大误差，则参考附近地表结构的解释成果进行判断和评价。

（5）地表结构与地表高程的相关性。如图 5-8 所示，在有些地区地表结构和地表高程具有很大的相关性，但是，有些地区两者之间不具备相关性。是否具有相关性依赖于地表的构造特征和形成过程，这些需要依据对控制点表层结构的深入分析，并参照该地区历史资料地表高程与风化层的相似度进行判断。

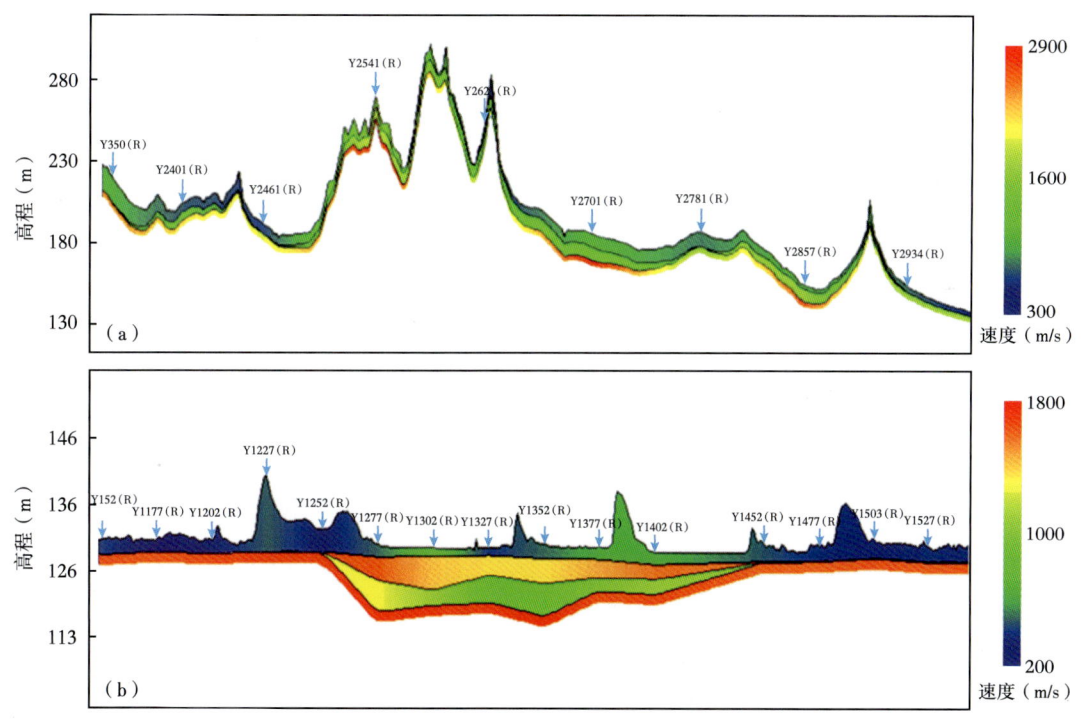

图 5-8 和地表高程相关（a）和不相关（b）的地表结构模型

第二节　沙丘曲线静校正质量监控

沙丘曲线静校正方法，是利用大量表层调查的资料，总结归纳出符合沙层变化规律的近地表时深曲线，根据这种关系建立渐变速度模型，确定基准面静校正的一种方法。沙丘曲线静校正是针对沙漠区采用的一种特殊的静校正方法，这种方法简单易行，适用于近地表结构较为稳定的沙漠地区。

一、沙丘曲线静校正

沙漠区地表高程起伏剧烈，低降速带厚度变化较大。无胶结的沙丘沙在风力作用下呈沙丘、沙梁、沙沟和蜂窝状分布等。由于压实作用，沙丘的速度变化表现为连续介质特征，速度随厚度增加而增大，速度范围 350~1200m/s。沙丘对地震波具有强烈的吸收作用，导致小折射资料品质较差，降低了直达波和折射波初至时间的拾取精度。另外，在巨厚沙漠区进行微测井野外采集的成本很高，很难满足地表调查对微测井密度的要求。

通过对大量表层结构调查数据的分析，沙漠区近地表地层介质单一，低速层、降速层没有明显的速度界面，介质速度与压实效应具有很好的依赖关系，速度随沙层厚度的增加而稳定增大。在空间上，地震波的延迟时间只与所在位置的沙层厚度有关，可以构造一个能够准确描述低速带、降速带时—深关系的函数曲线，这个曲线称为沙丘曲线。如图 5-9 所示，实线为沙丘曲线，虚线为多口微测井的时深曲线，两者具有较好的一致性。

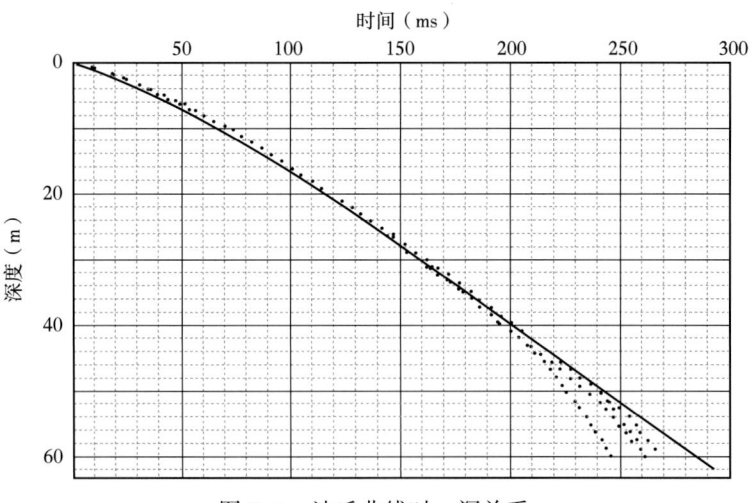

图 5-9　沙丘曲线时—深关系

图 5-10 是准噶尔盆地腹部沙丘曲线静校正的应用实例。工区地表沙丘在风力作用下呈条带状和蜂窝状展布，低降速带厚度在 80~250m 之间。低降速带没用明显的速度分界面，呈典型的连续介质特征，工区内微测井标定的时深关系与沙丘曲线吻合较好，最大偏差小于 5ms。从图 5-10 所展示的沙丘曲线静校正前后的共炮点道集可以看出，沙丘起伏造成的折射波初至的高频抖动被消除，反射信号的空间连续性得到明显改善。

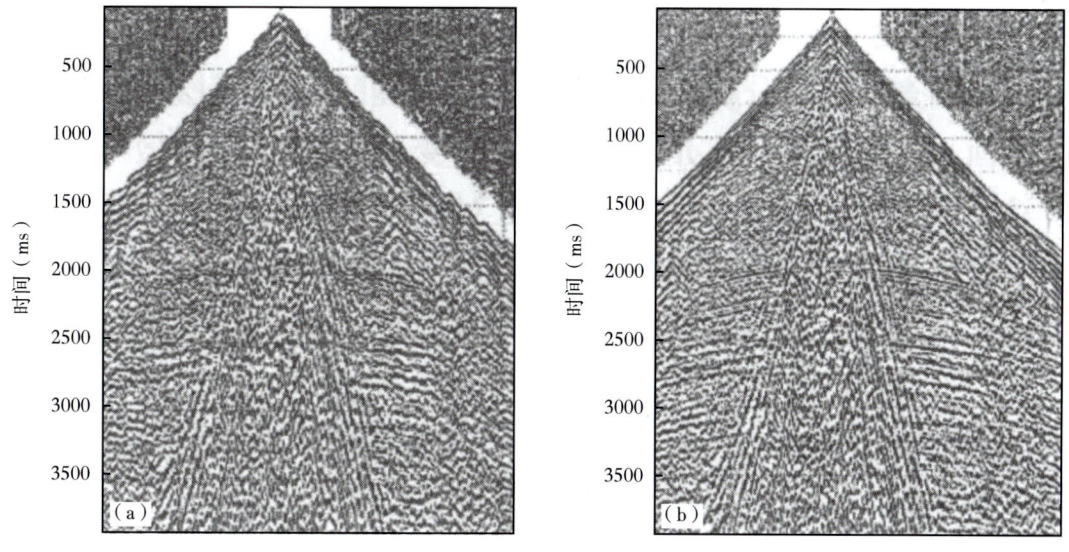

图 5-10 沙丘曲线静校正前（a）后（b）的共炮点道集

二、注意事项和质量监控

沙丘曲线是表明砂层厚度与地震波传播时间的关系曲线，其准确与否取决于工区范围内沙丘曲线时—深关系的一致性。也就是说，沙丘曲线静校正的误差取决于不同位置时—深关系与沙丘曲线时—深关系的偏差程度。允许的偏差范围与工区目的层的构造幅度有关，构造幅度越小，对偏差的要求越高。对于地表速度横向变化较大，且以低幅构造为勘探目标的工区，应该慎用沙丘曲线静校正方法，以免影响低幅构造的解释精度。

图 5-11 展示了某三维地震勘探区块微测井调查点的分布情况，共有 18 口微测井资料，空间分布比较均匀。图 5-12 是微测井时—深关系曲线，不考虑高速层的时—深关系，低降

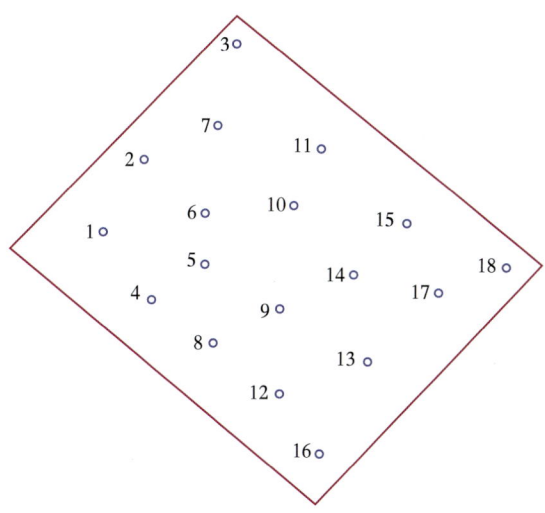

图 5-11 某三维地震勘探区块微测井调查点分布图

速层时—深关系的差异在 12ms 的范围内。也就是说，工区如果用沙丘曲线方法计算静校正量将会产生最大为 12ms 的误差。每口微测井与沙丘曲线的误差不一样，图 5-13 显示了这些误差的空间展布。实际上，由于地震波在炮点位置和检波点位置两次穿过低降速带，因此，地震剖面上的误差会放大一倍，误差分布图是沙丘曲线静校正的重要依据。

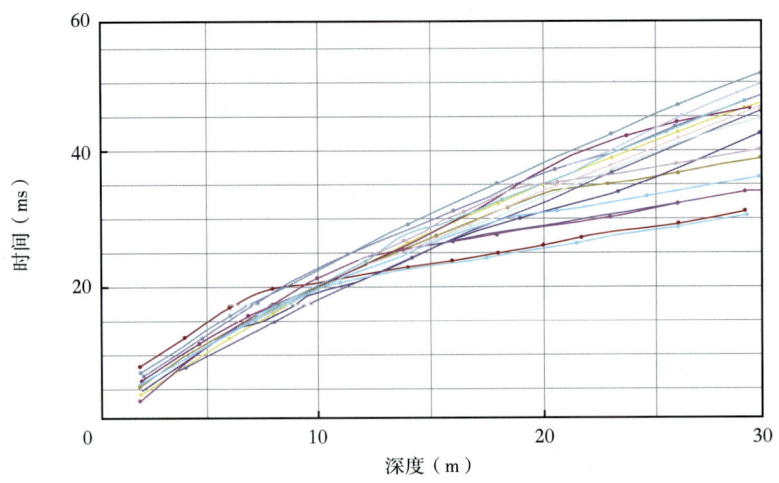

图 5-12　微测井调查时—深关系曲线

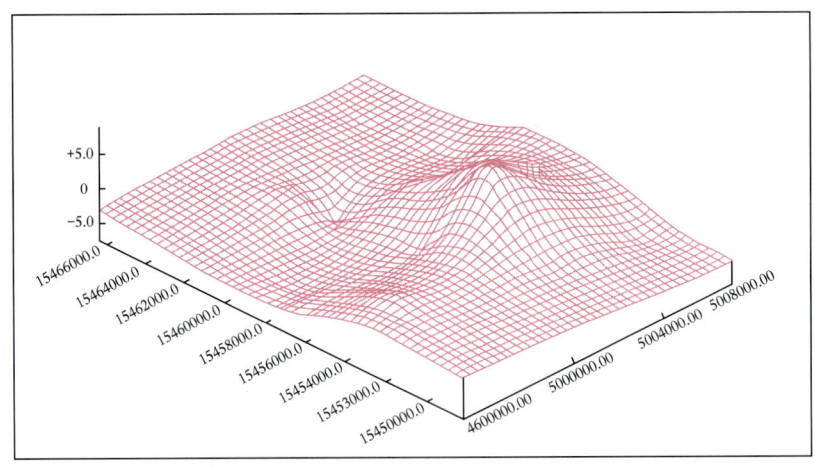

图 5-13　沙丘曲线静校正误差的空间分布

沙丘曲线静校正在沙漠区地震勘探中发挥了重要作用，但该方法本质上是一种统计性方法，在实际工作中要注意该方法的应用条件：

（1）了解工区的近地表地质情况是否符合沙丘曲线所描述的特征，即速度只与深度相关，且由浅到深逐渐变化；

（2）若工区内有微测井数据，将沙丘曲线与微测井时深关系进行对比分析，若两者差异较大，慎用该方法；

（3）对研究区地表速度结构的横向变化进行评估和分析，若速度结构横向变化较大，

则不建议使用该方法。

第三节　初至波静校正质量监控

野外静校正需要采用小折射、微测井等野外施工方法测量近地表的速度和厚度，不仅成本较大，而且当近地表结构横向变化较大时，很难通过控制点内插得到可靠的表层结构模型。一般而言，地表风化层的速度要低于下伏地层的速度，因此地震记录上广泛存在来自风化层底界的折射波。折射波先于地下反射到达地表，能够较容易地从地震记录识别出来。显然，初至时间中包含风化层厚度和速度的信息，利用这些信息所进行的静校正，称为初至波折射静校正。目前，利用初至波进行静校正的方法很多，大致可以分为两类，一类是利用折射波初至的梯度和截距等信息估算近地表结构的方法，称之为折射波静校正，这类方法出现的较早，原理简单、效果稳定，但不能很好地处理地表结构横向变化较大的情况；另一类方法基于各类初至波（包括直达波、折射波、回转波）的到达时间，采用层析反演的策略估算近地表速度结构，称之为层析反演静校正。从理论上讲，这类方法可以处理任意地表结构的情况，但对初始模型要求较高，反演结果存在一定的多解性。

一、折射波静校正

当地震波经过不同地层的波阻抗界面时，地震波遵循 Snell 定律发生反射和透射。若下伏地层的速度高于上覆地层的速度，且入射角大于临界角时，在界面上产生折射波。风化层底界是一个良好的折射界面，当炮检距达到一定距离时，折射波先于直达波到达地表，这类折射波称为初至折射波。利用折射波进行静校正的方法很多，包括加减法、广义互换法、扩展广义互换法和 ABC 法等，尽管实现方式有所差异，但具有相同的数学物理背景。为方便对该类方法的理解，做好该类方法的质量监控，现对这类方法的基本原理进行简要的介绍。

图 5-14 是折射波传播示意图，图中风化层的厚度为 z_w，风化层的速度为 v_w，下伏基岩的速度为 v_b，且 $v_b > v_w$，地震波在 S 点激发，当地震波入射角达到临界角 θ_c 时，产生折射波。

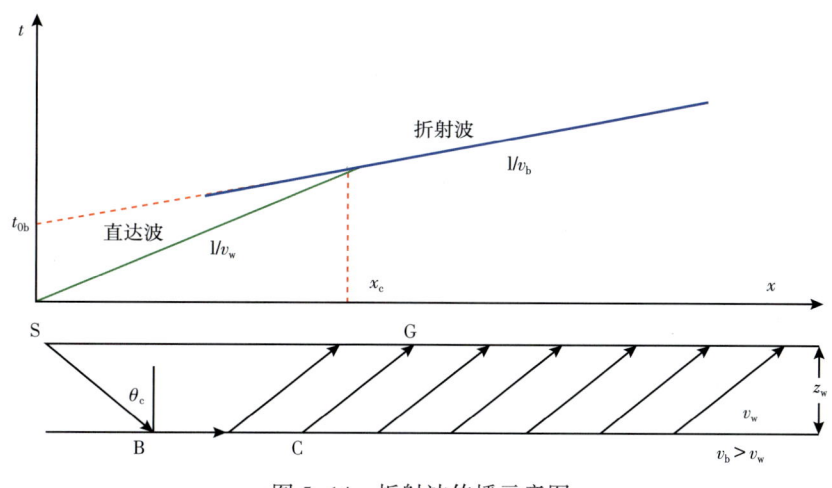

图 5-14　折射波传播示意图

直达波斜率为 $1/v_w$，折射波斜率为 $1/v_b$，折射波在时间轴上的截距为 t_{0b}。由 v_w、v_b 和 t_{0b}，可以计算风化层厚度 z_w，进而计算基准面静校正量 ΔT_D，下面给出简要的推导。

折射波初至时间表达为：

$$t = \frac{SB}{v_w} + \frac{BC}{v_b} + \frac{CR}{v_w} \tag{5-10}$$

进一步写为：

$$t = \frac{z_w}{v_w \cos\theta_c} + \frac{x - 2z_w \tan\theta_c}{v_b} + \frac{z_w}{v_w \cos\theta_c} \tag{5-11}$$

其中，θ_c 为临界角：

$$\sin\theta_c = \frac{v_w}{v_b} \tag{5-12}$$

整理后，有：

$$t = \frac{2z_w \sqrt{v_b^2 - v_w^2}}{v_b v_w} + \frac{x}{v_b} \tag{5-13}$$

折射波时距关系满足下面的线性方程：

$$t = t_{0b} + \frac{x}{v_b} \tag{5-14}$$

对式（5-13）、式（5-14），得到：

$$t_{0b} = \frac{2z_w \sqrt{v_b^2 - v_w^2}}{v_b v_w} \tag{5-15}$$

因此，由风化层速度 v_w、基岩速度 v_b、折射波的截距 t_{0b} 可以计算风化层厚度 z_w

$$z_w = \frac{v_b v_w t_{0b}}{2\sqrt{v_b^2 - v_w^2}} \tag{5-16}$$

可以看出，为得到风化层的速度，需要已知风化层的速度、下伏地层的速度和截距时间（也称为延迟时间）。以上提到的各类折射静校正方法，其差异在于如何稳定地获得上述三个参数。从前面的分析可知，该方法的局限性在于：

（1）在地表起伏剧烈、高速层出露等地区，不同炮检距上折射波的振幅与频率差异很大，折射波识别和分辨困难，很难追踪到某一稳定的折射界面；

（2）需要预先给出风化层的速度；

（3）不适合存在速度反转或速度层尖灭等近地表速度模型。

在实现过程上，折射波静校正包括初至拾取、层位划分、折射速度分析、延迟时计算、表层模型建立和质量监控等环节，完善各个环节的质控手段是保证静校正精度的关键。

（1）地震数据是否可以满足大炮初至的拾取条件，即折射层及其对应的折射波相对稳定，折射波能够相对准确地识别和分辨，若不满足这些条件，则该地区可能不适合采用折射

法静校正方法。

（2）要尽量保证拾取同一个折射层的初至，防止"窜层"。折射波初至拾取本质上就是折射层对比、分析、解释的过程，折射波的分层对比至关重要。

（3）大炮初至拾取的质量，直接决定折射静校正的质量。可以通过多种图形显示的方式，质控大炮初至的拾取情况。通过对炮检点的初至覆盖次数等基础数据的平面显示对初至拾取进行判断和评估。图 5-15 是检波点初至覆盖次数平面图，可以看出工区边界位置初至覆盖低，甚至没有覆盖，工区南部比北部的覆盖率高，这是由于工区南部的资料整体比北部好，初至层稳定。从细节上看，工区中部偏西的区域漏掉了一束线的拾取，东北角方向由于资料品质太差，拾取的初至很少，所以覆盖偏低。若用这套初至进行折射法静校正，初至覆盖低的位置可能会发生静校正估算异常。

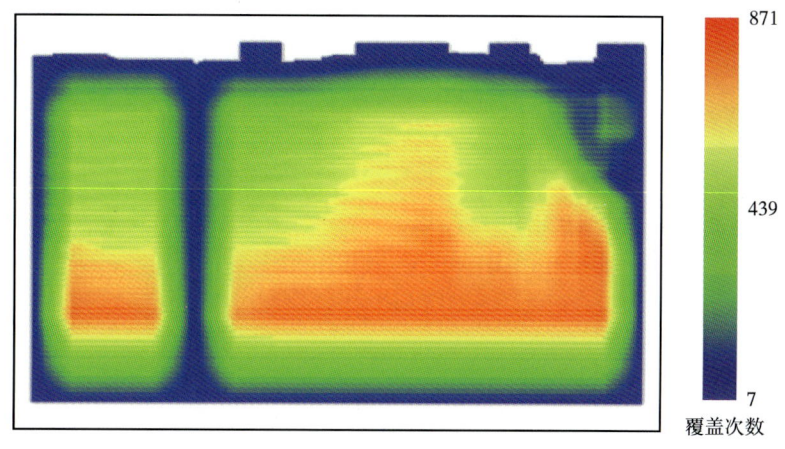

图 5-15　检波点初至覆盖次数平面图

（4）折射静校正可以消除初至波时差的抖动和畸变。因此，可以通过观测和对比校正前后的初至波时差曲线和地震记录进行评估和判断。在大炮初至方面，利用共炮点初至曲线分析、共检波点初至曲线分析和共炮检距初至曲线分析能够直观地考察初至拾取的质量问题，进行更细致的质量监控。共炮点初至曲线分析主要用来检查检波点静校正，图 5-16 是静校正前后单炮初至曲线对比，圆圈里面所标注的区域可以明显地看到高频（短波长）静校正的应用效果，方块标注的区域可以看出中低频（中长波长）静校正的应用效果。图 5-17 为左半支共炮点初至曲线静校正前后的对比，原始初至曲线同一检波点位置存在类似的曲线异常，表明该位置存在检波点静校正问题。应用静校正之后，若能够消除曲线的抖动，则静校正是有效的；反之，检波点静校正可能仍然存在问题。对于同一检波点位置的某些初至，若无论校正前后都与相邻位置的大部初至存在较大差异，则很可能是初至拾取问题造成的。图 5-18 是共炮检距初至静校正前后的效果对比，静校正之后，初至曲线整体比较平滑，表明了静校正的有效性。若静校正之后依然存在时差异常，则需要检查该点的坐标信息是否正确；若仍然存在问题，则可能是初至拾取的问题。在实际工作中，应该多种方式联合应用，相互印证。

【第五章】 静校正过程质量监控

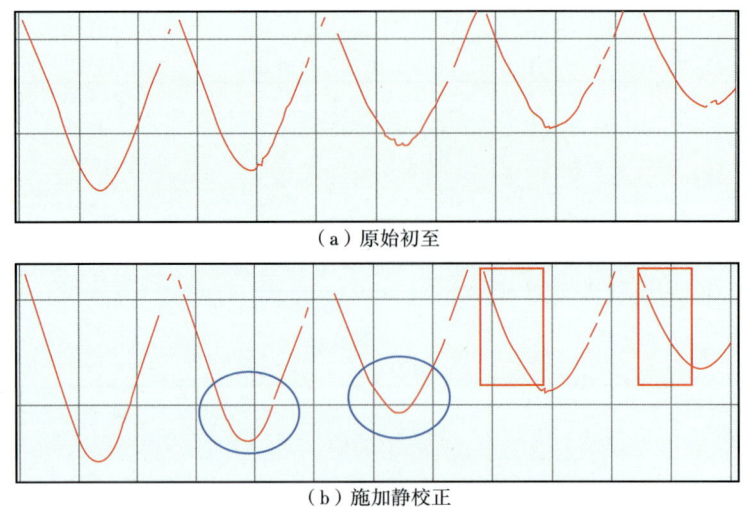

图 5-16 单炮初至曲线静校正前（a）后（b）对比

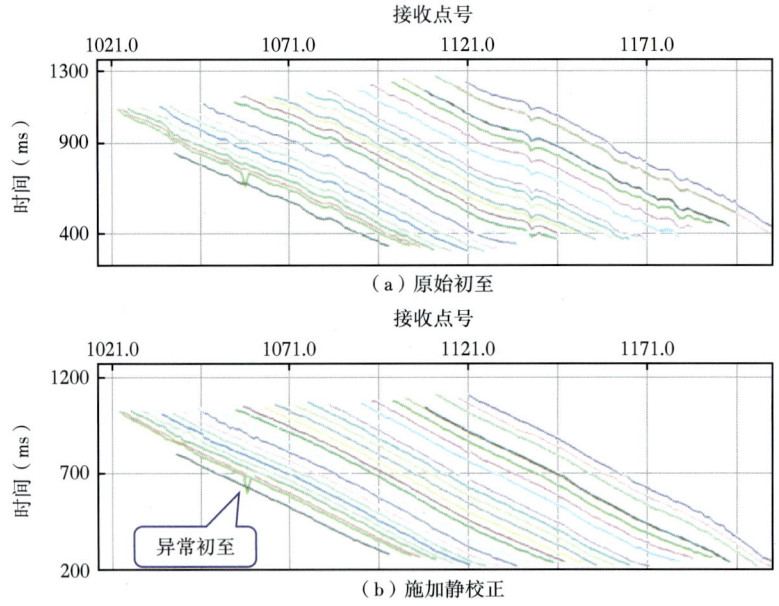

图 5-17 共炮点初至曲线静校正前（a）后（b）对比

对静校正前后地震记录的对比分析是最为直观可靠的质控手段，用于对比分析的地震数据包括共炮点道集、共检波点道集、共中心点道集、共炮检距道集和叠加数据等。图 5-19 是折射静校正前后的共炮点道集对比，静校正之后，被严重畸变的初至波轨迹得到有效恢复，波组关系在横向上呈现较好的一致性。另外，在静校正之后的道集上，可以看到十分清晰的双曲线反射信号，满足了基于水平地表假设的速度分析和动校正的要求。

静校正平面属性是静校正质量监控十分重要的手段，通过对地表高程、近地表厚度、炮点静校正量和检波点静校正量的对比分析，并结合静校正应用效果，对静校正处理进行综合

— 81 —

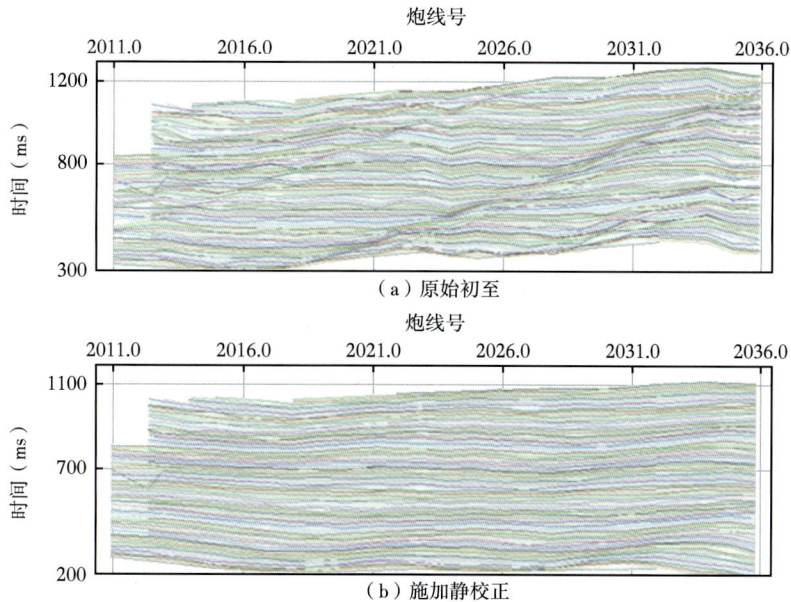

图 5-18 共炮检距初至曲线静校正前（a）后（b）对比

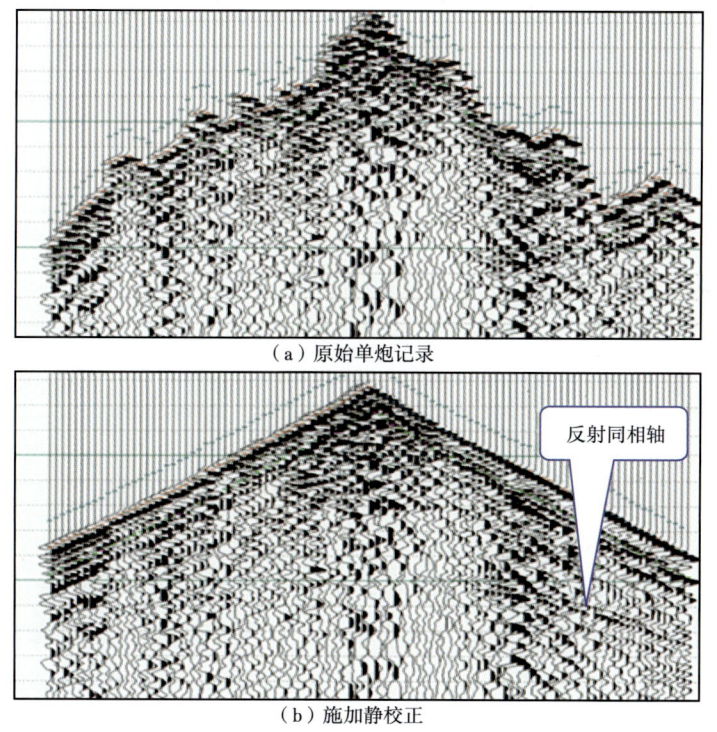

图 5-19 单炮记录静校正前（a）后（b）对比

分析和评价。图 5-20 展示了新疆某工区的地表高程、低速带厚度、炮点和检波点的静校正量。四者之间具有一定的相关性和相似性,且反演结果与地表情况及其微测井调查结果也较一致,满足了平面质控的基本要求。

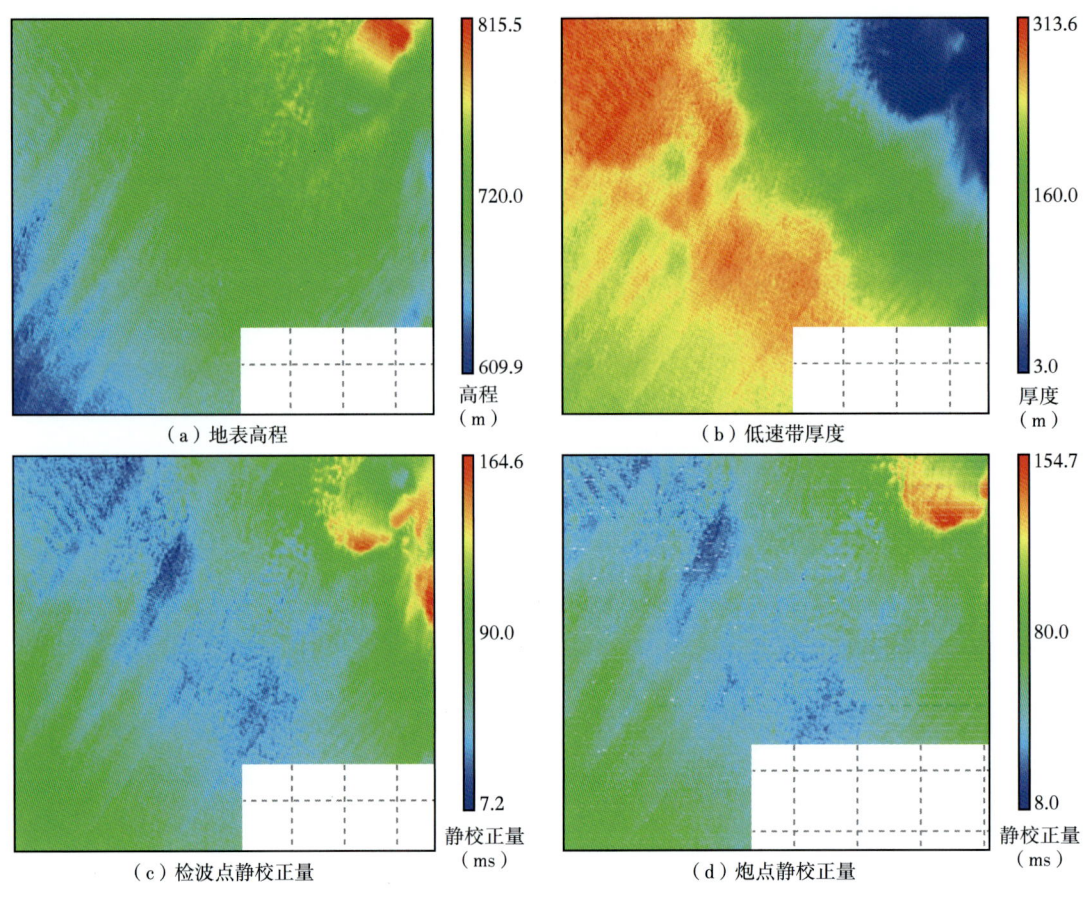

图 5-20 新疆某工区静校正平面属性综合分析

二、层析反演静校正

理论上讲,层析反演方法较折射波静校正方法能够处理更加复杂的近地表速度结构。Sheriff 将层析法定义为一种利用大量炮点和检波点的综合观测结果求取速度与反射界面分布的方法。在处理过程中,地下介质被分解为许多面元,从炮点到接收点的射线路径是由不同面元中的射线段组成的,根据各面元中射线段的长度和每个面元的速度计算折射波的初至时间,然后用模拟初至时间与实际观测时间的时差对模型进行修改,直到收敛。与折射波静校正一样,层析反演静校正也有诸多方法,但这些方法的核心原理是类似的,下面简要进行介绍。

设近地表模型(速度、深度)为 M:

$$M = (m_1, m_2, \cdots, m_l)^{\mathrm{T}} \tag{5-17}$$

初至时间为 T：

$$T = (t_1, t_2, \cdots, t_n)^T \quad (5-18)$$

初至时间 T 和模型 M 之间的非线性关系由射线追踪决定：

$$t_i = A_i(m_1, m_2, \cdots, m_l), \quad i = 1, 2, \cdots, n \quad (5-19)$$

层析反演的目标就是利用初至时间 T 反演得到近地表模型 M。为此，对近地表模型给出一个估计值 M^i，通过射线追踪可以得到模型 M^i 所对应的初至时间 T^i，T^i 与 T 之间的误差为：

$$\Delta T = (\Delta t_1, \Delta t_2, \cdots, \Delta t_n)^T \quad (5-20)$$

层析反演方法通过分析误差 ΔT，给出模型 M^i 的修正量 ΔM：

$$\Delta M = (\Delta m_1, \Delta m_2, \cdots, \Delta m_l)^T \quad (5-21)$$

模型修改后的初至时间更接近于实际初至时间，以此方式进行迭代，直到初至时间误差 ΔT 满足一定的精度为止。

问题的关键是如何根据初至时间误差 ΔT 计算模型修正量 ΔM。为此，将 ΔT 与 ΔM 的关系做一阶近似，表示为下面的线性关系：

$$\Delta T = B \cdot \Delta M \quad (5-22)$$

其中，B 是 $n \times l$ 阶矩阵，且有：

$$b_{ij} = \frac{\partial t_i}{\partial m_j} \quad (5-23)$$

b_{ij} 表示第 j 个模型参数 m_j 改变时，第 i 个初至时间 t_i 的变化率，因此矩阵 B 称为敏感度矩阵。

一般而言，观测时间的个数 n 要大于模型元素的个数 l，方程（5-22）是一个超定方程，模型修正量 ΔM 的最小二乘解为：

$$\Delta M = (B^T B)^{-1} B^T \Delta T \quad (5-24)$$

图 5-21 给出了广义线性反演折射静校正的基本流程，首先对近地表模型进行初始估计，包括低降速带的层数、每层的速度和厚度等；计算模型的初至时间，并与实际初至时间进行比较；根据式（5-24），利用初至时间误差对模型进行修正，当初至时间误差满足一定的精度时，得到近地表模型。

从上面的分析可以看出，层析反演折射静校正通过初至时间误差的反向传播对低降速带模型进行更新和逼近。由于要解决的是超定方程，模型更新的准确性很大程度上依赖射线穿过该网格的密度，当对模型某网格点上的值进行更新时，射线密度越大，对该网格的修正越可靠。当低降速带模型变化较大时，模型各网格中的射线密度很不均匀，甚至有些网格中根本就没有任何射线穿过，因而对地下网格修正的可靠性在空间上会有很大差异。一般而言，低降速带的空间变化很少存在突变；即使有突变，也可以利用某种平滑进行近似，误差部分

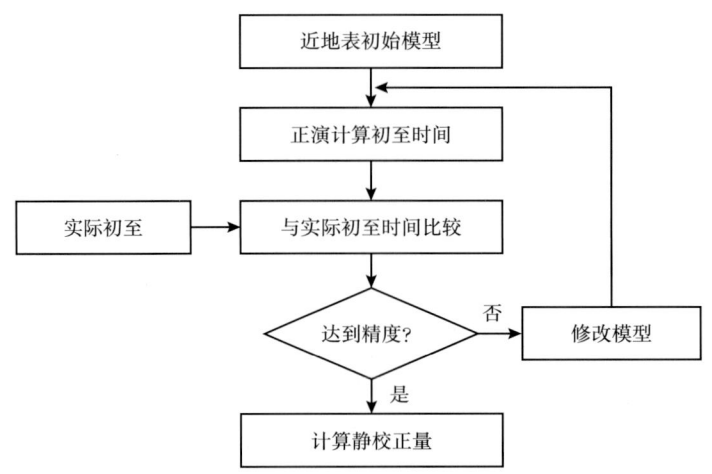

图 5-21 层析反演静校正基本流程

再通过剩余静校正解决。因而，地下网格的修正应该互相约束，这样既符合实际情况，又增加了算法的稳定性。具体做法是将低降速带分成若干子片，每个子片由二元三次多项式拟合。假设有图 5-22 所示的低降速带底面模型，则可以利用 4 个二元三次多项式子片对该模型进行拟合和逼近，增加算法的稳定性和抗噪性。对低降速带进行分片样条拟合不仅增加了算法的稳定性，还可以计算地下任何一点的模型参数，而不必考虑该点是否有射线通过及射线的密度。一般情况下，每个子片上都会有大量的射线通过，但每个子片上各个网格点的射线密度仍然差异较大，各个网格点上的射线密度以加权的方式决定了子片的最终形态。

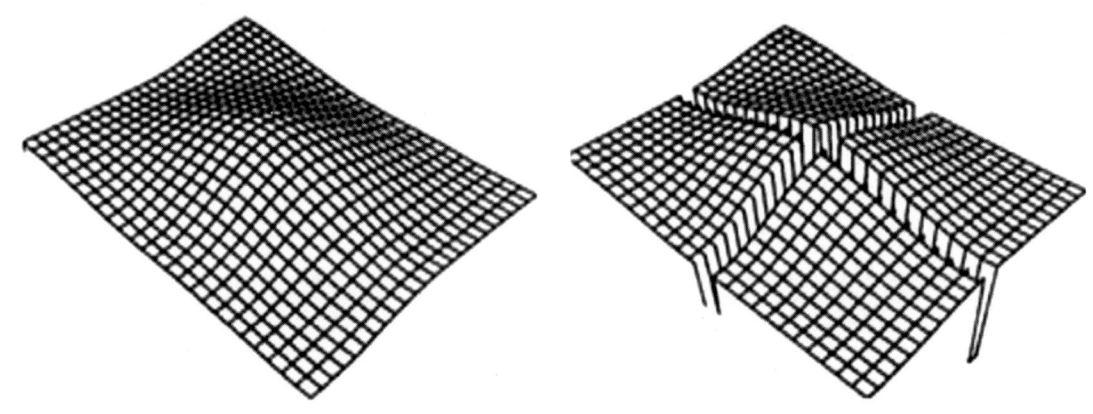

图 5-22 低速带分片拟合

就实际操作和应用层面上讲，该方法可分为近地表结构网格化、射线路径追踪和旅行时间的计算、近地表模型反演三个步骤。其中，网格面元的大小决定了反演的速度和精度。该方法主要缺陷一是效率较低，二是射线路径复杂导致的多解性，三是初至拾取的误差较为敏感，四是对初始模型具有较强的依赖性。除了折射波静校正的质量监控方法之外，层析反演折射静校正的质量监控方法还有如下要求：

（1）层析法对初至拾取的要求与折射法不同，层析法要求尽可能多的拾取初至，不必严格考虑是否属于同一折射层。

（2）层析法对初始模型要求较高，通常初始模型的选取分为人为经验给定、模型法表层模型和折射法表层模型等。其中人为给定的方式主观性太强，当可以使用其他方法时，应避免使用这种方法。模型法表层模型和折射法表层模型都是确定性的方法，应针对层析法的特点，检查是否选取了长波长更可靠、模型层次更清晰的模型作为初始模型。

（3）网格大小的选择既要考虑表层速度纵向和横向上的变化，又要兼顾网格内射线的个数。采用过小网格，照顾了表层速度的高频变化，能够得到更好的静校正高频成分，但有可能由于网格内射线个数过少，导致收敛性变差，增大了静校正误差。过大的网格无法描述表层速度结构的细节，只能反演出静校正的低频分量。图 5-23 是采用小网格迭代 15 次之后的速度模型，反演结果高频丰富，看似描述了表层结构的细节变化，但高频成分变化过快。这种并非可靠的经反演得到近地表模型，应用效果并不理想。

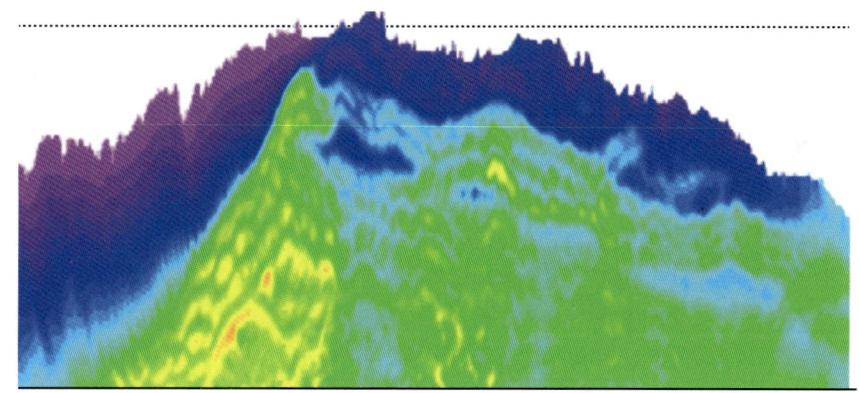

图 5-23　某测线小网格层析反演迭代 15 次之后的表层速度结构

（4）层析反演基于射线路径计算初至时间，再通过计算的初至时间和实际初至时间的差异，修改速度模型和射线路径，因此，射线路径也是重要的质控因素。如图 5-24 所示，射线路径要尽量均匀，不要存在射线盲区，要有明显的回折波和回折界面。

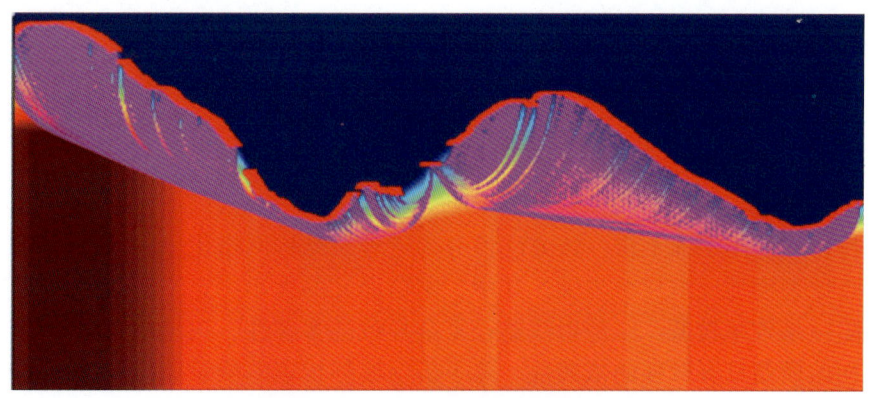

图 5-24　层析反演射线路径分析

（5）层析反演采用迭代方法寻找最终的近地表模型，图5-25是经过4次正演，每次正演后进行了50~100次反演的迭代误差曲线，可以看出，在每一次正演迭代、反演迭代过程中，迭代误差逐渐减小，直至收敛到最小误差。

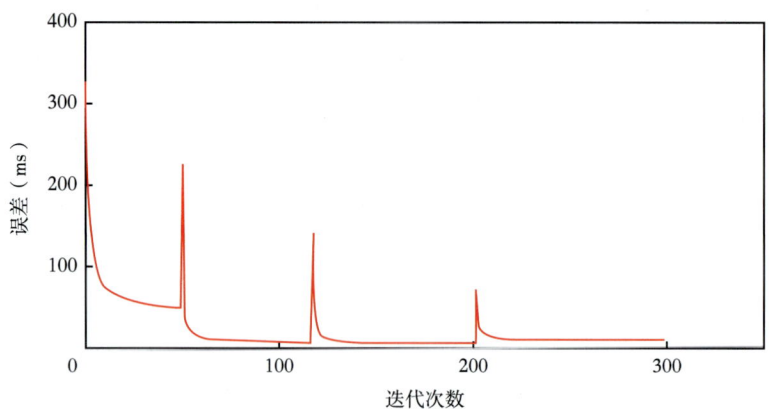

图5-25　层析反演迭代误差曲线

（6）对模拟初至时间和实际初至时间的误差进行分析，判断两者在整个模型上的均方误差。如图5-26所示，误差形态呈现均值为零的高斯分布，表明近地表模型很好地模拟了实际信号的旅行轨迹和旅行时间。

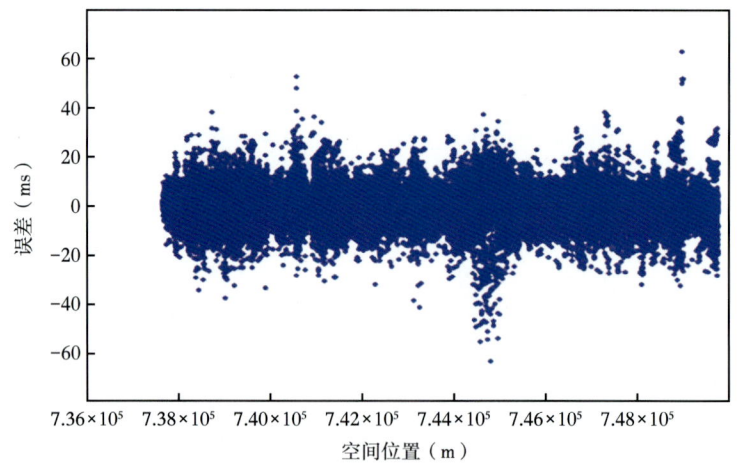

图5-26　不同空间位置共炮点道集实际初至与模拟初至的误差分布

（7）反演结果与初始模型进行对比分析。如图5-27所示，反演结果应该在保持初始模型整体趋势的基础上，具有更加丰富的高频细节，且高频细节平滑自然。

（8）通过对静校正前后地震数据的对比分析，对层析反演静校正的正确性和有效性进行评价和质控。图5-28是层析反演静校正前后共炮点道集效果对比，在静校正之后的道集上，不仅折射波的线性轨迹清晰可靠，还可以隐约见到被面波伤害的反射地震信号。图5-29是层析反演静校正前后叠加剖面对比，可以看出，层析静校正不仅大幅改善了叠加

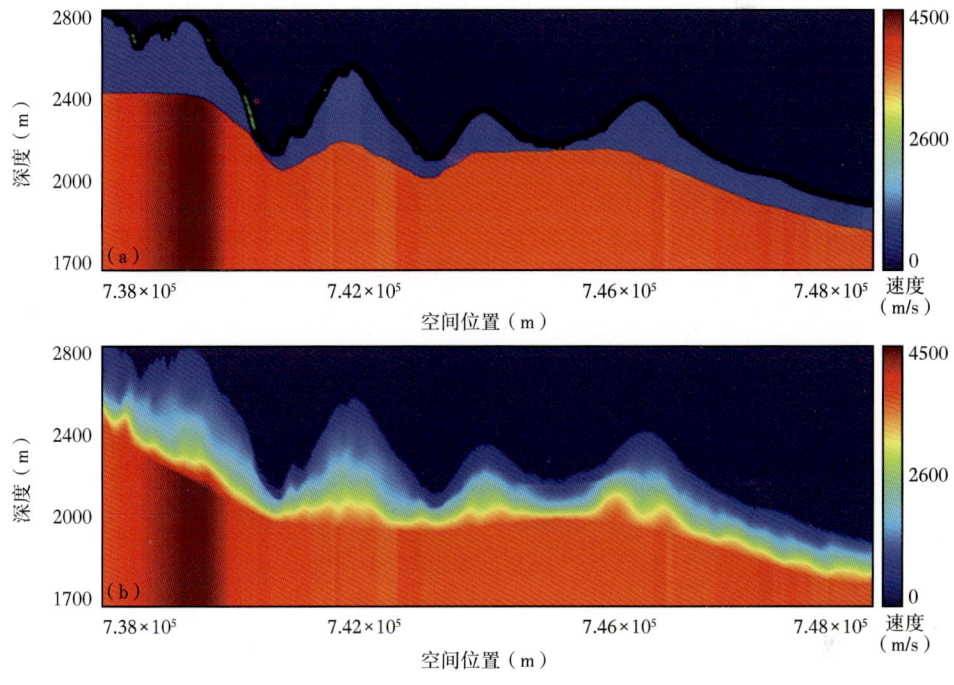

图 5-27 初始模型（a）和反演结果（b）对比分析

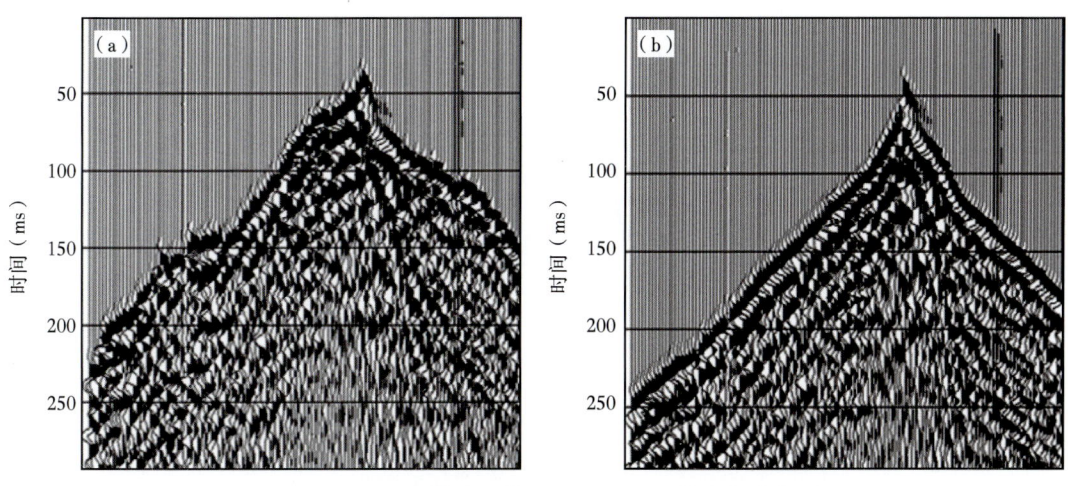

图 5-28 层析反演静校正前（a）后（b）共炮点道集对比

剖面的信噪比，还有效地消除了长波长静校正问题引发的虚假构造。图 5-30 是新疆油田某二维测线层析反演静校正前后的效果对比，由于很好地消除了近地表结构变化对地震反射旅行时间的影响，静校正之后清晰地恢复了中间部位的隆起构造。

需要说明的是，野外静校正、折射波静校正和层析反演静校正三种方法并不矛盾，三种方法的综合利用能够有效地提高近地表模型的可靠性，改善最终的成像质量。一般而言，首先基于微测井等野外静校正数据建立近地表结构的初始模型，初步了解近地表模型的结构特

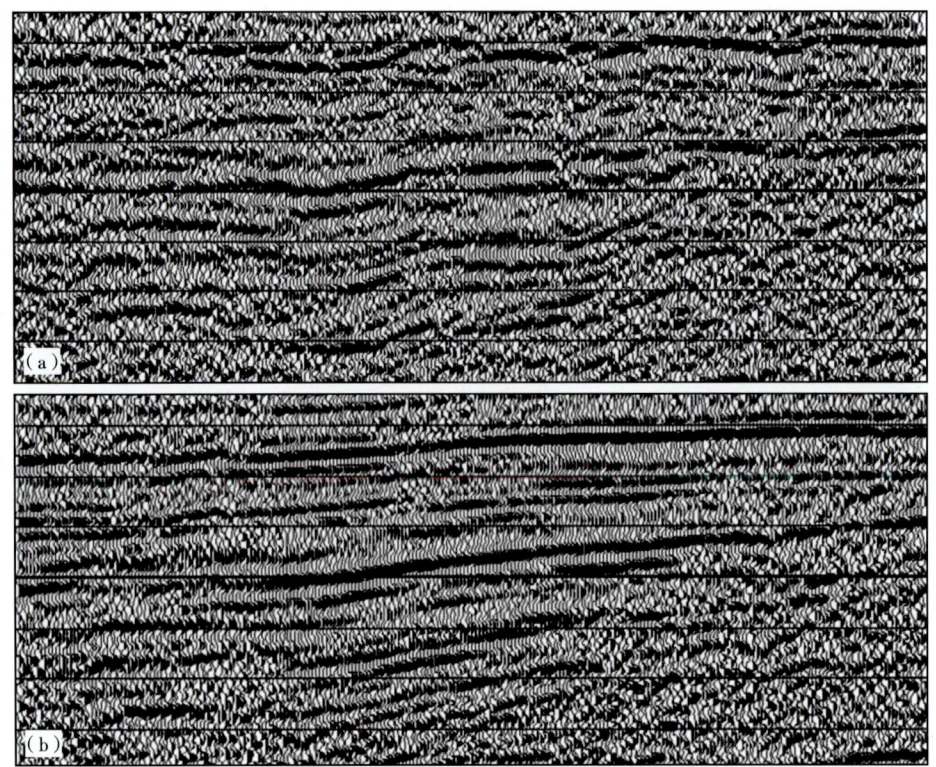

图 5-29 层析反演静校正前（a）后（b）叠加剖面对比

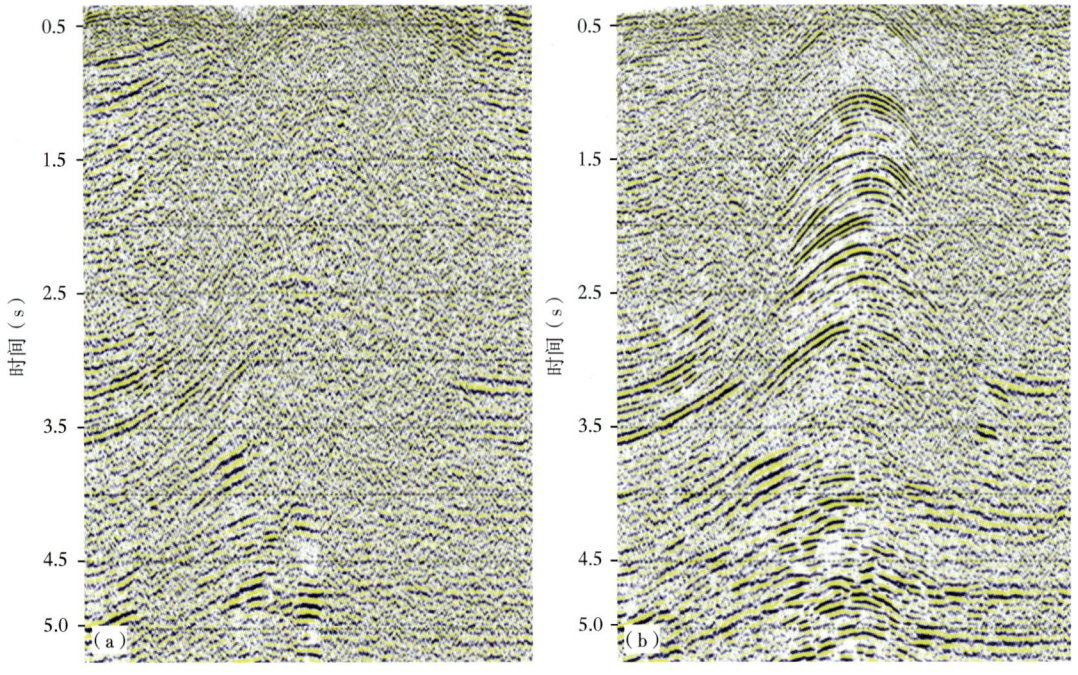

图 5-30 新疆油田某二维测线层析反演静校正前（a）后（b）成像剖面对比

征。然后，基于野外静校正的先验信息和控制点的约束关系，进行折射层识别和折射初至拾取，在微测井控制点约束下进行折射波静校正。在此基础上，对折射波静校正的地表模型和应用效果进行综合分析，建立层析反演的初始模型。最后，利用层析反演对初始模型进行更新和完善，构建近地表结构的细节变化。三者之间的关系及其应用效果应该是递进的，逐步逼近复杂结构近地表模型，消除近地表变化对地震数据处理质量的影响。图5-31是新疆油田某一条二维测线应用三种静校正方法之后效果对比，清晰地展示了三种方法之间的递进关系。

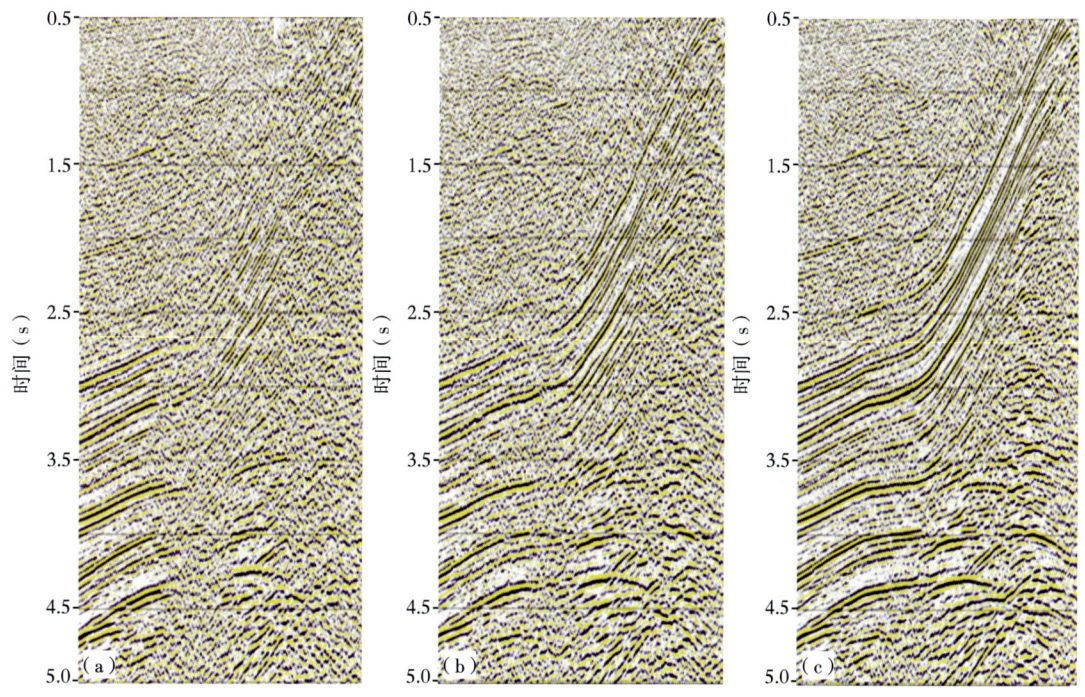

图5-31 新疆油田二维测线应用野外静校正（a）、折射波静校正（b）和层析静校正（c）效果对比

第四节 反射波剩余静校正

初至波剩余静校正假设反射波和折射波在近地表具有近似相同的传播路径，基于该模型假设，利用折射波初至时间既可以计算基准面静校正量，又可以计算剩余静校正量。该方法对相邻折射波进行互相关处理得到相对时差，利用多次覆盖的优势，对相对时差进行平滑处理，求取基准面静校正量和对应的剩余校正量。

下面，我们以共炮点地震记录上求取检波点校正量为例就该方法的基本原理进行简要说明，如图5-32所示，在共炮点道集上，有相邻两个检波点 d 和 f，其折射波到达时间分别为：

$$T_d = T_{abc} + T_{cd} \tag{5-25}$$

$$T_f = T_{abc} + T_{ce} + T_{ef} \tag{5-26}$$

两道的时差记为 ΔT_{fd}，有：

$M_k x_{ij}^2$——剩余抛物线动校正量。

可以看出，式（5-35）的四个分量中，后两个随反射时间（层位）的变化而变化，前两个具有地表一致性特征，是要计算的炮点和检波点剩余静校正量。基于时差分解的剩余静校正方法一般分为三个步骤：首先拾取每个地震道的时差 t_{ij}，然后对时差 t_{ij} 进行分解，得到炮点和检波点的剩余静校正量 s_i 和 r_j，最后在每个地震道上应用炮点和检波点静校正量。从前面的表述可以看出，就某一个地震道的剩余静校正而言，需要依次回答下列问四个题：

（1）该地震道是否存在剩余时差？对于这个问题的回答是基于模型道分析完成的。在叠加剖面中抽取与该道所在 CMP 位置对应的叠加道作为参考模型道，考察地震道与模型道的同相性差异，利用同相性差异判断是否存在较大的静校正时差。

（2）剩余时差是多少？对于这个问题的回答是基于地震道与模型道的互相关完成的。通过计算两个地震道的互相关，并以互相关最大值对应的时间作为该地震道的剩余时差。

（3）剩余时差中有多少是由炮点和检波点的静校正问题引起的？对于这个问题的回答是基于地表一致性分解来完成的。在确定了每个地震道的剩余时差之后，将其分解为炮点、检波点、炮检距和中心点四个分量，在地表一致性假设下，求解一个由所有地震道时差构成的大型稀疏矩阵方程，由此得到该地震道所包含的炮点分量和检波点分量。

（4）如何将炮点和检波点的静校正量应用到地震道上去？对于这个问题的回答是基于地表一致性假设完成的。也就是说，共炮点道集上的所有地震道具有相同的炮点静校正量，共检波点道集中所有地震道具有相同的检波点静校正量。

就应用层面上而言，反射波剩余静校正较折射波静校正要简单得多，该方法既不需要初至拾取，又不需要建立近地表速度模型，只需要在模型道引导下进行剩余时差进行估算。影响剩余静校正的因素主要是速度分析的精度和地震数据的信噪比。为提高用于剩余静校正估算的地震数据信噪比，需要对地震数据进行去噪处理，并且可以使用一些保幅性能较弱、但去噪能力很强的强力去噪方法。另外，也可以对地震数据进行自动增益处理以便增强弱信号对剩余时差估算的贡献。当然，这些信号增强处理仅限于增加剩余时差的估算精度，完成剩余时差估算之后，再把剩余时差应用到原始的地震数据上去。反射波剩余静校正的质量监控比较简单，主要是考察静校正前后 CMP 道集和叠加剖面的质量。图 5-37 和图 5-38 分别是剩余静校正前后的 CMP 道集和叠加剖面，应用剩余静校正之后，恢复了由于剩余时差的影响淹没在噪声背景下的反射同相轴，地震反射的同相性得到了明显改善，增加了叠加剖面的信噪比和同相轴的连续性。

在实际地震资料处理中，一般会进行多次剩余静校正处理。一方面由于剩余静校正的质量与速度分析精度有关，且速度分析精度也依赖于剩余静校正的质量，通过速度分析和剩余静校正的多次迭代，更大幅度地消除剩余时差的影响。另一方面，剩余静校正存在周期跳跃问题，为减低周期跳跃对剩余静校正的影响，一般将剩余静校正的最大时差限定在一个周期之内，通过多次迭代逐步逼近实际静校正量。每次静校正的效果可以通过炮点和检波点的剩余时差平面图进行监控，当最后一次剩余静校正的时差很小时，说明基本消除了剩余时差的影响。图 5-39 是新疆油田某工区第一次迭代和第三次迭代的炮点剩余时差和检波点剩余时差，第三次迭代之后，炮点和检波点时差在平面十分均匀且数值很小，表明已经较好地解决了剩余静校正问题。

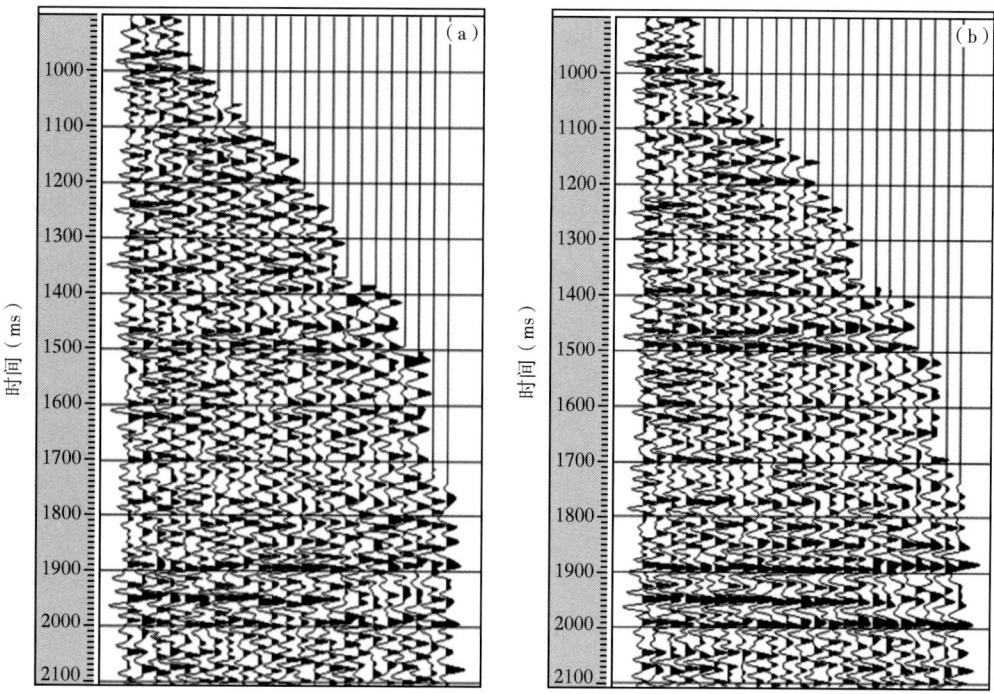

图 5-37 剩余静校正前（a）后（b）CMP 道集对比

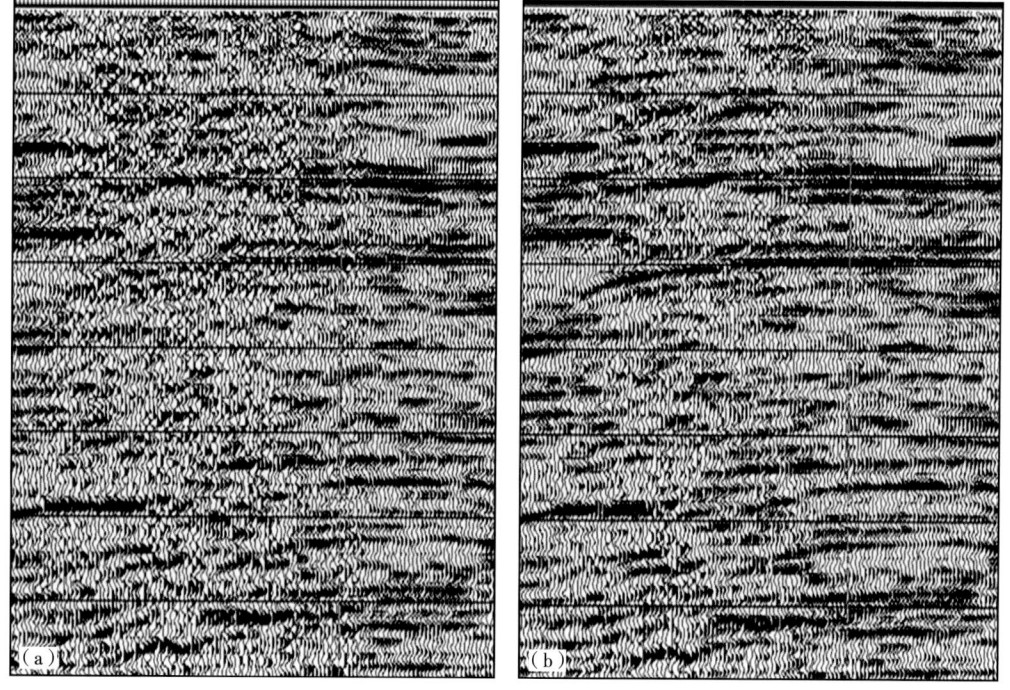

图 5-38 剩余静校正前（a）后（b）叠加剖面对比

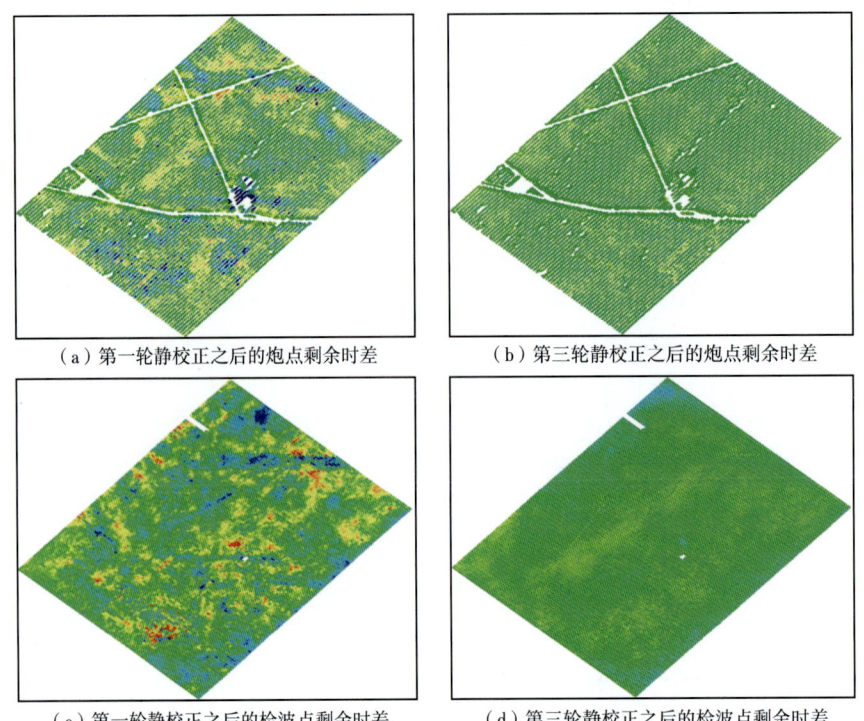

(a) 第一轮静校正之后的炮点剩余时差　　(b) 第三轮静校正之后的炮点剩余时差

(c) 第一轮静校正之后的检波点剩余时差　　(d) 第三轮静校正之后的检波点剩余时差

图 5-39　第一轮和第三轮剩余静校正之后炮点和检波点的剩余时差

第六章 噪声衰减质量监控

随着油气勘探程度的逐步深入,基于地震波动力学信息的地震属性分析和地震反演技术逐步成为储层预测和描述的重要支撑技术,与常规的地震资料构造解释相比,这些技术对地震资料处理的保幅性能提出了更高要求。如何在噪声压制的同时,最大限度地保持和恢复地震信号的动力学特征,为后续的高精度储层预测提供高质量的基础数据,成为地震资料处理质量监控的重要内容。

多年来,地球物理学者针对不同噪声的形成机理和发育特征,发展了多种噪声压制和弱信号恢复方法,本章对工业界常用的几种噪声压制方法的基本原理、使用方法和质控手段进行讨论与分析。

第一节 随机干扰压制和质量监控

随机噪声是地震资料中发育最为广泛的噪声类型,风吹草动等地面微震及其与激发有关的不规则散射都可能产生此类噪声。除了野外采集过程产生的随机噪声之外,地震资料处理过程也可能产生类似的噪声,如静校正和速度分析误差造成的地震数据非同相叠加,地震偏移的随机边界条件等。随机噪声没有一定的视速度和传播方向,可以近似为具有各态历经性质的平稳随机过程。

随机噪声的压制方法很多,时间空间域预测滤波和频率空间域预测滤波是目前工业界应用最为广泛的方法。地震资料处理中经常使用的模块 FxDecon 和 RNA 其实质就是频率空间域预测滤波。与其他去噪方法相比,这类方法物理意义明确,实现过程简单,控制参数较少,应用效果稳定,已经成为随机噪声衰减的主体技术。

一、两种常用去噪方法的基本原理

时间空间域预测滤波(TxDecon)和频率空间域预测滤波(FxDecon)是两种在工业界应用最为广泛的随机噪声衰减方法,下面简要介绍一下这两种方法的基本原理。

地震记录 $d(x,t)$ 由信号 $s(x,t)$ 和噪声 $n(x,t)$ 两部分构成,则:

$$d(x,t)=s(x,t)+n(x,t) \tag{6-1}$$

地震信号满足空间可预测性,即存在一个空间预测滤波器 $h(x,t)$,使得:

$$d(ix,it) = \sum_{jx=-mx, j\neq 0}^{mx} \sum_{jt=-mt}^{mt} h(jx,jt)d(ix-jx, it-jt) \tag{6-2}$$

式中 ix、jx——地震记录空间序号;

it、jt——地震记录时间序号;

mx、mt——分别是二维滤波器在空间方向和时间方向的大小。

若 $mx=2$ 和 $mt=2$，则其形式为：

$$\begin{cases} h_{-2,-2} & h_{-1,-2} & 0 & h_{1,-2} & h_{2,-2} \\ h_{-2,-1} & h_{-1,-1} & 0 & h_{1,-1} & h_{2,-1} \\ h_{-2,0} & h_{-1,0} & 0 & h_{1,0} & h_{2,0} \\ h_{-2,1} & h_{-1,1} & 0 & h_{1,1} & h_{2,1} \\ h_{-2,2} & h_{-1,2} & 0 & h_{1,2} & h_{2,2} \end{cases} \tag{6-3}$$

该空间预测滤波器 $h(x,t)$ 可以通过对下面的目标函数取极小值进行估算：

$$J = \sum_{ix=1}^{nx} \sum_{it=1}^{nt} \left\| d(ix,it) - \sum_{jx=-mx,j\neq 0}^{mx} \sum_{jt=-mt}^{mt} h(jx,jt) d(ix-jx,it-jt) \right\|^2 \tag{6-4}$$

从上面的分析可以看出，时间空间域预测滤波的基本原理就是在最小二乘意义下从地震记录中估算一个时间空间域预测滤波算子，然后用该算子与原始地震记录进行高维褶积，其输出就是估算的地震信号。为提高该技术的稳定性和运算效率，Canales（1984）等将该方法由时间空间域发展到频率空间域，基本思路如下。

将地震数据由时间空间域变换到频率空间域，则对于某一固定频率成分而言，某一道的信号可以通过相邻道进行空间双边预测，表示为：

$$d_n(f) = \sum_{i=1}^{m} h_i d_{n-i}(f) + \sum_{i=-1}^{-m} h_i d_{n-i}(f) \tag{6-5}$$

其中，h_i，$i=1,2,\cdots,m$ 是长度为 m 的频率空间域预测算子，该算子可以通过求解下面的最优化问题获得：

$$obj = \left\| d_n(f) - \sum_{i=1}^{m} h_i d_{n-i}(f) - \sum_{i=-1}^{-m} h_i d_{n-i}(f) \right\|_2^2 + \lambda \sum_{i=-M,i\neq 0}^{M} \|h_i\|_2^2 \tag{6-6}$$

由此可以看出，频率空间域预测滤波随机噪声衰减的实现步骤为：

（1）对地震数据进行一维傅里叶变换，将地震数据 $d(x,t)$ 由时间空间域变换到频率空间域，得到频率域地震数据 $d(x,f)$；

（2）对于某一频率 f_i，求解方程（6-6）得到地震信号空间预测算子 $h(x,f_i)$；

（3）利用预测算子 $h(x,f_i)$ 对地震数据进行空间褶积；

（4）返回步骤（2），完成所有频率的空间预测滤波；

（5）对滤波之后的数据进行一维傅里叶逆变换，得到去噪之后的地震数据。

实际上，以上两种方法在本质上是一致的，二者的数学模型都属于 AR 模型。但是，从实验结果来看，时间空间域预测滤波方法较频率空间域预测滤波方法能够去除更多的随机噪声。对于频率空间域预测滤波方法而言，预测滤波需要对每一个频率切片求取预测滤波算子。如果把频率域的预测算子变换到时间域，那么预测算子在时间方向上的长度等同于地震数据的长度，这会造成滤波后产生的噪声能力在整个地震数据范围内弥散，而时间空间域预测滤波方法可以控制预测算子在时间方向上的长度，减小随机噪声的能量弥散范围。

二、主要问题和技术对策

为考察以上两种方法的去噪能力和保幅性能，李国发等（2017）开展了模型实验。首先建立了图6-1（a）所示的模型数据，并加入了信噪比为1.0的随机噪声，然后对加噪之

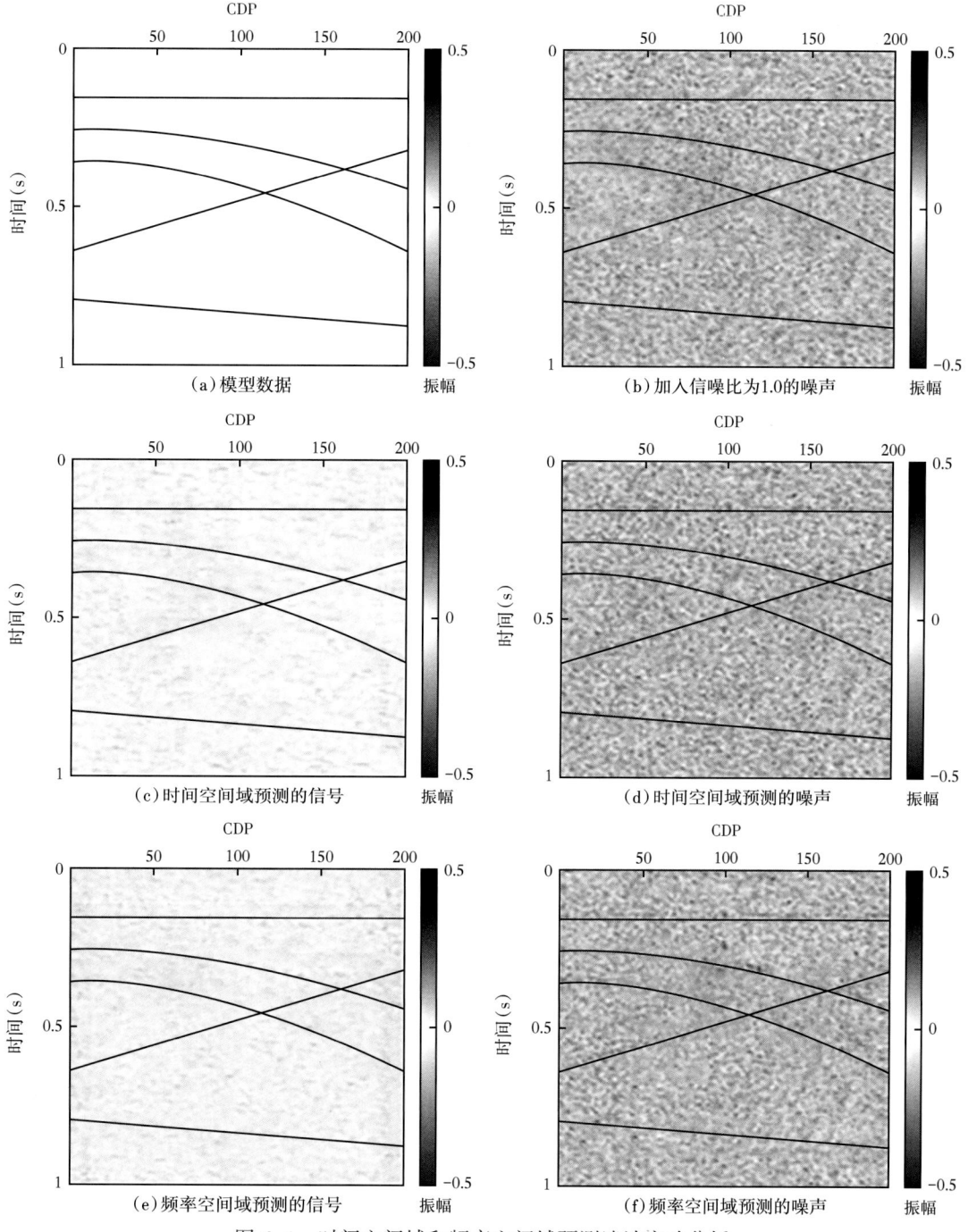

图6-1 时间空间域和频率空间域预测滤波实验分析

后的地震数据分别进行时间空间域和频率空间域的预测滤波,图6-1中同时显示了去噪结果和去除的噪声。从去噪剖面来看,两种方法均有效地压制了随机噪声干扰的能量,时间空间域的去噪能力略优于频率空间域方法。从噪声剖面来看,两种方法均残存一定能量的有效信号,时间空间域方法对信号的损伤略弱于频率空间域方法。为了进一步考察这两种方法的去噪过程及其噪声在去噪过程中的演化特征,开展了图6-2所示的孤立噪声衰减实验。在这个实验中只加入了两个孤立噪声,孤立噪声的能量大约是地震信号的3倍。图6-2中同时显示了去噪后的结果及其去除的噪声,这两种方法在对孤立噪声进行压制的同时,也造成了噪声能量向四周的弥漫。若噪声在整个空间上满足完备的随机分布,则不同噪声的空间弥漫可能会彼此抵消,若不满足完备的随机分布,则不可避免地会产生残余噪声。

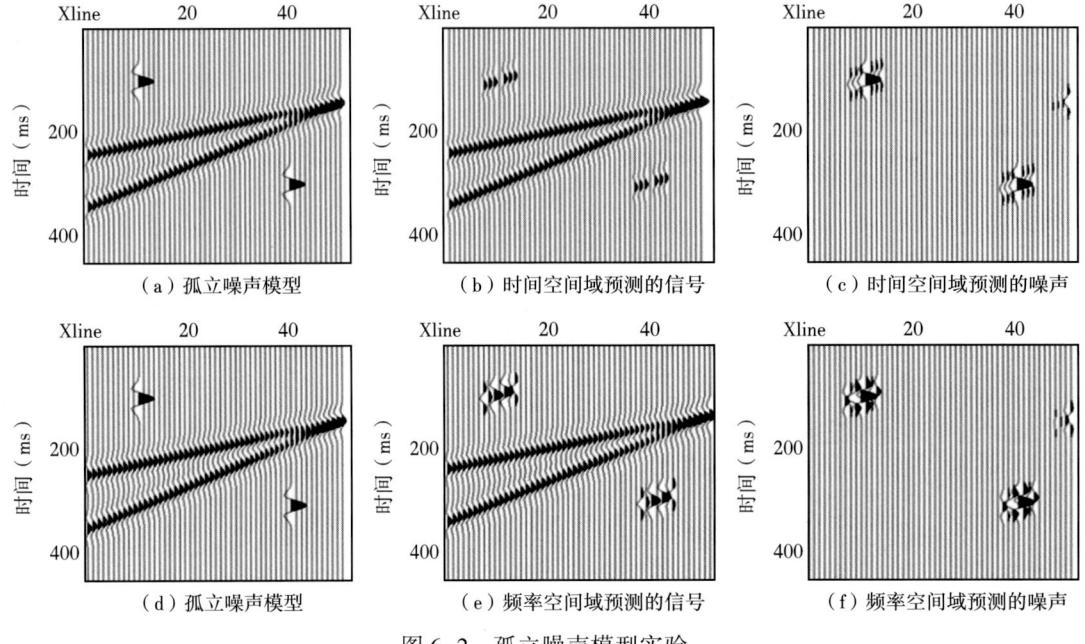

图6-2 孤立噪声模型实验

下面对上述方法噪声估算的误差进行理论分析。该方法首先假设地震记录 $d(x,t)$ 由地震信号 $s(x,t)$ 和随机噪声 $n(x,t)$ 两部分构成,即所谓的加噪声模型,表示为:

$$d(x,t) = s(x,t) + n(x,t) \tag{6-7}$$

从地震记录中估算预测滤波器 $h(x,t)$,得到去噪后的信号 $\bar{s}(x,t)$,则:

$$\bar{s}(x,t) = d(x,t) \times h(x,t) \tag{6-8}$$

由此预测的随机噪声 $\bar{n}(x,t)$ 表示为:

$$\bar{n}(x,t) = d(x,t) - \bar{s}(x,t) = d(x,t) \times p(x,t) \tag{6-9}$$

其中,$p(x,t) = \delta(x,t) - h(x,t)$ 称为预测误差滤波器,式(6-9)可进一步表示为:

$$\begin{aligned}\bar{n}(x,t) &= [s(x,t) + n(x,t)] \times p(x,t) \\ &= n(x,t) \times p(x,t)\end{aligned} \tag{6-10}$$

从式（6-10）可以看出，预测的随机噪声 $\bar{n}(x,t)$ 并非实际的随机噪声 $n(x,t)$，而是实际噪声 $n(x,t)$ 经过预测误差滤波器 $p(x,t)$ 作用之后的结果。通俗地讲，以上两种随机噪声衰减方法所估算的噪声并非实际的随机噪声，而是实际噪声经过滤波算子改造后的结果。产生这个问题的根本原因在于，该方法在式（6-7）中假设地震记录由地震信号和随机噪声相加构成，即所谓的加噪声模型，而在式（6-10）中又将随机噪声看作是预测误差算子与实际噪声褶积的结果，即所谓的源噪声模型，该方法先后采用了两种相互矛盾的噪声模型。噪声模型的不一致性不仅降低了预测滤波算子的估算精度，还削弱了该方法的去噪能力和保幅性能。

通过以上分析可知，由于引入了相关矛盾的噪声假设，前面的两类预测滤波方法会造成噪声弥散，降低了去噪能力和保幅性能。为此，李国发等（2017）发展了一种基于反演的随机噪声衰减方法。其基本思想是，在得到预测误差滤波器之后，不是直接和地震数据褶积进行噪声估算，而是将其作为正则化约束项引入地震信号反演系统，该反演系统的目标函数可表示为：

$$J = \sum_{ix}\sum_{it}[d(ix,it) - \bar{s}(ix,it)]^2 + \lambda \sum_{ix}\sum_{it}\left[\sum_{jx}\sum_{jt}p(jx,jt)\bar{s}(ix-jx,it-jt)\right]^2 \tag{6-11}$$

其中，$\bar{s}(x,t)$ 是待反演的地震信号。目标函数中的第一项为保幅项，描述了预测信号和地震记录之差的能量，第二项为正则化项，描述了地震有效信号的可预测性。平衡因子 λ 的选择决定了这两项对于目标函数的贡献。将式（6-11）写为更加简洁的矩阵形式 [**d**、**s**、**p** 分别是式（6-11）对应的矩阵表达]，有：

$$J = \|\mathbf{d} - \bar{\mathbf{s}}\|^2 + \lambda \|\mathbf{p}\bar{\mathbf{s}}\|^2 \tag{6-12}$$

目标函数（6-12）的解就是反演得到的地震信号，表示为：

$$\bar{\mathbf{s}} = (\mathbf{I} + \lambda \mathbf{p})^{-1}\mathbf{d} \tag{6-13}$$

式（6-13）就是基于地震信号的可预测性从地震记录中直接反演地震信号的基本公式，其中，$\mathbf{I}$ 是单位矩阵。

下面利用一个三维模型数据，就该方法的去噪能力和保幅性能进行考察和分析。图 6-3 显示 SEG-EAGE 三维推覆体和加入信噪比为 1.0 的随机噪声之后的结果，及其利用频率空间域预测滤波和基于反演方法估算的信号和噪声。可以看出，虽然就去噪能力而言，两种方法没有太大的视觉差异，但从滤除噪声的对比可以看出，在构造变化较大的位置，FxDecon 方法的噪声剖面中残存有明显的有效信号，而基于反演的噪声剖面中，几乎看不到任何有效信号的影子。为了对噪声估算能力和保幅性能进行更加深入的分析，将两种方法估算的噪声分别与实际噪声相减，形成噪声差异剖面并显示在图 6-4 中，为了便于对比，绘图显示时对噪声差异剖面的能量进行了放大。可以看出，FxDecon 方法的噪声差异剖面不仅能量很强，还明显包含有效信号。与之形成对比的是，反演方法的噪声差异剖面不只能量很弱，也没有明显的有效信号影子。

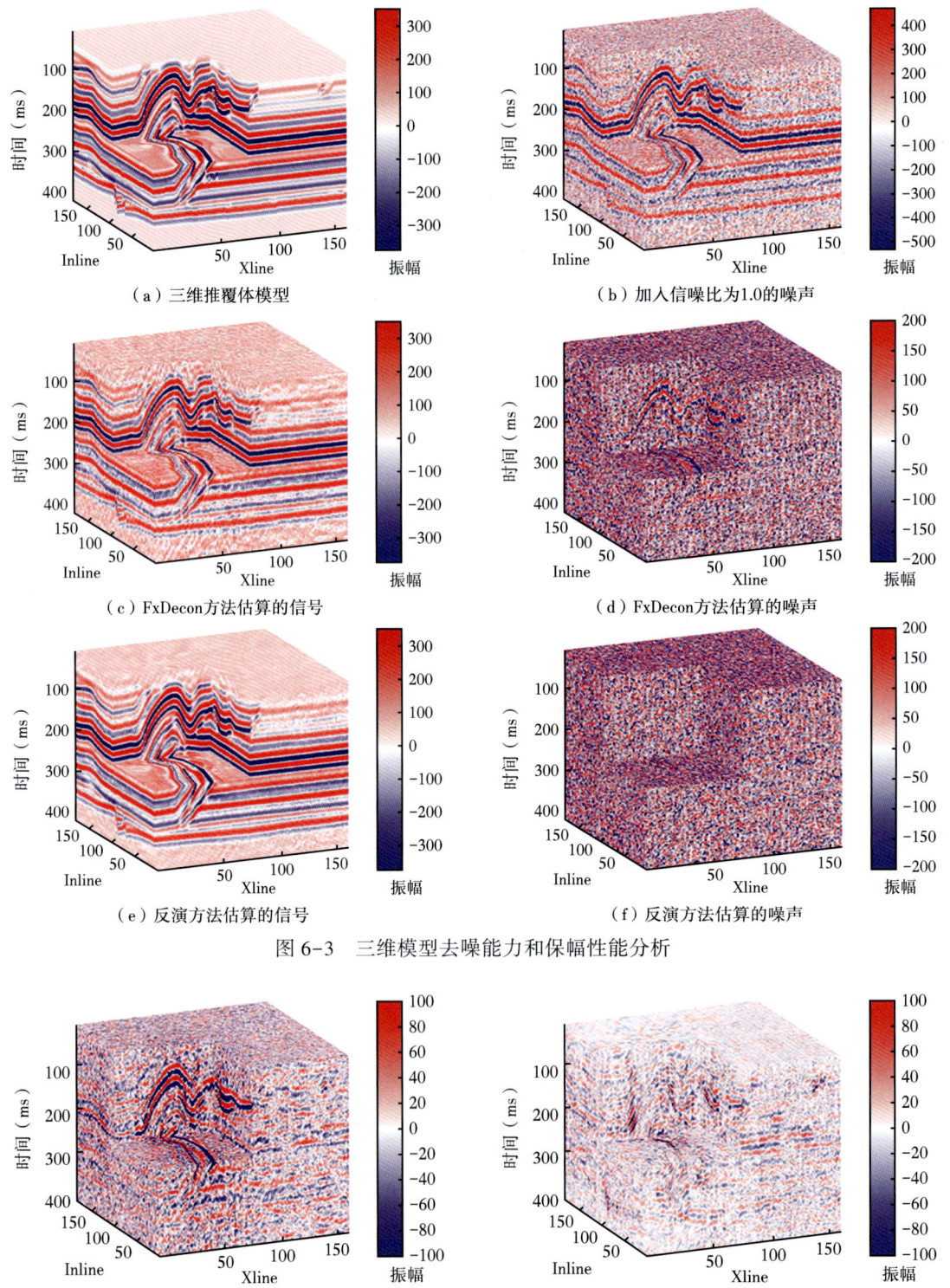

图 6-3 三维模型去噪能力和保幅性能分析

图 6-4 FxDecon 方法（a）和反演方法（b）去除噪声与实际噪声之差

三、质量控制方法

尽管 FxDecon 和 TxDecon 这两种去噪方法在去噪能力和保幅性能上还有待进一步提高和完善，但就综合性能而言，这两类方法基本可以满足业界保幅去噪的要求，也是目前业界应用最为广泛的随机噪声压制方法。为最大程度地发挥这两类方法的去噪能力，尽量减少对有效信号的伤害，在方法使用和质量监控过程中，应该注意以下问题：

（1）这两类方法都隐含有线性同相轴的基本假设，因此，在应用到叠前地震数据时，最好先进行动校正处理，然后再进行随机噪声衰减；

（2）这两类方法对地震信号可预测性的要求，隐含有能量和子波一致性的要求，因此，建议在进行了地表一致性处理之后再进行随机噪声压制处理；

（3）突发噪声和野值噪声不仅会造成弥散现象，而且大幅降低了去噪算子估算精度，因此，建议首先对此类噪声进行异常能量压制处理；

（4）对于存在较大静校正问题，特别是存在较大短波长静校正问题的地震资料，不宜进行随机噪声压制处理；

（5）此类方法控制参数很少，最主要的控制参数是去噪算子的空间长度，长度越大，去噪能力越强但保幅性越差，建议单边算子的长度不要超过5个地震道；

（6）高密度采集的地震数据具有很高的覆盖次数，叠加本身具有很好的随机噪声压制能力，因此，高密度采集地震数据不建议进行叠前随机噪声压制处理；

（7）和其他去噪方法一样，该类方法在去噪的同时，也不同程度地降低了地震信号的分辨率，因此，建议对去噪前后地震记录的频谱进行监控和对比。

去噪处理质量监控的两个最为重要的指标是去噪能力和保幅性能，其中，去噪能力通过去噪结果进行考察，保幅性能则需要噪声剖面进行考察，就大多数勘探目标而言，对保幅性能的考察要优先于去噪能力。当噪声剖面中包含有较多的有效信号时，需要对去噪策略和去噪参数进行优化和调整。图6-5是某地区叠前随机噪声衰减的效果分析，随机噪声衰减之后，地震记录的信噪比得到有效改善，恢复被随机噪声淹没的双曲线地震反射，且噪声剖面

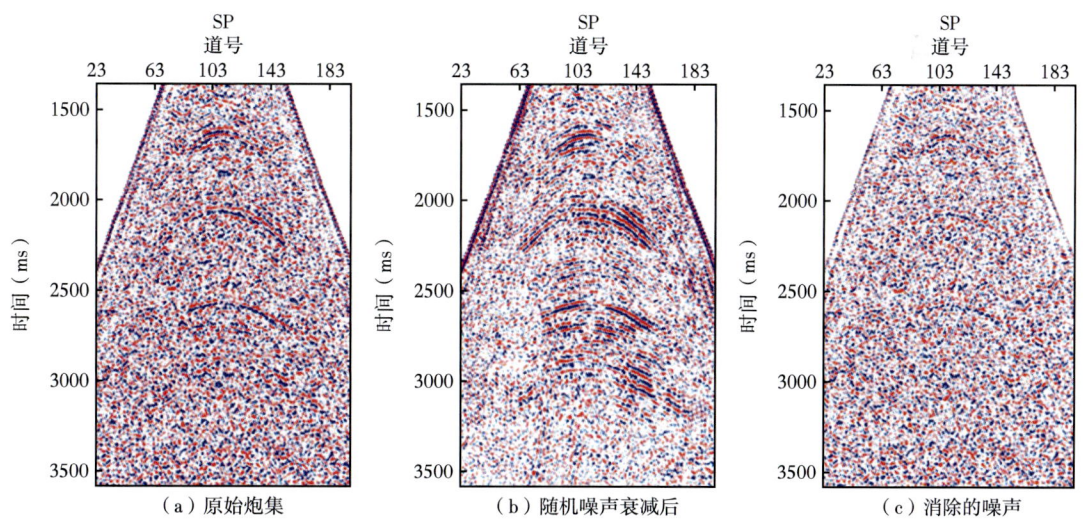

图6-5 某工区地震数据叠前噪声衰减效果分析

中没有明显的有效信号痕迹，基本可以满足叠前噪声衰减质量控制的要求。图 6-6 是叠前噪声衰减前后的叠加剖面对比，叠前噪声衰减有效地恢复了被噪声淹没的弱反射信号。图 6-7 是新疆油田沙漠地区地震资料叠前随机噪声衰减的应用实例，该地区有效信号较弱，沙丘散射引发了很强的散射随机干扰，在原始叠加剖面上几乎看不到有效信号的影子，叠前噪声衰减之后，散射噪声得到了有效压制，弱信号的空间连续性得到了改善，基本可以在横向上连续追踪了。

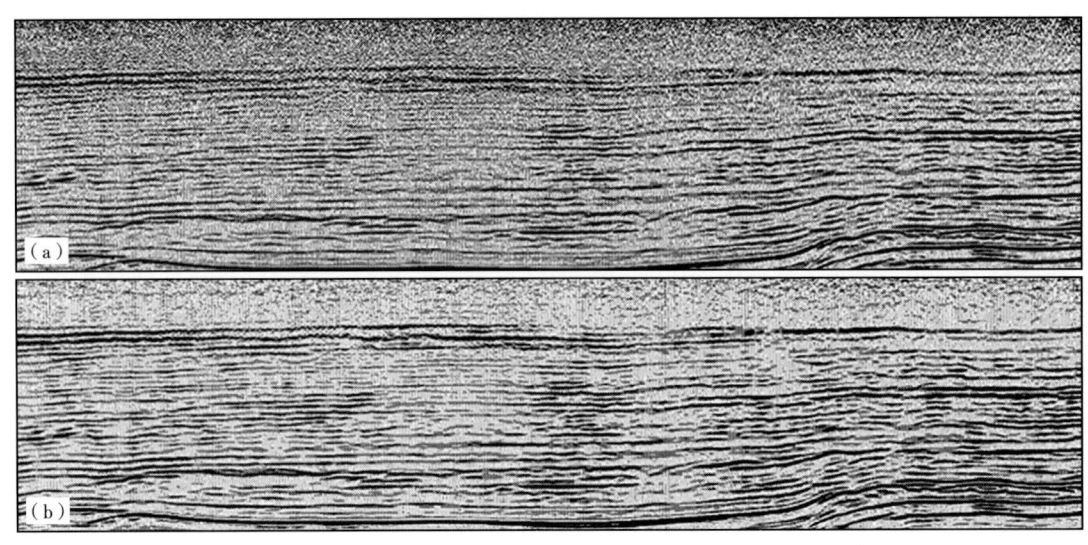

图 6-6　某工区叠前噪声衰减前（a）后（b）叠加效果分析

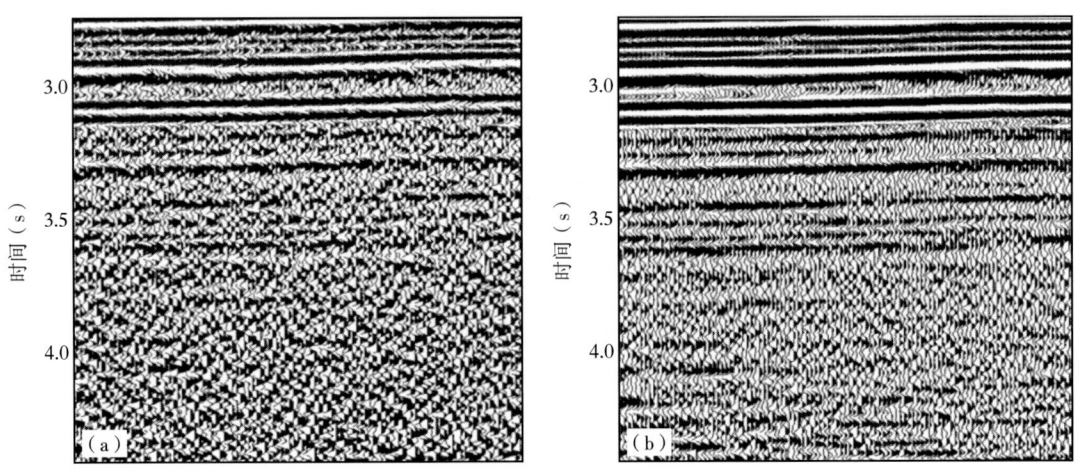

图 6-7　沙漠地区叠前噪声衰减前（a）后（b）叠加效果分析

第二节　规则干扰压制和质量监控

规则干扰是指在空间方向具有一定相干性的噪声干扰，规则干扰的类型很多，其中，面波和多次反射折射波是两类最为常见的规则干扰。下面以这两类规则干扰为例，对规则干扰

的压制方法和质控手段进行分析和讨论。

一、面波干扰压制方法

面波分为瑞利面波（又称地滚波）和勒夫面波等，在地震勘探中特指瑞利面波。面波是当震源较浅时，由震源直接激发而产生的，是地震资料处理中常见的一种规则干扰。面波具有频率低、能量强、速度低且频散等特点。面波的频率一般不高于20Hz，速度一般为100~1000m/s，以200~500m/s最为常见。面波沿地表直线传播，由于速度是频率的函数，随着炮检距的增大，其波形逐步发散，振动时间逐渐增大，在地震记录上形成"扫帚状"的区域特征。面波的能量与激发岩性、激发深度及表层地质条件有关，在沙漠和黄土塬地区，由于表层对地震波能量的强烈吸收，有效波能量减弱，面波能量相对增强。随着激发深度的增加，面波能量相对会减弱一些。面波的压制方法较多，其中，一种称之为十字交叉排列滤波的面波压制方法近年来被大规模应用，已经成为面波压制的主体技术。下面以该方法为例，就面波压制的基本原理和实现过程进行分析和讨论。

一般情况下，面波沿地表传播，其时距曲线是直线。其实，这里的距离指的是炮点到检波点的径向距离。如图6-8所示，当炮点和地震排列一致时，面波在该排列上的轨迹为一条直线，但是，当排列和炮点不在一条直线上，即炮点在横向上偏离排列时，面波在该排列上不再是直线，而是一条双曲线。二维F-K滤波压制规则干扰的基本条件是假设干扰波的同相轴近似线性，因此，当炮点与排列横向偏离时，利用F-K滤波压制面波无法取得理想的效果。面波在三维空间的时距曲面是一个圆锥面，在每一个径向方向都是一条直线，满足三维F-K-K滤波的基本假设，理论上讲，可以利用三维F-K-K滤波进行有效压制，避免二维F-K滤波中面波轨迹为非线性的问题。然而，对于实际采集的三维共炮点道集，沿排列方向的道间距为检波点间距，地震道数为排列方向的检波点个数，道间距较小，道数较多，在排列方向上能够基本满足三维F-K-K滤波对道间距和道数的要求。而在垂直排列方向上，其道间距为不同排列之间的横向距离，地震道数为排列的个数。一般而言，排列之间的距离要远大于检波点间距，排列的个数也远远少于排列上的检波点个数，因此，在垂直排列方向上不能满足三维F-K-K滤波对道间距和地震道数的要求。因此，在过去很长一段时

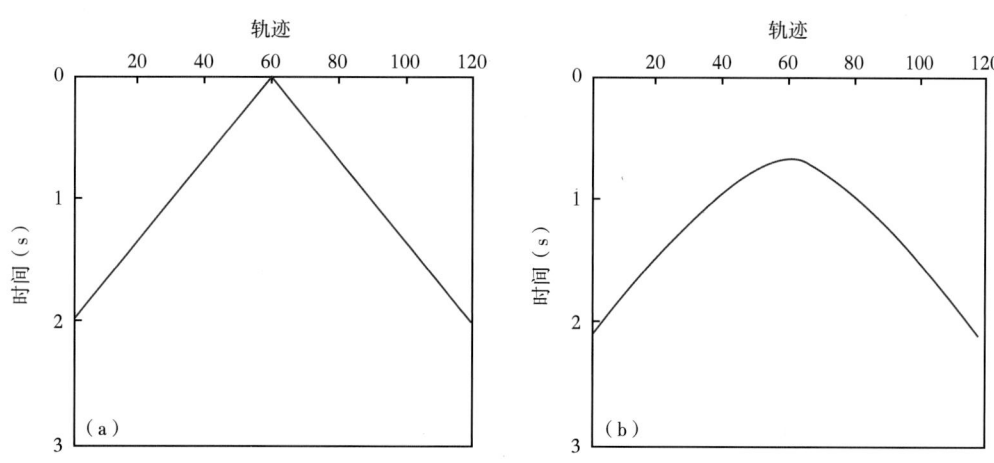

图6-8 炮点在排列上（a）和横向偏离排列时（b）面波的时距曲线

由式（6-22）可以看出，对多层水平介质而言，d、x 变化时旅行时间 t 的变化仍为一圆锥面。

特征向量滤波是多次折射压制的常用方法，基本原理是通过 KL 变换将地震数据矩阵分解成一组特征分量，噪声的特征分量可在地震数据的重建过程中进行压制，实现噪声数据的衰减和去除。

CMP 道集数据表示为矩阵 X_{ij}, $i=1,2,\cdots,n$ 为地震道，$j=1,2,\cdots,m$ 为样点，其均值为 0，则有半正定对称协方差矩阵：

$$C = XX^{\mathrm{T}} \tag{6-23}$$

矩阵 C 中，相干信号集中分布在 C 的前几个较大特征值所对应的主分量上，而小特征值对应的分量视为噪声。如果矩阵 C 的特征值所对应的特征向量为 N 阶矩阵 K_{ij}，则地震数据矩阵 X_{ij} 的 KL 变换 Y 为：

$$Y = K^{\mathrm{T}} X \tag{6-24}$$

如前所述，若对地震数据矩阵应用前 k 个较大的特征值所对应的主分量进行重构，重构后的地震数据矩阵 Z 可以表示为：

$$Z = K^{\mathrm{T}} Y = \begin{bmatrix} k_{11} & k_{12} & \cdots & k_{1k} \\ k_{21} & k_{22} & \cdots & k_{2k} \\ \vdots & \vdots & \ddots & \vdots \\ k_{n1} & k_{n2} & \cdots & k_{nk} \end{bmatrix} \begin{bmatrix} y_{11} & y_{12} & \cdots & y_{1m} \\ y_{21} & y_{22} & \cdots & y_{2m} \\ \vdots & \vdots & \ddots & \vdots \\ y_{k1} & y_{k2} & \cdots & y_{km} \end{bmatrix} \tag{6-25}$$

实际应用中比较重要的是如何选择前 k 个较大的特征值。首先对相关数据进行分析，选择好较大的特征值，小特征值对应的地震噪声就可以得到衰减，从而提高地震数据的信噪比。对多次折射波的衰减，可通过 KL 变换，去掉其对应的特征向量，即可达到衰减多次折射的目的。在这过程中，首先将 CMP 道集进行静校正处理，然后用折射层速度把多次折射波同相轴拉平，再在相关时窗上减去包含多次折射的特征向量，从而达到衰减多次折射噪声的目的，其流程如图 6-14 所示。

图 6-15 为新疆某工区的单炮原始数据与本方法衰减多次折射波后的数据。图 6-15（a）的原始单炮记录上，发育有能量很强的多次反射折射波，掩盖整张记录，几乎看不到有效波。图 6-15（b）是经过特征向量滤波后的结果，多次折射干扰得到了有效衰减，浅层地质结构信息得到明显加强，单炮上信噪比得到了较大提高，为后续处理打下了良好基础。

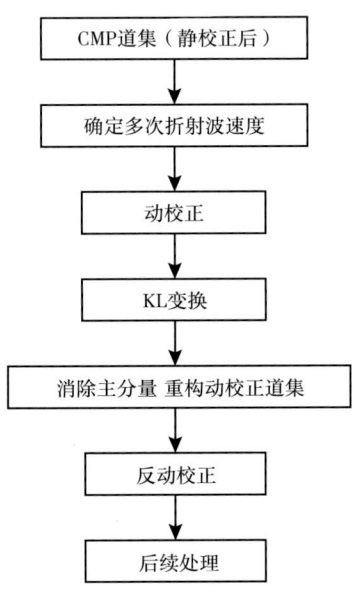

图 6-14 特征向量滤波法衰减多次折射干扰流程图

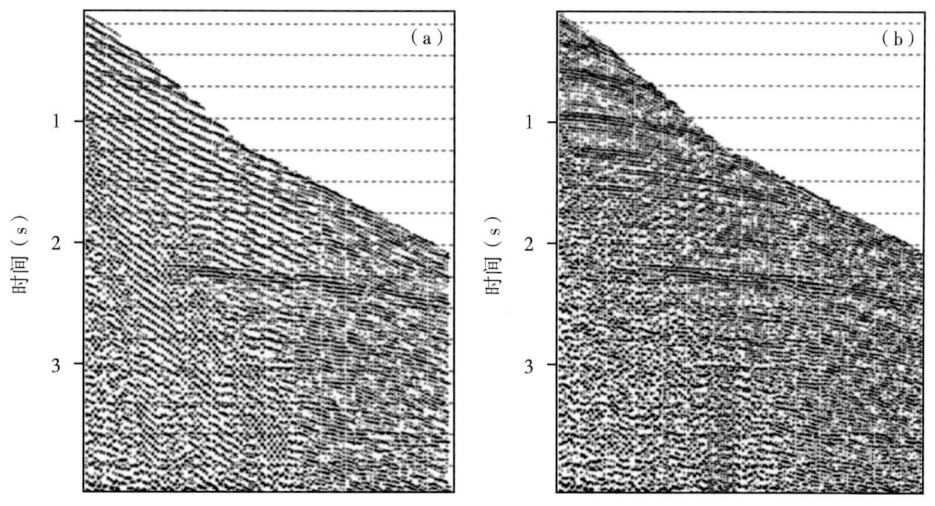

图 6-15 特征向量滤波前（a）后（b）地震数据

三、质量监控方法

虽然以上两种规则干扰压制方法的基本原理比较简单，但物理意义明确、应用效果突出，是工业界规则噪声压制的主要方法。为充分发挥规则噪声压制方法的理论优势和技术潜力，在实际应用中需要注意以下问题。

（1）滤波器的设计。面波的最高频率和最大视速度是滤波器设计的两个关键参数，利用频率扫描等方法确定面波的最高频率，利用交互分析等方法确定面波的最高视速度。确定原则是既要有效压制面波干扰，还要尽可能减少对有效信号的伤害。

（2）空间假频问题。面波的频率很低，它不会产生由于时间采样过大导致的时间假频。但面波的视速度较小，道间距或者炮检距可能满足不了空间采样的要求，很容易产生空间方向的假频。按照空间采样率的要求，炮检距或道间距应该满足

$$(\Delta x, \Delta y)_{\max} \leqslant \frac{1}{2k_{\max}} = \frac{v_{\min}}{2f_{\max}} \quad (6\text{-}26)$$

式中　$v_{\min}$——面波的最低速度；

　　　$f_{\max}$——面波的最高频率。

当式（6-26）不能满足时，应该对地震数据进行道内插或者线性时差校正等处理。

（3）能量差异的影响。所谓的十字交叉道集滤波其本质就是三维 F-K-K 滤波。F-K 滤波具有十分出色的压制和消除线性干扰的能力（图 6-16）。F-K 滤波之后，除了边界效应之外，完全消除了大倾角（低速度）的线性同相轴。但是，数学上所谓的"线性"同相轴指的是除了线性时差之外，干扰信号具有完全一致的能量和频率。这个要求是十分苛刻的，地震记录中所谓的线性干扰在横向上的能量和频率不可能完全一致，也就是说，地震记录中的线性干扰实际上是"视"线性或者"准"线性干扰。这种地震干扰的视线性特征减低了F-K 滤波的应用效果。图 6-17 显示了不同地震道之间能量存在差异时，F-K 滤波压制线性

噪声的例子，道集能量的这种横向变化，严重降低了 F-K 滤波压制线性干扰的能力。因此在使用三维 F-K-K 滤波压制面波之前，对地震数据进行能量均衡处理，F-K-K 滤波之后，再对地震数据进行反均衡，由此增强 F-K-K 滤波压制面波的效果。

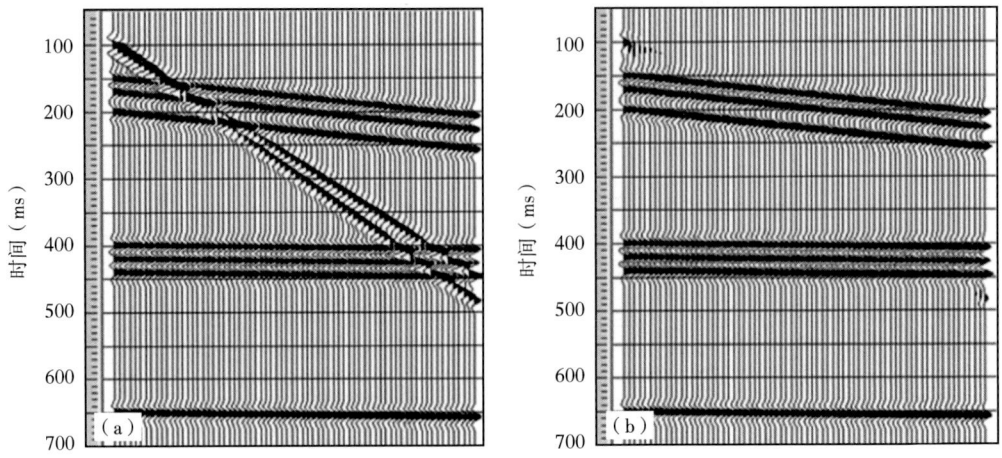

图 6-16　线性干扰的能量和频率一致时，F-K 滤波前（a）后（b）对比

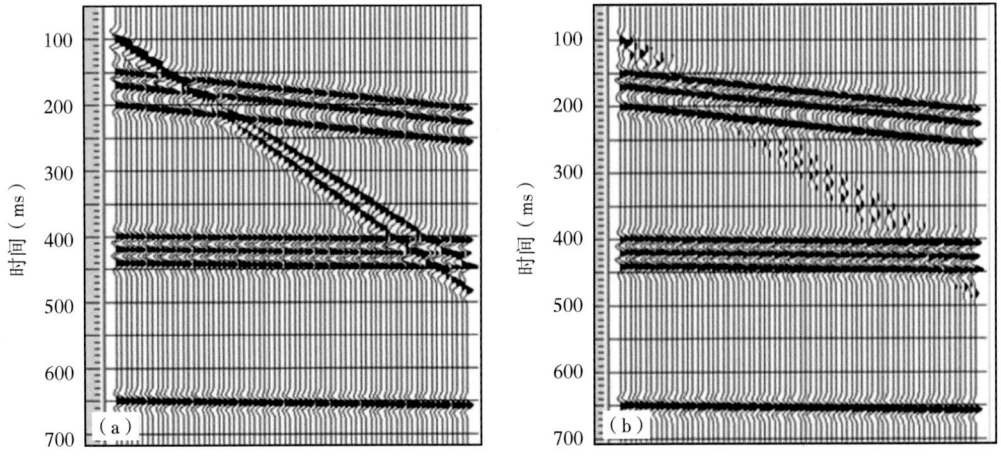

图 6-17　道集能量变化较大时，F-K 滤波前（a）后（b）对比

（4）静态时移的影响。当地震记录中存在短波长静校正问题时，线性干扰的时差发生畸变，偏移理想的线性轨迹，削弱了 F-K 滤波压制面波的能力。图 6-18 展示了静态时移对 F-K 滤波效果的影响，图中的同相轴并非完全线性，从第二道开始，每隔两道相对线性轨迹存在 2ms 的时移，从第三道开始，每隔两道相对线性轨迹存在 -2ms 的时移。可以看出，由于静态时移的影响，F-K 滤波后仍然存在较大的剩余能量。

在实际地震资料处理中，对规则噪声压制效果的质量监控，要通过压制前后叠前道集对比、叠加剖面对比、噪声剖面对比和频谱对比。在此基础上进行综合评价。

图 6-19、图 6-20 和图 6-21 分别展示了新疆油田某工区面波压制效果和质量监控过程。图 6-19 是面波压制前后的共炮点道集及其噪声剖面，为便于分析，三个道集采用了相同的

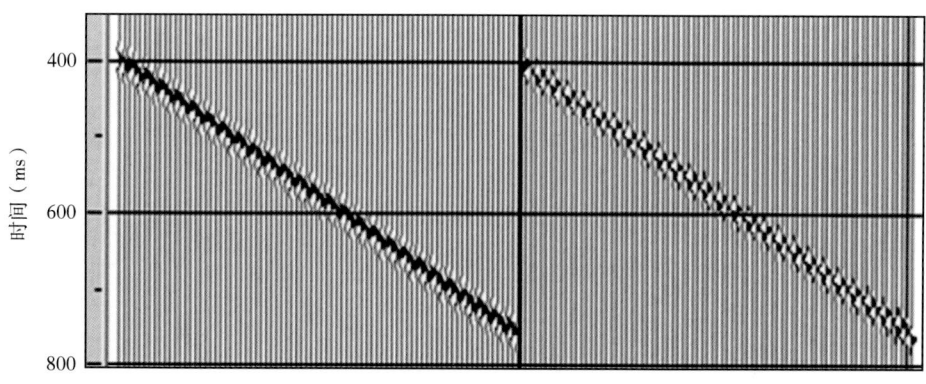

图 6-18 静态时移对 F-K 滤波的影响

能量增益显示。在原始单炮记录上，由于面波的能量很强，信号的能量相对于噪声很弱，剖面上几乎见不到有效反射的能量。三维 F-K-K 滤波之后，消除了面波的绝大部分能量，还留有部分残余噪声，但噪声的剩余能量与地震信号基本在同一个数量级，剩余面波可以在后续的反褶积和叠加处理中得到进一步压制。图 6-20 是面波压制之后的频谱对比，为便于分析，频谱的峰值振幅进行了归一化处理。F-K-K 滤波之后，低频能量得到压制，主频向高频移动，相对频宽增大。图 6-21 是面波压制前后叠加剖面的对比，可以看到信噪比得到明显改善，地下结构的地震反射特征也清晰可见。

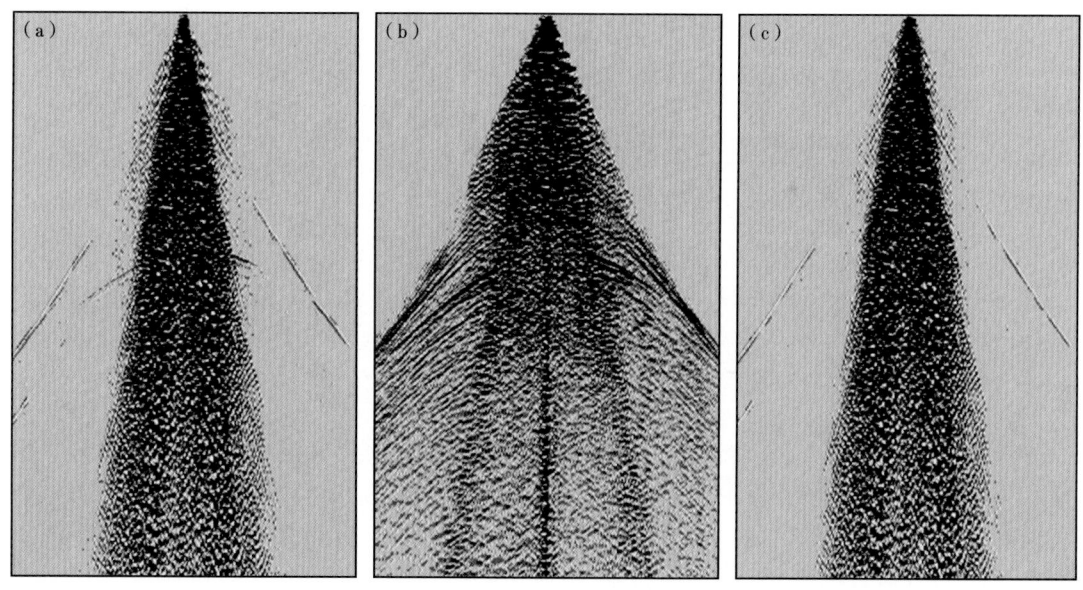

图 6-19 新疆某工区面波压制前（a）后（b）的炮集及其噪声剖面（c）

图 6-22 展示了新疆油田某工区多次折射波压制的效果。图 6-22 为多次反射折射波衰减前后的单炮记录，折射波衰减后，原先模糊的浅层反射轴清晰可见。正像之前指出的，特征向量滤波方法主要针对局部的特征信号进行滤波，也就是说只对多次反射折射波进行衰

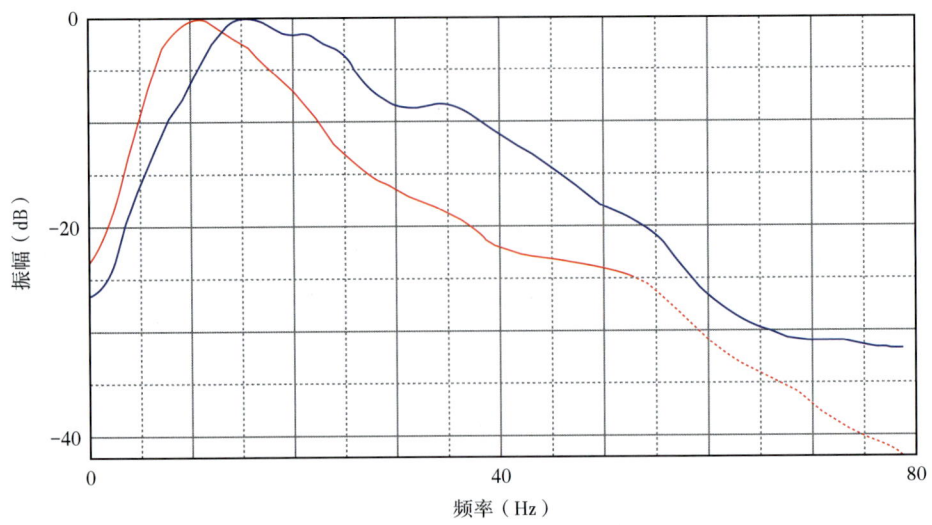

图 6-20 新疆某工区面波压制前（红色曲线）后（蓝色曲线）频谱对比

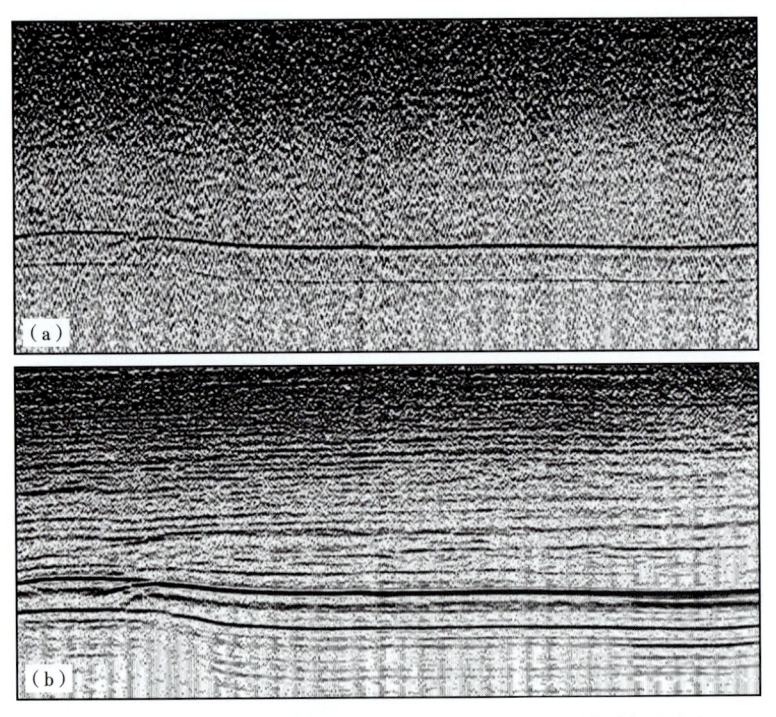

图 6-21 新疆某工区面波压制前（a）后（b）叠加剖面对比

减，不会损害有效的反射波信号。图 6-22、图 6-23 展示了某工区压制浅层多次折射的效果和质量监控的过程，图 6-24 为多次反射折射波衰减前后的速度谱。可以看到，多次折射波衰减前，浅层速度谱上明显存在它的能量，而经过多次折射波的衰减，它的能量团在浅层基本上得到了消除，为高精度速度分析打下了基础。

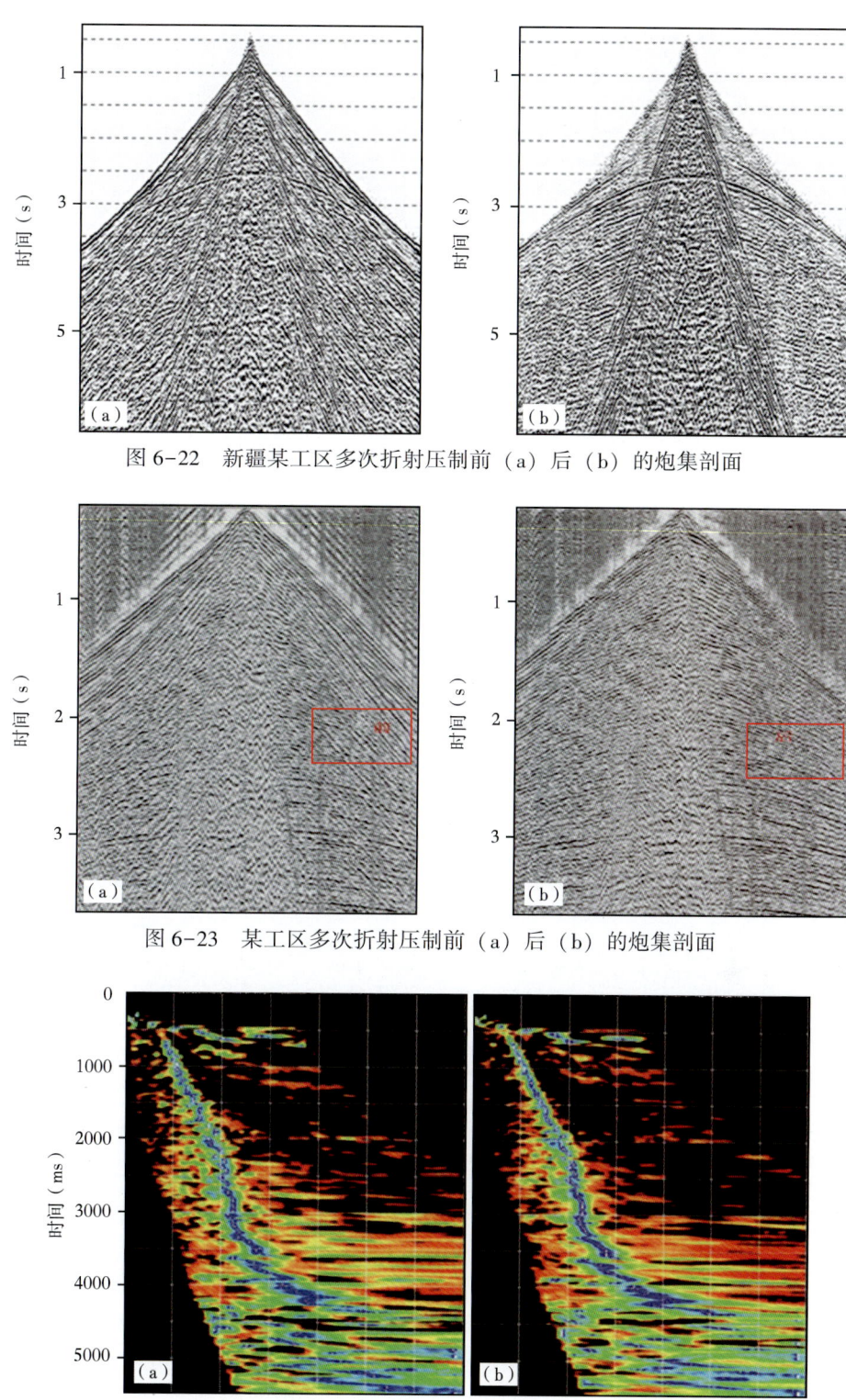

图 6-22 新疆某工区多次折射压制前（a）后（b）的炮集剖面

图 6-23 某工区多次折射压制前（a）后（b）的炮集剖面

图 6-24 多次反射折射波衰减前（a）后（b）速度谱对比

第三节 多次波压制和质量监控

一、多次波的时距曲线特征

一次反射波是地震勘探中最为重要的有效信号，而多次波却是地震勘探中最难于处理的噪声干扰，两者的差异在于地震波在地下界面反射的次数。地震波在向下传播过程中，遇到波阻抗界面，会产生地震反射，称为一次反射波，一次反射波向上传播遇到上覆界面产生反射再次向下传播，遇到反射界面后又再次反射形成二次反射波，这个过程不断重复，产生三次甚至更高次的反射波，将二次之上的反射波称为多次波。因此，多次波是广泛发育且不可避免，由于多次反射的能量远弱于一次反射信号，在很多情况下忽略了其对地震处理的影响。但是，当地下存在强反射地层，如石膏层、石灰岩、火成岩和煤层，且目的层地震反射较弱时，这些强反射界面的多次反射能量甚至会大于目的层一次反射能量，使弱信号淹没在多次干扰里面，此时只有识别并剔除多次波干扰，才能恢复目的层的真实反射特征。

从前面的分析可知，多次波和一次波的主要区别在于传播路径的差异，这些路径的差异最终将反映在传播时间上，因此，下面就多次波时距曲线的特点进行讨论和分析。

对于水平反射界面的情况，其一次反射波、二次反射波时距曲线关系如图6-25（a）、(b) 所示。震源在 O 点激发，检波器在 A 点进行接收。时距曲线方程就是上图中第一象限的 t 与 x 的曲线关系。依据虚震源原理作图得到 Q^*，它与震源 O 关于界面 R 对称，显然，地震波从激发 O 点经 D 点反射后传播到接收点 A 的距离，与地震波从虚震源点 O^* 直接到 A 点的传播距离是相等的。可以很容易地推导出关于界面 R 的时距曲线关系表达式：

$$t = \frac{O^*A}{v} = \frac{\sqrt{(2h_0)^2 + x^2}}{v} = \frac{\sqrt{4h_0^2 + x^2}}{v} \tag{6-27}$$

当反射界面水平并且上层介质均匀覆盖时，式（6-27）可以用零炮检距时间 t_0 的关系式表示，其中 $t_0 = \frac{2h_0}{v}$，h_0 是垂向距离，t_0 是自激自收旅行时。

$$t = \sqrt{t_0^2 + \frac{x^2}{v^2}} \tag{6-28}$$

水平界面二次反射波的地震波传播示意图见图6-25（b）所示。其中，检波器 B 点接收到的信息是从炮点 O 出发，两次途经地下界面 R。因此，从上面所述推导过程可以很容易得到水平界面情况下二次反射波时距曲线关系方程：

$$t = \frac{O^*B}{v} = \frac{\sqrt{(4h_0)^2 + x^2}}{v} = \frac{\sqrt{16h_0^2 + x^2}}{v} \tag{6-29}$$

对比式（6-27）和式（6-29），可以看出均匀介质水平界面下二次反射波的时距曲线也是一条双曲线，不同的是二次反射波的视速度低于一次波的视速度。

动校正之后的剩余时差是多次波压制的重要依据，下面我们推导多次波剩余时差曲线。

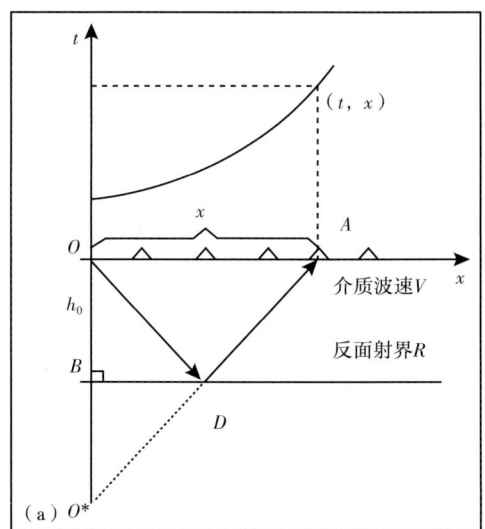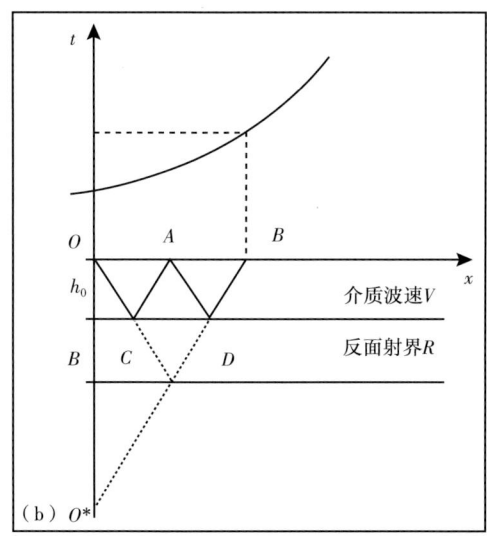

图 6-25 水平界面情况下一次波（a）和多次波（b）时距曲线

对于共中心点反射波时距曲线，应用正常时差公式进行动校正，有：

$$\Delta t = \sqrt{t_0^2 + \frac{x^2}{v^2}} - t_0 \tag{6-30}$$

对于一次反射波而言，不同炮检距各叠加道的时间均被校正到共中心点的垂直反射时间 t_{om}，即时距曲线被拉平。叠加后反射波得到加强。而对于多次波的时距曲线，仍然按照同样的动校正量进行校正，即当作水平均匀介质的有效波进行校正，则道集内各道波的传播时间不能校正为共中心点的自激自收时间 t_{om}，而存在一个时差。把某个波按水平均匀介质条件下一次反射波进行动校正后的反射时间与共中心点处的 t_{om} 时间之差称作剩余时差，记为 δt_{d}。

如图 6-26 所示，在达到 D 点的波中，有深部界面 P 上点 R 的一次反射波，也有浅部界面 d 上反射来的多次波。界面 d 产生的一阶多次波路程等价于由等效界面 d' 上的点 R_{d} 反射来的一次反射波。假设这两个波具有相同的 t_0，一般情况下地震波波速随着深度增加而增

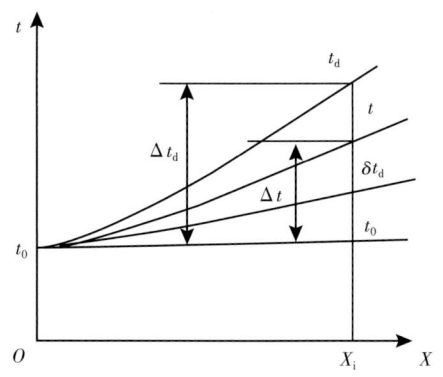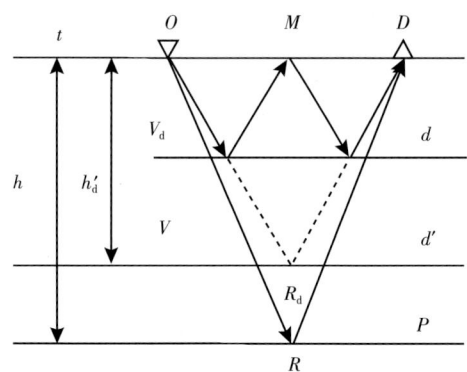

图 6-26 多次波及剩余时差示意图

加，根据 $h=\dfrac{vt_0}{2}$ 可知一次波对应的界面会更深一些，多次波对应的界面会浅一些。下面讨论多次波的剩余时差和相关参数的关系。

水平界面一次波的旅行时间为：

$$t=\frac{1}{v}\sqrt{x^2+4h^2}=t_0\sqrt{1+\frac{x^2}{v^2t_0^2}} \tag{6-31}$$

为了让多次波的剩余时差公式显得简明扼要，对式（6-31）进行泰勒级数展开并略去高次项得：

$$t\approx t_0\left(1+\frac{x^2}{2v^2t_0^2}\right) \tag{6-32}$$

同理，可以得到多次波旅行时间 t_d 为：

$$t_d=\frac{1}{v_d}\sqrt{x^2+4h_d^2}=t_{0d}\sqrt{1+\frac{x^2}{v_d^2t_{0d}^2}}\approx t_{0d}\left(1+\frac{x^2}{2v_d^2t_{0d}^2}\right) \tag{6-33}$$

如果 $t_{0d}=t_0$，则由 $\delta t_d=\Delta t_d-\Delta t=(t_d-t_0)-(t-t_0)=t_d-t$ 可得：

$$\delta t_d=t_d-t=t_0\left(1+\frac{x^2}{2v_d^2t_0^2}\right)-t_0\left(1+\frac{x^2}{2v^2t_0^2}\right)=\frac{x^2}{2t_0}\left(\frac{1}{v_d^2}-\frac{1}{v^2}\right) \tag{6-34}$$

式中 Δt_d、Δt——分别为多次波和一次波的正常时差；

v_d、v——分别为多次波和一次波的速度。

由于速度随深度增加，因此，δt_d 大多为正数。动校正后体现为校正不足，影响了叠加效果。通常一次剖面上随着 x 的增加，剩余时差也随之增加（图6-26）。

令 $q=\dfrac{1}{2t_0}\left(\dfrac{1}{v_d^2}-\dfrac{1}{v^2}\right)$，则式（6-34）可写成：

$$\delta t_d=qx^2 \tag{6-35}$$

由式（6-35）可知，多次波剩余时差符合抛物线变化规律，这是多次波压制的重要依据。

二、多次波压制方法

在目前的多次波压制方法中，主要分为基于信号理论的多次波压制方法和基于波动方程理论的多次波去除方法。前者包括预测反褶积、Radon 域变换去噪、F-K 域滤波和聚束滤波等，运算效率较高，适合于构造相对简单地区的多次波压制处理。后者包括逆散射级数法、反馈环法和波场外推法等，其计算精度高，但运算效率较低，可用于构造复杂地区的处理。尽管方法较多，但工业界应用比较广泛的方法主要是基于 Radon 变换的多次波压制方法。下面就该方法的基本原理及其在实际应用中的主要问题进行讨论。

Radon 变换可定义为积分形式：

$$u(\tau,p)=\int_{-\infty}^{\infty}d(t,h)dh \tag{6-36}$$

式中　$d(t,h)$——时间域地震数据；

$u(\tau,p)$——Radon 域地震数据；

h——炮检距；

p——曲率，线性情况下 $p=\sin\theta/v$，即射线参数；

θ——线性信号的倾角；

p——抛物线情况下 $p=1/2t_0 \cdot v^2$；

τ——时间轴的截距值，即零炮检距双程旅行时间值。

式（6-36）中，若 $t=\tau+hp$，称为线性 Radon 变换或者倾斜叠加变换。若 $t=\tau+ph^2$，则为抛物线 Radon 变换。若 $t=\sqrt{\tau^2+p^2h^2}$，则表示双曲型 Radon 变换。由于多次波的剩余时差表现为抛物线形态，下面主要讨论抛物线 Radon 变换。

Radon 正变换的离散表达式为：

$$u(\tau,p)=\sum_h d(t=\tau+ph^2,h) \tag{6-37}$$

其逆变换表示为：

$$d(t,x)=\sum_p u(\tau=t-ph^2,p) \tag{6-38}$$

写成矩阵形式，有：

$$\boldsymbol{u}=\boldsymbol{L}^T\boldsymbol{d} \tag{6-39}$$

$$\boldsymbol{d}=\boldsymbol{L}\boldsymbol{u} \tag{6-40}$$

如图 6-27 所示，Radon 变换将时间空间域相互交叉的两条曲线映射为 Radon 域两个彼此分离的点，因此，在 Radon 域很容易实现两条曲线的分离，在 Radon 域去除某个点，在反变换回时间空间域之后，则可以得到其中的另外一条曲线，从而实现相互交叉曲线的彼此分离，这就是 Radon 变换分离多次波的基本原理。

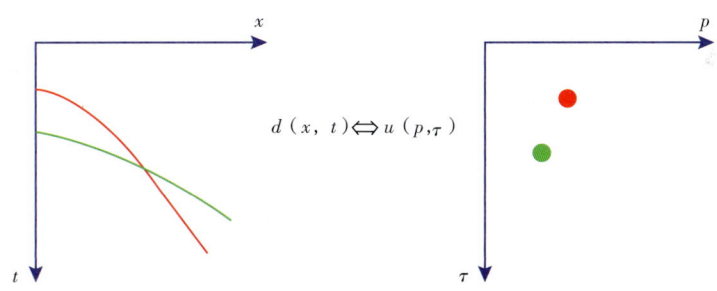

图 6-27　Radon 变换示意图

可以看出，Radon 变换法是根据多次波与一次波在 Radon 空间的差异进行多次波和一次波的分离，通过切除多次波能量团并反变换回时间空间域达到去除多次波的目的。这类方法运算效率比较高，容易拓展到三维数据。当前 Radon 变换的发展趋势是提高 Radon 变换的聚焦程度，即所谓的高精度 Radon 变换。另外，为消除空间假频和截断效应对 Radon 变换精度的影响，提高 Radon 变换的保幅性能也是重要的研究内容。

戴晓峰等（2018）利用 Radon 变化有效地压制了高石梯—磨溪地区地震数据的多次波，图 6-28 是该地区使用高精度拉东变换压制多次波前后的速度谱和 CMP 道集对比，图 6-29 为多次波压制前后的叠加剖面。Radon 变换有效消除了具有剩余时差的多次波干扰，CMP 道集上有效反射的层次关系更加清晰，叠加剖面上与上覆地层近似平行的多次反射得到了有效压制，从多次波背景下分离出了有效地震信号。消除多次波之后，速度谱上一次地震反射波的能量更加聚焦，进一步提高了速度分析的精度。

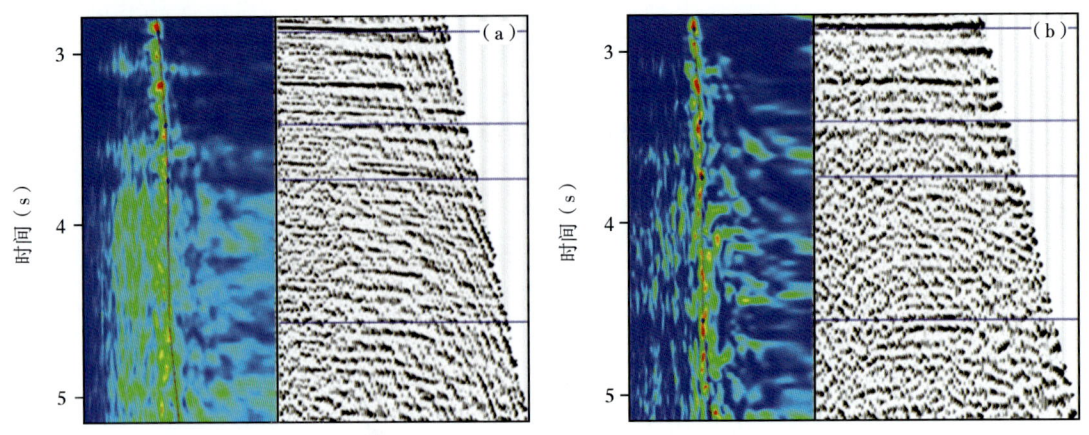

图 6-28 Radon 变换压制多次波前（a）后（b）的 CMP 道集和速度谱

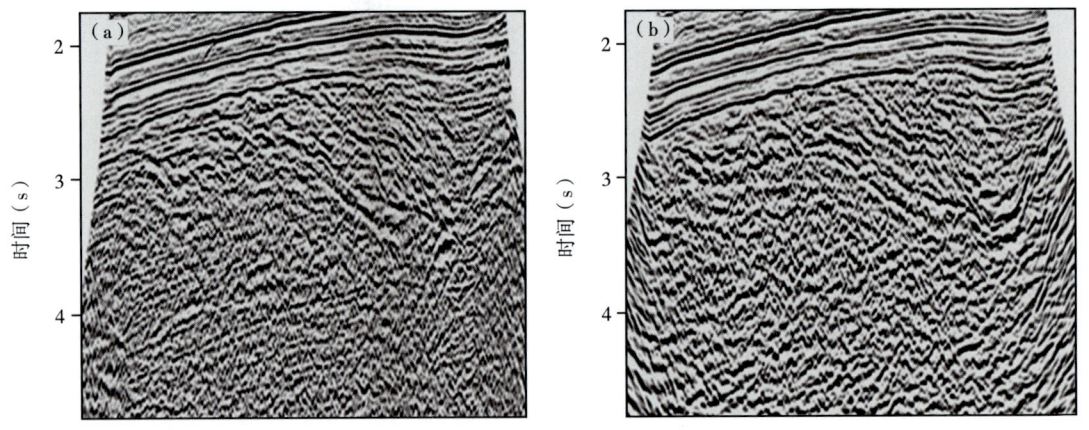

图 6-29 Radon 变换压制多次波前（a）后（b）的叠加剖面

三、质量控制方法

目前工业界的多次波衰减方法大多是基于多次波和一次波的速度差异及其由此导致的剩余时差，两者的时差越大，衰减效果越好。但是，对于陆上地震资料，很多情况下层间多次波速度与一次波速度差异较小从而混叠在一起，在速度谱上很难找到明确的差异，因此，深入细致的实验分析和质量监控显得尤为重要。

（1）对多次波在 CMP 道集、速度谱、叠加剖面上的表现形式和发育特征进行深入分析。首先在叠加剖面上确定多次波的分布特征，然后，考察多次波和一次波在 CMP 道集和速度谱上的时差特征及其可分离性。

(2) 对于复杂地下结构,复杂地震反射导致的剩余时差及其速度谱变化可能会干扰多次波的识别和判断,因此,需要结合具体的反射层位,就 CMP 道集、速度谱、叠加剖面进行交互联动分析,消除复杂地震反射对多次波识别的影响。

(3) 结合地质资料和测井数据及其以往对该地区多次波的认识,有条件的情况下还可以通过地震波场正演模拟,确定与多次波有关的强反射地层,并就此对多次波的影响及其表现形式做出评估和判断。

(4) 多次波通常与上覆强反射地层有关,上覆强反射地层对地震反射具有屏蔽作用,大幅减弱地震波向下传播的能量,致使在叠加剖面上很难对一次反射进行连续追踪。应该结合该地区的构造特征和沉积演化模式,对一次反射可能的空间结构做出推断和预判。

(5) 采用多种方法提高一次波速度解释和速度拾取的精度,只有在一次波速度相对准确且一次反射在 CMP 道集上大致拉平的情况下,才能对多次波的时差特征做出合理的判断和分析。

(6) 通过对多个 CMP 道集的统计分析,确定最大炮检距上多次波的最小剩余时差,这是一个十分关键的去噪参数,切忌仅通过几个 CMP 道集的分析就草率地确定该控制参数。该参数的大小直接控制着去噪能力和保幅性能,过小的参数会对有效信号产生伤害,过大的参数会降低多次波的压制效果。

(7) 与 F-K 滤波类似,离散 Radon 变换也存在截断误差和空间假频问题。覆盖次数越高,CMP 道集中地震道数越多;截断误差越小,Radon 变换的精度越高。为避免空间假频造成的影响,采样过程中的曲率参数 p 和采样间隔 Δp 需要满足采样定理。对于抛物线型 Radon 变化,要求:

$$p_{max} \leq \frac{1}{h_{max}^2 f_{max}}$$

$$\text{且 } \Delta p \leq \frac{1}{h_{max}^2 f_{max}} \quad (6-41)$$

对于双曲型 Radon 变换,要求:

$$p_{max} \leq \frac{\sqrt{2}}{\Delta h f_{max}}$$

$$\text{且 } \Delta p \leq \frac{1}{0.4 \cdot h_{max} f_{max}} \quad (6-42)$$

式中 p_{max}、h_{max}、f_{max}、Δh——分别表示最大曲率值、最大炮检距、最大频率值和道间距。

(8) 和其他的去噪方法一样,保幅性也是多次波衰减最为关心的问题。由于 Radon 变换算子不具备完备的可逆性,因此,Radon 变换不可能做到绝对保幅,只能是相对保幅。另外,变换域的分辨率对保幅性能也有很大影响,目前有许多基于稀疏反演的 Radon 变换方法,这类方法能够较大幅度地改善变换域数据的分辨率。

多次波衰减完成之后,对多次波衰减的效果和可靠性进行分析和评价是一项综合性较强的工作,需要利用 CMP 道集、速度谱和叠加剖面并结合研究区地质目标和地震地质特征进行综合分析。图 6-30 到图 6-33 展示了四川盆地某工区多次波压制前后 CMP 道集、速度

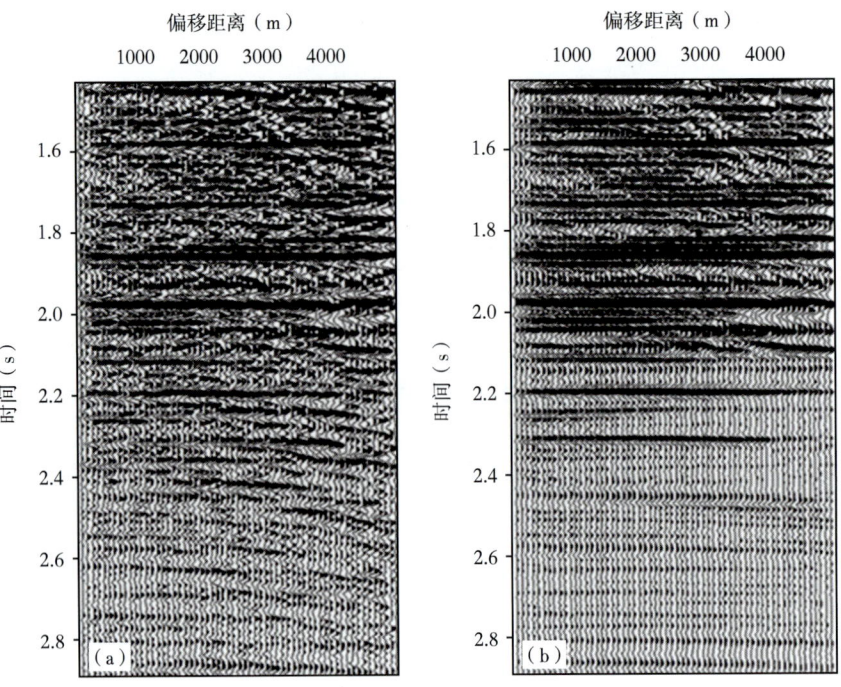

图 6-30　四川盆地某工区多次波压制前（a）后（b）的 CMP 道集

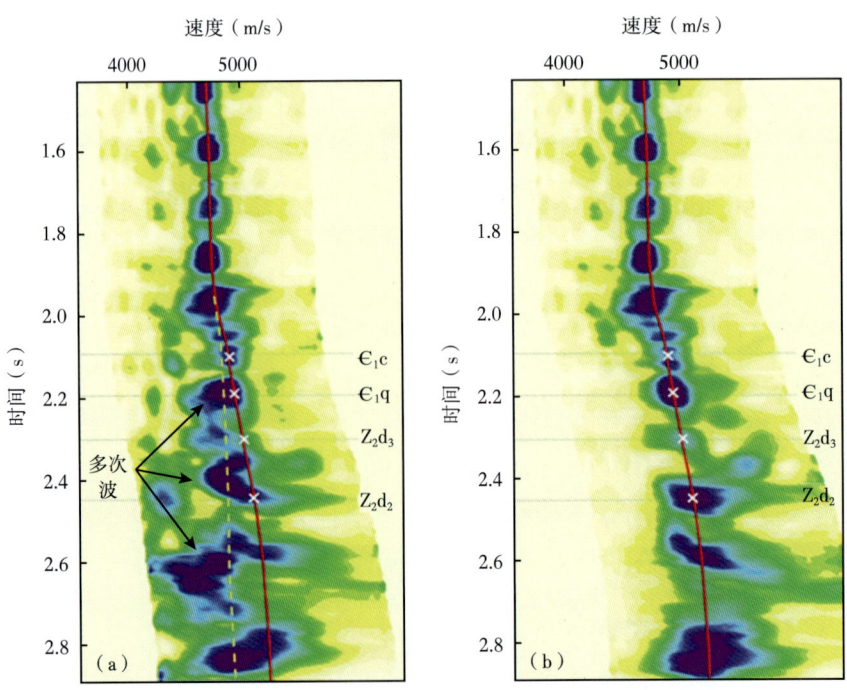

图 6-31　四川盆地某工区多次波压制前（a）后（b）的速度谱

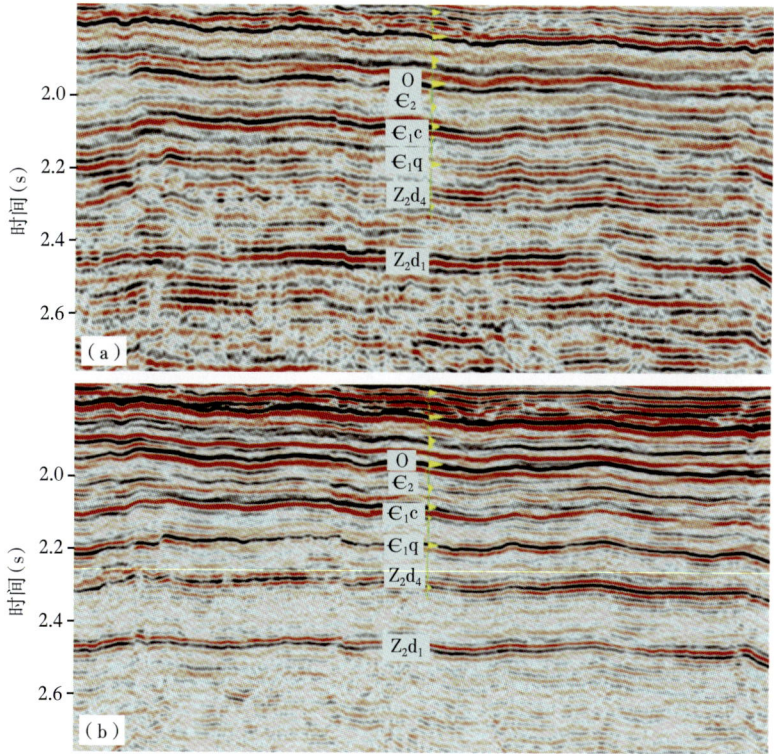

图 6-32 四川盆地某工区多次波压制前（a）后（b）的偏移剖面

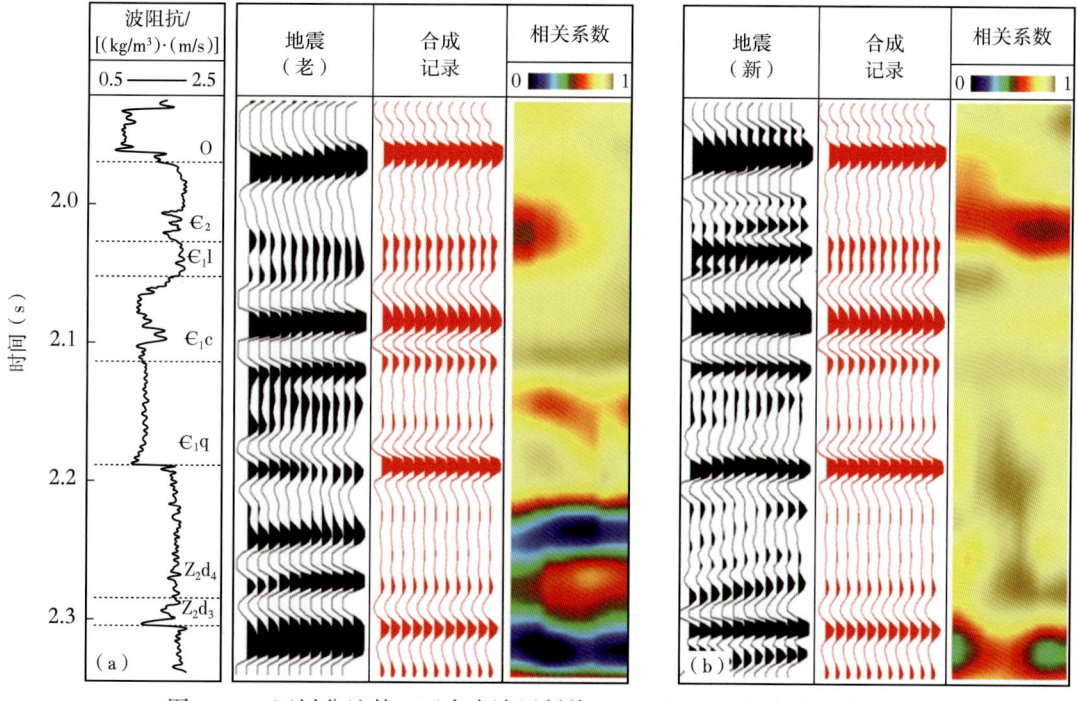

图 6-33 四川盆地某工区多次波压制前（a）后（b）的合成记录对比

谱、偏移剖面和合成记录的对比情况（戴晓峰等，2018）。在处理过程中，研究人员通过对地震数据、测井数据和地质资料的综合分析，确定了多次波来源于上覆地层的多个低速泥页岩和高速碳酸盐岩的强反射界面。为提高一次波速度分析精度，从处理解释一体化的观点采用层控速度建模和层控速度扫描优化速度模型。首先，通过地震层位指导速度拾取，减少干扰波对速度分析的影响，提高一次波速度分析精度。当单点速度谱上速度趋势难以选择或者速度点拾取困难时，沿多个不同标志层进行速度拾取。由于地震标志层在时间上严格对应一次有效反射，因此避免了速度点误判，保证了纵向速度拾取的可靠性。其次，由于时间层位包含了地层三维空间横向变化信息，因此，在空间上保持速度拾取的一致性，保证每个标志层横向上速度拾取的一致性，约束速度异常突变。通过以上沿层速度拾取，减小了多次波对速度拾取的影响，保证了标志层位置速度拾取的准确性。再次，采用层控叠加速度百分比扫描方法详细甄别一次波和多次波的速度差异。在保持标志层速度不变的前提下，在标志层之间的时窗内通过不同百分比速度加权扫描，得到一组层控叠加速度，分别应用抛物线Radon变换压制多次波，得到一组对应不同百分比速度的处理结果。通过观察不同速度对应的地震剖面，以叠加剖面和测井合成记录的一致性为依据，选出最优速度百分比加权系数，完成Radon变换压制多次波处理。从最终的偏移剖面和合成记录对比可以看出，通过以上的质量监控和流程优选，很好地消除了多次波干扰对一次反射信号的影响，地震剖面的质量和可靠性得到了大幅提高。

图6-34和图6-35是新疆油田某工区多次波压制前后的CMP道集、速度谱和偏移剖面。该地区多次波在叠后剖面和速度谱上的特征都比较明显，为降低多次波压制对保幅性能的影响，采用了基于反演算法的高精度Radon变换，并基于AVO曲线对压制前后叠前道集的保幅性能进行了考察分析，为后续的地震反演和储层预测提供可靠的基础数据。

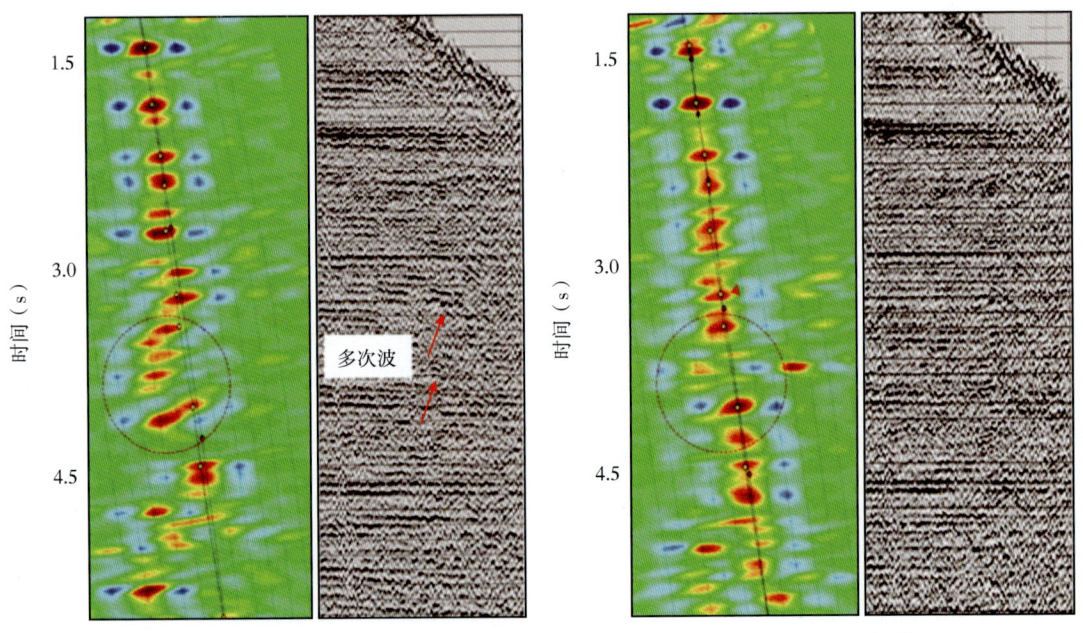

图6-34　新疆油田某工区多次波压制前（a）后（b）的道集和速度谱

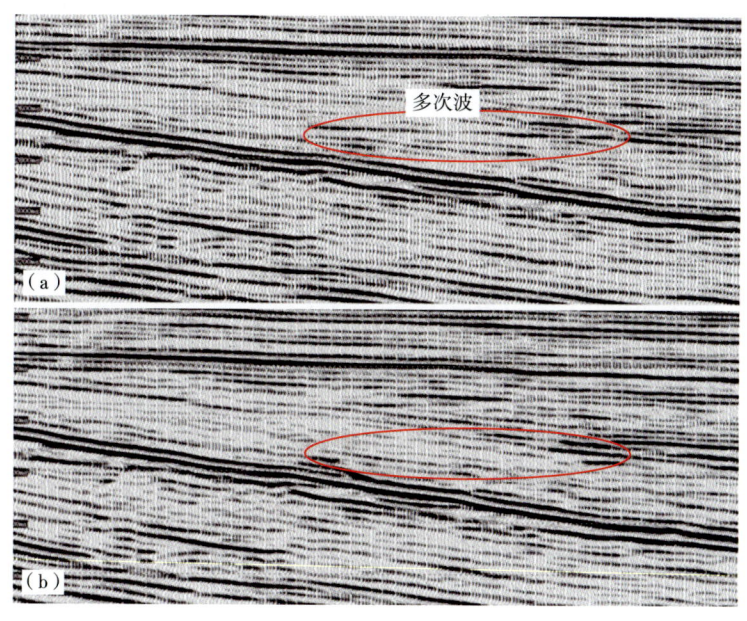

图 6-35 新疆油田某工区多次波压制前（a）后（b）的偏移剖面

第四节 多域综合去噪质量监控

不同的噪声类型其形成机理、分布特征、发育强度存在较大差异，即使是同一类型的噪声，不同的地震地质条件，其分布特征也存在差异。地震资料处理系统中有很多针对不同噪声的去噪模块，如何依据地质目标和地震资料品质特征，确定去噪流程，选择去噪方法，优化去噪参数，并对去噪效果进行质控和评价是一项综合性很强的工作。

图 6-36 到图 6-39 是新疆油田某区块进行去噪质量监控的部分图件。首先，对控制点上的去噪效果进行质量分析，除了检查噪声衰减情况之外，还要检查噪声剖面中是否残留有

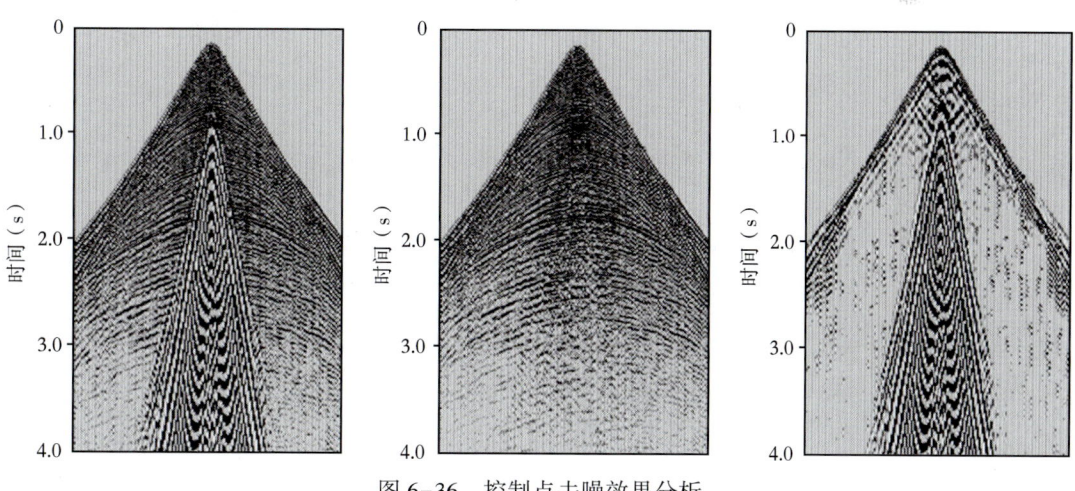

图 6-36 控制点去噪效果分析

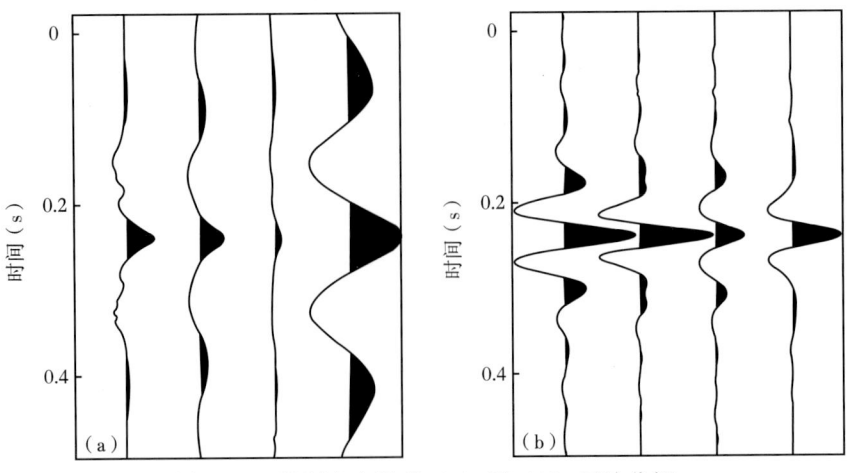

图 6-37 控制点去噪前（a）后（b）子波分析

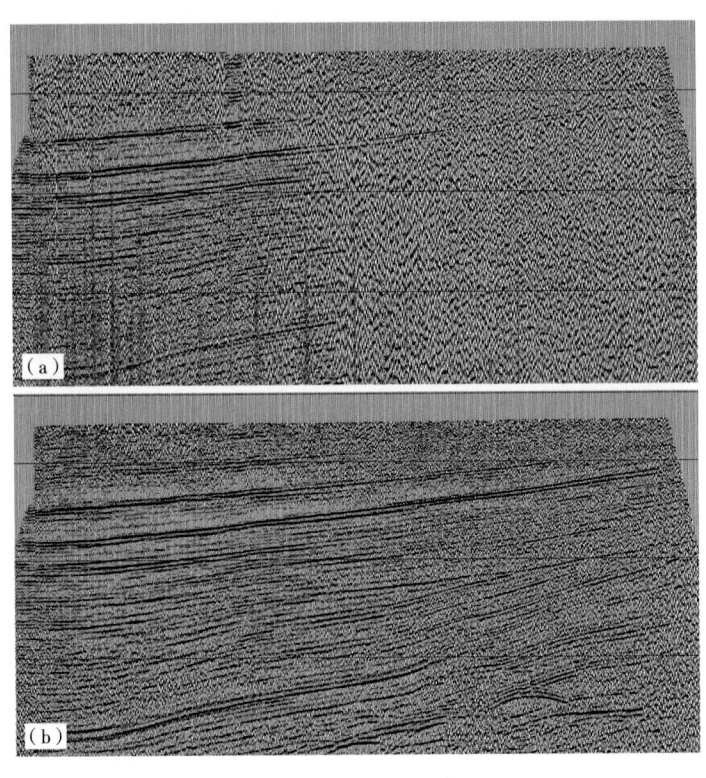

图 6-38 控制线去噪前（a）后（b）对比分析

效信号，并利用频谱分析和子波分析就去噪过程对分辨率的影响进行质控和评价。然后，对控制线去噪前后的效果进行分析，观察是否存在明显的残余噪声及是否有由于去噪过度而导致的"蚯蚓化"现象，对去噪前后的叠加剖面进行分频扫描，考察去噪过程对不同频段地震数据的影响。在完成质控线上的分析之后，利用能量切片、信噪比切片和主频切片等对整个数据体去噪前后的效果进行定量分析。对在定量分析过程中发现的异常现象和异常区域，抽取该区域的道集数据和叠加数据进行针对性检查，确保整个数据体的去噪质量。

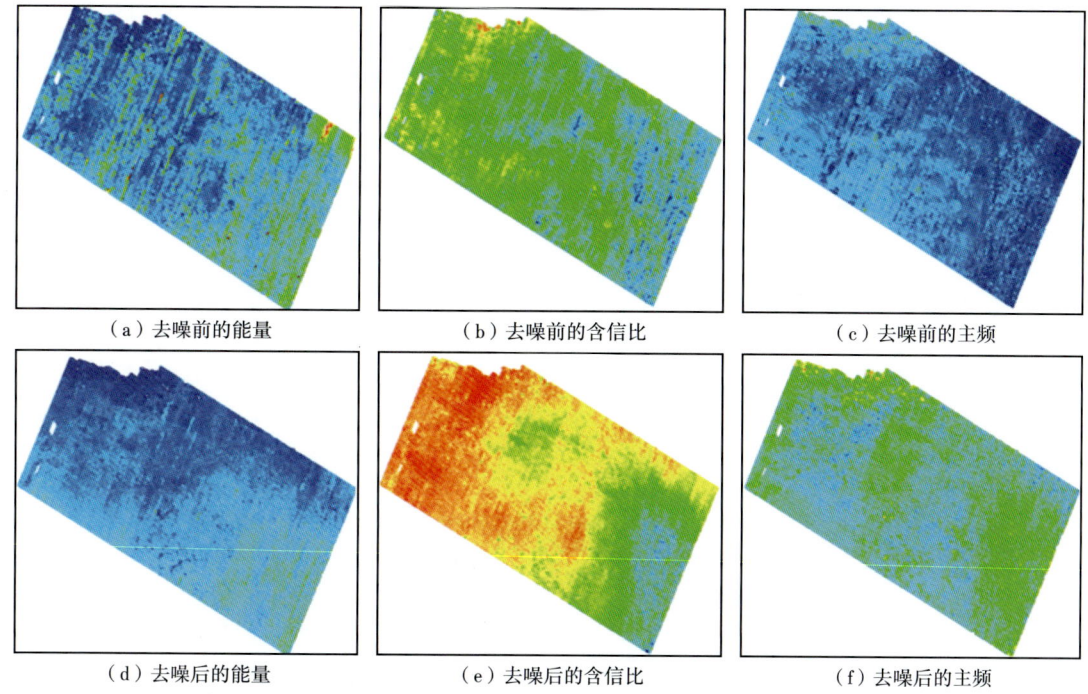

图 6-39 去噪前后的能量、含信比、主频分析

第七章 提高分辨率处理质量监控

提高分辨率是地震勘探的经典研究内容，也是地震资料处理的核心任务之一。提高地震数据分辨率的方法很多，涉及的内容比较庞杂，其中地表一致性反褶积、预测反褶积、反 Q 滤波和谱白化是目前业界应用最为广泛的方法。地表一致性反褶积的主要作用是消除激发、接收和近地表因素对子波横向变化的影响，在一定程度上也具有提高分辨率的能力。预测反褶积是一种数据驱动的统计性反褶积方法，基于最小相位子波和白噪反射系数两个基本假设，从地震数据本身自适应地估算反褶积算子，该算子具有压缩子波和提高分辨率的能力。反 Q 滤波属于模型驱动的确定性反褶积方法，基于外部输入的 Q 模型消除地层吸收对地震分辨率的影响。谱白化反褶积方法通过对不同频带的地震信号进行均衡处理，达到拓展频带、提高分辨率的目的。下面分别就这几种方法的基本原理、主要问题和质控措施进行分析和讨论。

第一节 地表一致性反褶积质量监控

根据地震剖面上的反射特征对地下介质的构造形态和储层物性进行分析和预测是地震资料解释工作的主要研究内容。在实际地震勘探中，地震反射特征的变化除了受地下构造和岩性等地质因素的影响之外，还受激发条件、接收条件和近地表条件等非地质因素的影响。

图 7-1 是某油田海陆交互带地震数据的一张振幅属性切片，图中沿虚线两侧呈现明显的属性异常，该异常很容易被解释为地下断裂系统造成的地震反射特征差异。实际上，图中

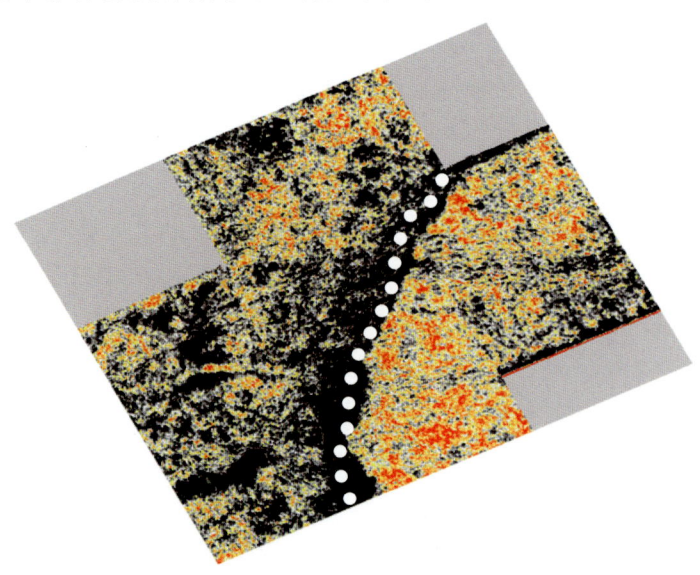

图 7-1 某油田海陆交互带地震数据平面属性

虚线是海岸线的位置，虚线的右侧为滩浅海区域，虚线的左侧为陆地区域。两个区域采用了不同的地震采集方式。滩浅海区域多使用气枪激发、水检接收，而陆地区域多采用炸药激发、陆检接收。图7-1中的异常区带是由野外采集条件的差异引起的，而并非地下构造的真实响应。因此，消除非地质因素对地震反射特征的影响，恢复地震数据的实际反射特征对地震资料处理和解释都具有十分重要的意义。

一、基本原理

地表一致性反褶积中采用了地表一致性假设条件。地表一致性模型认为，非地质因素对地震记录的影响只与炮点和检波点的位置有关，共炮点地震道具有相同的炮点校正量，共检波点地震道具有相同的检波点校正量，校正量与地震波的路径和反射时间无关。Levin（1989）最早将地表一致性的思想应用于反褶积处理，旨在消除激发、接收和近地表因素对地震子波的影响。下面简单介绍一下该方法的基本原理。

设有第 i 点激发、第 j 点接收的地震记录 $x_{ij}(t)$，其中心点和炮检距分别计为 k 和 l，且 $k=\frac{i+j}{2}$，$l=|i-j|$，按照地表一致性反褶积的基本思想，地震记录可以分解为与炮点、检波点、中心点和炮检距有关的四个分量 $s_i(t)$、$g_j(t)$、$e_k(t)$、$h_l(t)$ 的褶积，即：

$$x_{ij}(t) = s_i(t) \times h_l(t) \times e_k(t) \times g_j(t) \tag{7-1}$$

式中　$s_i(t)$——激发因素对地震子波的影响，包括激发方式和激发点的近地表情况等；

　　　$g_j(t)$——接收因素对地震子波的影响，包括接收方式和耦合情况等；

　　　$e_k(t)$——与中心点反射系数有关的分量；

　　　$h_l(t)$——与炮检距影响有关的分量。

将上式进行傅里叶变换并取对数，在对数谱域表示为：

$$X_{ij}(\omega) = S_i(\omega) + G_j(\omega) + H_l(\omega) + E_k(\omega) \tag{7-2}$$

式中　$X_{ij}(\omega)$、$S_i(\omega)$、$G_j(\omega)$、$H_l(\omega)$、$E_k(\omega)$——分别是地震记录、炮点分量、检波点分量、炮检距分量和中心点分量振幅谱的对数。

设野外采集地震记录的总道数为 n_r，炮点、检波点、中心点和炮检距的个数分别为 n_s、n_g、n_e 和 n_h，则方程（7-2）构成了一个维数为 $n_r \times (n_s+n_g+n_e+n_h)$ 的超定方程组：

$$CP = A \tag{7-3}$$

式中　**P**——由 $S_i(\omega)$、$G_j(\omega)$、$H_l(\omega)$ 和 $E_k(\omega)$ 构成的包含 $(n_s+n_g+n_e+n_h)$ 个元素的待求向量；

　　　C——系数矩阵，其维数为 $n_r \times (n_s+n_g+n_e+n_h)$；

　　　A——由 $X_{ij}(\omega)$ 构成的包含 n_r 个元素的向量。

由方程组（7-3）确定未知向量 **P** 有多种方法，比较常用的有 Gauss-Seidel 迭代法和共轭梯度法。在得到未知向量 **P** 之后，从中就可以分离出炮点分量 $s_i(t)$ 和检波点分量 $g_j(t)$，由两者褶积得到炮点和检波点的综合响应 $o_{ij}(t)$：

$$o_{ij}(t) = s_i(t) \times g_j(t) \tag{7-4}$$

在得到每个地震道的综合响应的 $o_{ij}(t)$ 之后，计算预测反褶积算子 $q_{ij}(t)$，将该算子作为

地震记录 $x_{ij}(t)$ 上,有:

$$y_{ij}(t) = x_{ij}(t) \times q_{ij}(t) \tag{7-5}$$

由此完成地表一致性反褶积处理,得到消除激发和接收因素影响的地震记录 $y_{ij}(t)$。

二、主要问题

尽管地表一致性反褶积在业界已经取得了大规模实际应用,其应用效果的稳定性也得到了广泛认可,但依然存在一些不能回避的问题。

(1) 地表一致性反褶积不能很好地消除由于激发和接受因素对子波相位的影响。

由前面的理论推导可以看出,从方程的建立到反褶积算子的求取,该方法只考虑了地震记录和地震子波的振幅谱,并没有涉及相位谱。由于其最终的反褶积算子是基于预测反褶积进行估算的,因此,严格地讲,该方法只适合于激发、接收和近地表响应均为最小相位的情况。可控震源地震数据的子波为零相位子波,从理论上讲,不能对可控震源数据直接进行地表一致性反褶积处理。另外,若地震子波横向变化因素存在非最小相位响应时,地表一致性反褶积也不能完全消除此类因素的影响。

(2) 以自相关一致性为考核指标的评价方法存在局限性。

通常采用自相关函数的一致性作为评价地表一致性反褶积效果的标准和依据。实际上,由于自相关函数本身不包含相位信息,自相关的一致性只能代表振幅谱的一致性,并不能给出有关相位变化的任何信息。两个相同振幅谱、不同相位谱的地震子波,具有完全一致的自相关函数,因此,以自相关一致性为考核指标的评价方法存在一定的局限性。

(3) 地表一致性反褶积不能消除长波长分量对地震子波的影响。

在地表一致性处理中,通常以排列长度为参考将影响因素分为长波长分量和短波长分量,大于一个排列的影响称为长波长分量;反之,称为短波长分量。由于理论方法的局限,这种基于数据驱动的地表一致性处理不能消除长波长分量的影响。比如,对于连片拼接处理,一般使用整形滤波而不采用地表一致性反褶积消除不同区块子波的差异,这一点已经在业界取得共识。这里需要补充说明的是,当近地表结构异常大于一个排列长度时,这种影响所造成的子波差异也超出了地表一致性反褶积所能消除的范围,此时,最好先利用反 Q 滤波消除近地表吸收对子波的影响,然后再进行地表一致性反褶积。

(4) 地表一致性反褶积缺乏明确的目标函数,影响了其反褶积效果。

从前面的理论推导可以看出,地表一致性反褶积在得到每个地震道的炮点分量 $s_i(t)$ 和检波点分量 $g_j(t)$ 之后,利用两者褶积产生这个地震道的炮检分量 $o_{ij}(t)$。很显然,不同的地震道具有不同的炮检分量,如何将这些不同的炮检分量 $o_{ij}(t)$ 统一为相同的炮检响应 $o(t)$ 是地表一致性反褶积的最终任务。但在这个最终环节上,地表一致性反褶积所采用的方法存在缺陷。

在得到了不同地震道的炮检分量 $o_{ij}(t)$ 之后,地表一致性反褶积对所有地震道的炮检分量进行相同步长的预测反褶积,试图通过采用相同的预测步长来消除不同炮检分量的差异,很显然,当不同地震道的炮检分量变化较大时,这种处理方法不可能完全消除炮检分量的差异。李国发等(2011)就对该问题进行了实验分析,提出了目标函数驱动的地表一致性反褶积方法,较大程度地改善了地表一致性反褶积的应用效果。他们采用模型数据在正演模拟

过程中引入了激发因素和接收因素对地震子波的影响,并据此进行了实验分析。图 7-2 是不同位置激发的共炮点道集,可以明显地看到激发子波的差异。图 7-3 展示了原始数据动校正之后的 CMP 道集及其两种方法反褶积之后的结果。图 7-4 展示了原始 CMP 道集及其应用两种反褶积方法之后的自相关函数。可以看出,虽然传统的地表一致性反褶积方法在一定程度上改进了地震子波的一致性和同相性,但在横向上依然存在明显差异,相对而言,目标函数驱动的地表一致性反褶积方法取得了更加理想的应用效果。由此可见,当子波差异横向变化较大时,现有的地表一致性反褶积方法不能完全消除激发、接收和近地表因素对地震子波横向一致性的影响。

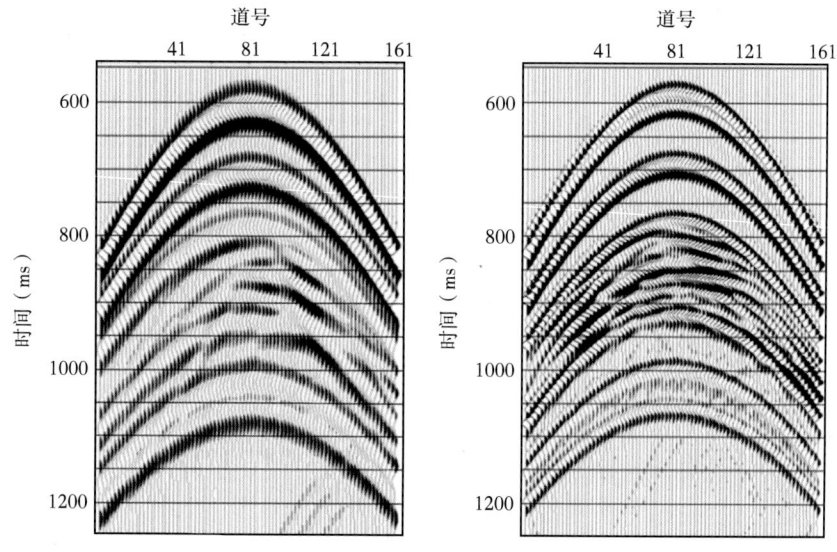

图 7-2 激发和接收因素存在明显差异的两个共炮点道集

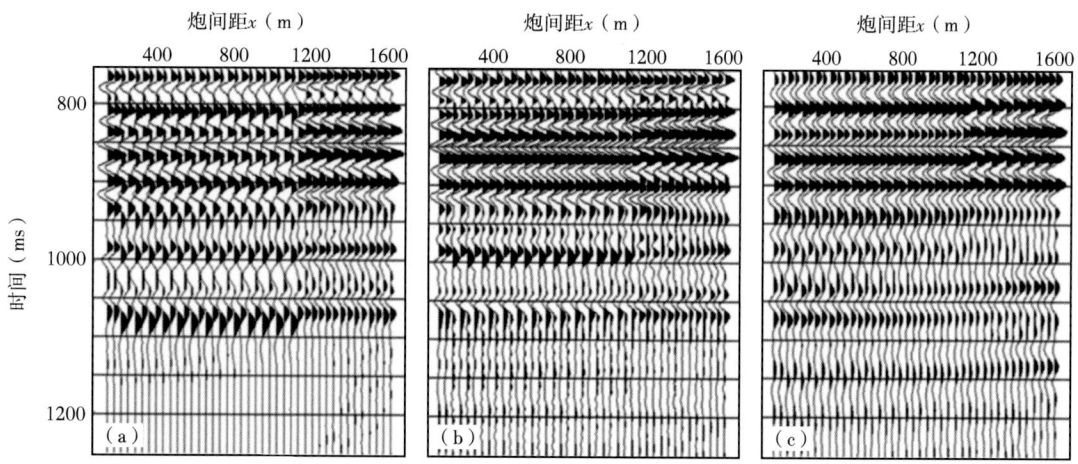

图 7-3 原始数据(a)、常规地表一致性反褶积(b)和目标函数驱动地表一致性反褶积(c) CMP 道集

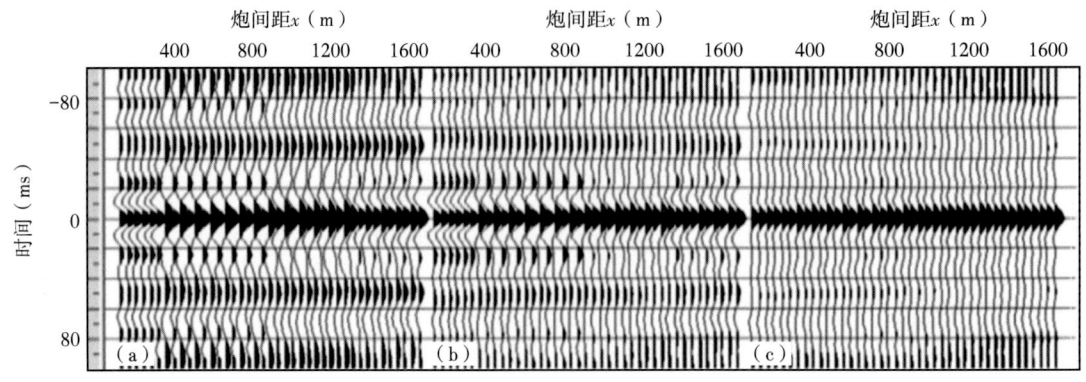

图7-4 原始数据（a）、常规地表一致性反褶积（b）和目标函数驱动地表一致性反褶积（c）自相关函数

三、参数优选和质量控制

时窗、反褶积算子长度、白噪系数和预测步长是地表一致性反褶积的基本参数。地震记录的自相关是地表一致性反褶积算法的基础数据，它来源于所定义时窗内的地震数据。因此，时窗的定义及其时窗内地震数据的质量对反褶积效果具有较大影响。一般而言，不同炮检距的时窗应该尽量包含同一套地震反射且尽量避开折射波等干扰波的影响。另外，由于地表一致性反褶积隐含有白噪反射系数假设，因此，时窗的长度不宜过短，以免在自相关估算中引入反射系数的影响。反褶积效果对算子长度不是十分敏感，总体原则是宜大不宜小，一般以地震子波长度的2~3倍为宜。反褶积的效果对白噪系数也不是十分敏感，该参数是一个相对稳定的参数，其大小与原始资料的信噪比有关，信噪比高的资料可选择较小的白噪因子。白噪系数也控制着反褶积压缩子波的程度，系数越小压缩子波的能力越强，但对较大的步长，白噪系数对反褶积效果不敏感。

在以上的四个参数中，预测步长对反褶积效果影响最大，是地表一致性反褶积的主要实验参数，需要反复实验、认真对比、仔细筛选。图7-5展示了新疆油田某区块进行地表一致性反褶积预测步长筛选的实验。对不同预测步长的结果分别从自相关函数、叠加剖面和频谱三方面进行对比分析，通过自相关和频谱考察其压缩子波的能力，通过自相关函数的一致性和地震反射特征的一致性考察其消除子波横向变化的能力，通过综合分析确定预测步长。

图7-6是控制点上地表一致性反褶积前后自相关函数监控对比，反褶积之后地震子波旁瓣较少、能量聚焦，波形一致。图7-7是控制线上反褶积前后叠加剖面及其频谱的监控对比，反褶积之后叠加剖面的高频分量拓宽了约10Hz，波组关系和波组结构也得到了明显改善。

在完成了控制点和控制线的分析之后，还要对反褶积之后的整体质量进行评价和分析。在有测井数据的情况下，可以采用叠前合成记录对反褶积之后的AVO保幅性能进行分析。图7-8是基于叠前合成记录对反褶积之后地震数据的保幅性进行分析的实例，可以看出，无论从反射特征的定性对比上，还是从AVO曲线的定量分析上，地表一致性反褶积之后的AVO特征与测井合成的AVO特征具有高度的一致性，表明地表一致性反褶积很好地消除了

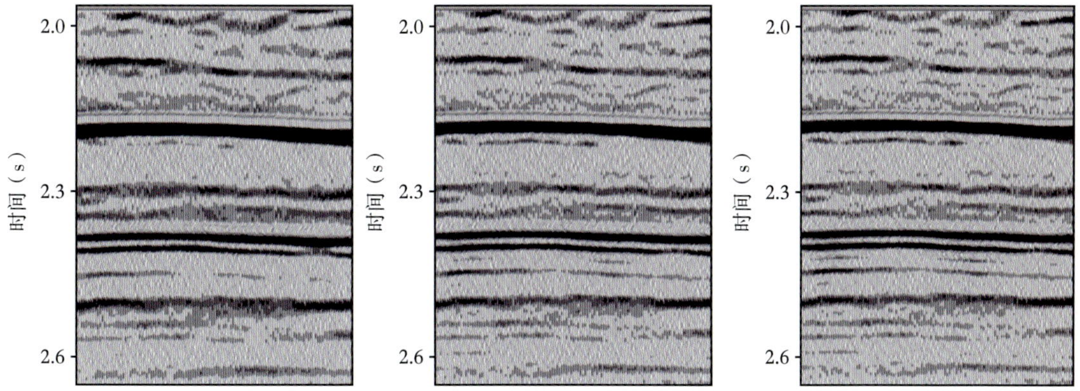

(a) 不同预测步长叠加剖面

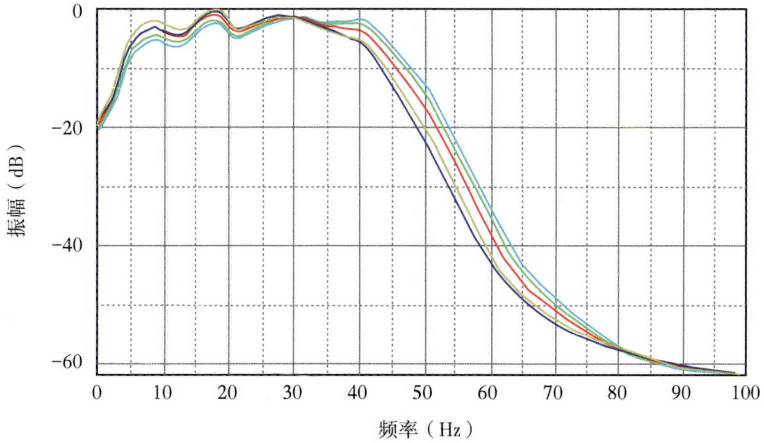

(b) 不同预测步长的振幅谱

图 7-5 综合分析确定地表一致性反褶积参数

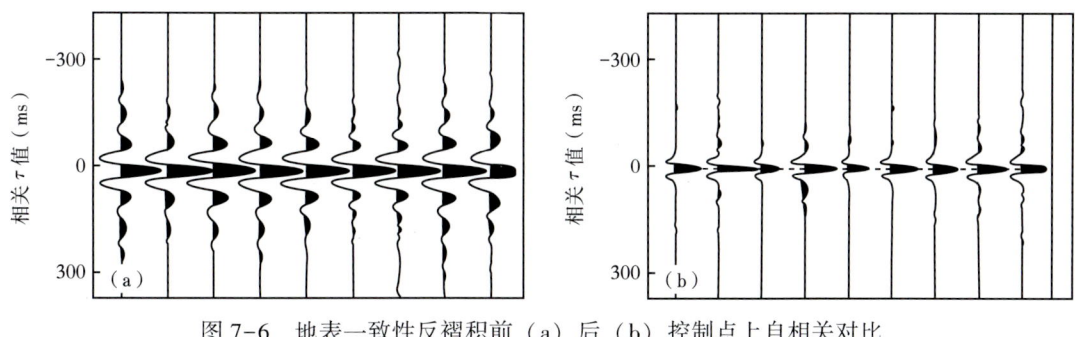

图 7-6 地表一致性反褶积前（a）后（b）控制点上自相关对比

非地质因素对地震子波的影响。切片属性是对处理效果整体检查和全面质控的重要工具，图 7-9 展示了地表一致性反褶积前后自相关函数第一过零点的时差，通过对比可以看出，地表一致性反褶积之后第一过零点属性基本趋于一致。

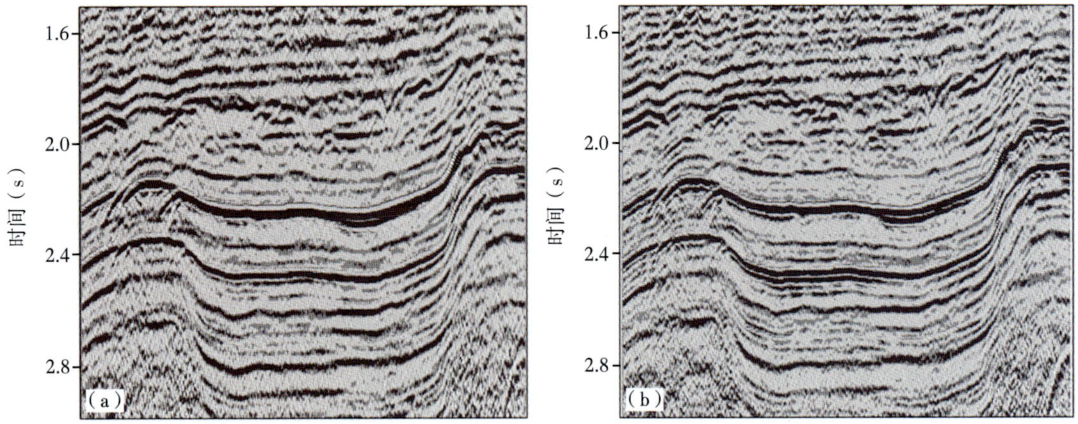

【第七章】 提高分辨率处理质量监控

(a) 地表一致性反褶积前（a）后（b）叠加剖面对比

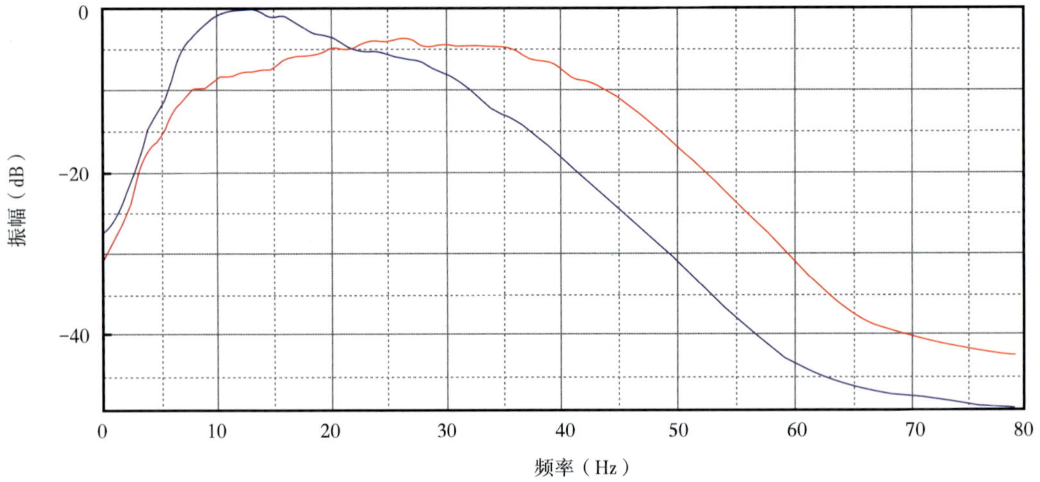

(b) 地表一致性反褶积前（蓝线）后（红线）频谱对比

图 7-7 地表一致性反褶积前后的控制线及其频谱

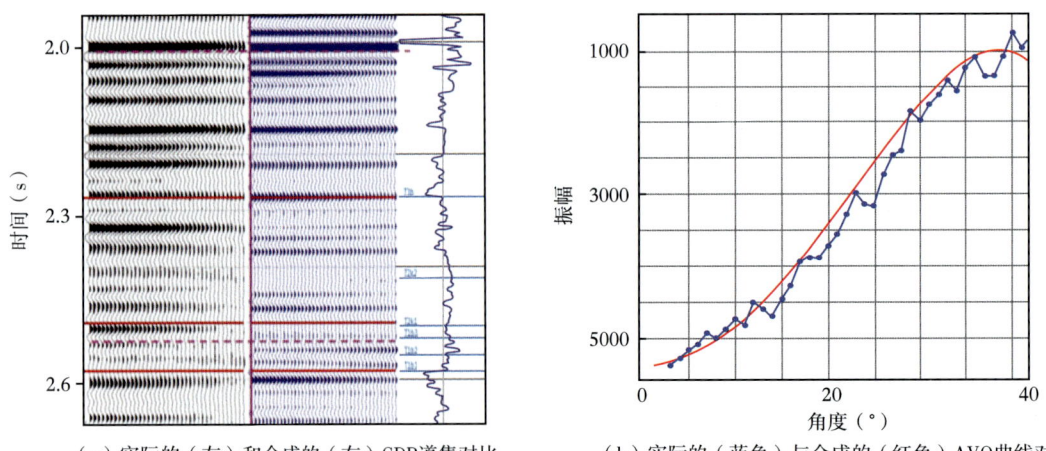

(a) 实际的（左）和合成的（右）CDP道集对比　　　　(b) 实际的（蓝色）与合成的（红色）AVO曲线对比

图 7-8 地表一致性反褶积之后 AVO 反射特征质控分析

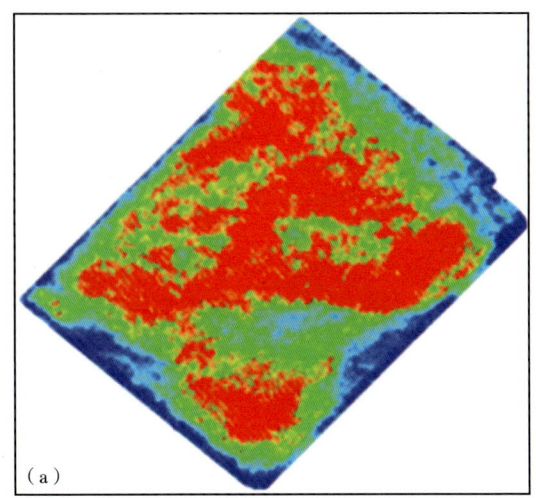
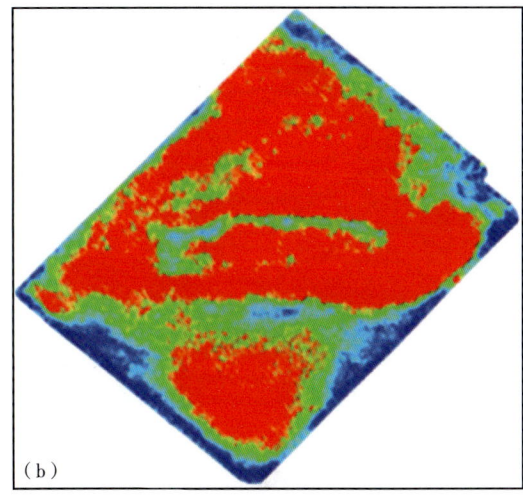

图7-9 地表一致性反褶积前（a）后（b）自相关函数第一过零点属性平面图

第二节 预测反褶积质量监控

预测反褶积最早用于压制海上鸣震产生的多次波，但在实际应用中发现，除了压制多次波之外，当给定的预测步长小于子波长度时，预测反褶积还具有压缩子波的功能；还可以通过调节预测长度，控制子波压缩能力。当预测步长为一个样点时，预测反褶积等价于脉冲反褶积。基于上述认识，预测反褶积的应用范围逐渐由压制多次波转化为提高分辨率处理。该方法操作简单、效果稳定、抗噪性强，已经成为提高分辨率处理的主体技术。在实际应用中，该方法经常与地表一致性反褶积串联应用，通过地表一致性反褶积消除激发和接收因素对地震子波空间变化的影响，然后再通过预测反褶积达到压缩子波提高分辨率的目的，这种组合方式已经成为地震资料处理的常规流程。

一、基本原理

无论是脉冲反褶积、预测反褶积、地表一致性反褶积还是子波整形反褶积，其理论基础都是维纳滤波理论，也可以这样讲，以上反褶积方法都是维纳滤波的具体应用。

维纳滤波具体表述为：已知一个输入信号 $w(t)$ 和一个希望输出信号 $y(t)$，寻找一个滤波器 $a(t)$，使得该滤波器作用在 $w(t)$ 上之后，其实际输出信号 $\hat{y}(t)$ 与希望输出信号 $y(t)$ 在最小二乘意义下最为接近。该问题在数学上可以归结为以滤波器 $a(t)$ 为反演参数的最优化问题：

$$obj = \sum_t [\hat{y}(t) - w(t)]^2 = \sum_t \left[\sum_\tau a(\tau)y(t-\tau) - w(t)\right]^2 \quad (7-6)$$

以上目标函数的解可以写成方程：

$$\sum_{\tau=m_1}^{m_2} R_{ww}(\tau-s)a(\tau) = R_{wy}(s), \quad (s=m_1,\cdots,m_2) \quad (7-7)$$

写成矩阵形式，有：

$$\begin{bmatrix} R_{ww}(0) & R_{ww}(1) & \cdots & R_{ww}(m_2-m_1) \\ R_{ww}(1) & R_{ww}(0) & \cdots & R_{ww}(m_2-m_1-1) \\ \vdots & \vdots & \vdots & \vdots \\ R_{ww}(m_2-m_1) & R_{ww}(m_2-m_1-1) & \cdots & R_{ww}(0) \end{bmatrix} \begin{bmatrix} a(m_1) \\ a(m_1+1) \\ \vdots \\ a(m_2) \end{bmatrix} = \begin{bmatrix} R_{wy}(m_1) \\ R_{wy}(m_1+1) \\ \vdots \\ R_{wy}(m_2) \end{bmatrix}$$

(7-8)

以上方程称为维纳滤波方程，其中，$R_{ww}(t)$ 为输入子波自相关，由它构成的矩阵称为托布里兹（Toeplitz）矩阵，$R_{wy}(t)$ 为希望输出子波与输入子波的互相关，$a(t)(t=m_1,\cdots,m_2)$ 是估算的维纳滤波器，m_1 是滤波器的起始时间，m_2 是滤波器的终止时间，滤波器的长度为 m_2-m_1+1。

由维纳滤波理论可以看出，通过计算输入子波的自相关以及输出子波与输入子波的互相关就可以构建一个维纳滤波方程，并由此得到一个子波整形滤波器，该滤波器能够将一个子波改造为另外一个子波。若能够利用维纳滤波将一个延续时间较长的子波改造为一个延续时间较短的子波，则地震数据的分辨率也会得到相应改善。但是，对于实际地震记录而言，一般很难估算实际记录中的地震子波，为此不得不引入预测反褶积的第一个假设，反射系数白噪假设。

地震记录可以表示为地震子波与反射系数的褶积，有：

$$x(t) = w(t) \cdot r(t) \tag{7-9}$$

式中 $x(t)$——地震记录；
$w(t)$——地震子波；
$r(t)$——反射系数。

若假设反射系数为白噪，也就是说其自相关函数为脉冲函数，则有：

$$R_{rr}(t) = \delta(t) \tag{7-10}$$

此时地震子波的自相关近似等于地震记录的自相关，有：

$$R_{ww}(t) = R_{xx}(t) + \varepsilon \cdot \delta(t) \tag{7-11}$$

由此可以看出，若反射系数满足白噪假设，则不需要已知地震子波就可以由地震记录计算地震子波的自相关。在得到地震子波的自相关之后，下一个问题是如何在子波未知的情况下，得到维纳滤波方程右端的希望输出子波与输入子波的互相关，由此引入第二个假设——子波最小相位假设。

若子波是最小相位，则其反褶积算子为因果滤波器，即该滤波器在负半轴上的值为 0，由此，可以设定维纳滤波器的起始时间 $m_1=0$。在此基础上，若再要求输出子波是输入子波的一部分，例如，输出子波是输入子波的前 l 个样点，则就可以在未知子波的情况下得到维纳滤波方程右端的希望输出子波与输入子波的互相关。

由此可以看出，预测反褶积需要两个基本假设，即反射系数白噪假设和子波最小相位假设。基于反射系数白噪假设，能够在子波未知的情况下由地震记录的自相关代替地震子波的

自相关。基于子波最小相位假设,能够在子波未知的情况下得到输入子波与输出子波的互相关。实际上,除了以上两个基本假设之外,预测反褶积还隐含另外一个假设,即所谓的稳态子波假设,地震子波在反褶积时窗内是时不变的。

二、主要问题

下面讨论一下当实际数据不能满足预测反褶积的两个基本假设时,预测反褶积可能出现的问题和假象。关于白噪反射系数假设的影响,将在后面的谱白化反褶积中进行讨论,这里主要讨论最小相位假设对预测反褶积的影响。图7-10展示了对主频为30Hz的零相位雷克子波进行最小相位预测反褶积的结果。就振幅谱而言,预测反褶积之后拉平了有效频带之内的频率分量,似乎达到了提高分辨率的目的,但是就反褶积前后的地震子波而言,反褶积之后的子波能量发散、旁瓣增加,存在多个所谓的续至相位,分辨能力并没有得到改善。李国发等(2012)基于新疆地区碳酸盐岩储层模型数据就混合相位子波对预测反褶积的影响进行了更加深入的实验分析。图7-11是碳酸盐岩缝洞型储层地震模型,碳酸盐岩内部反射界面的波阻抗差异较小,但其上覆不整合面是一个较强的波阻抗界面。图7-12是零相位雷克子波合成地震记录及其预测反褶积的结果,可以看出,反褶积之后不整合面的强反射出现了多个续至相位,这些续至相位淹没了碳酸盐岩内幕的弱反射信号,干扰了碳酸盐岩内幕的地质解释。图7-13是新疆地区碳酸盐岩储层实际地震数据预测反褶积的结果,强反射的续至相位对碳酸盐岩内幕干涉十分严重。通过前面的模型分析可以推测出,非最小相位地震子波与预测反褶积的矛盾是产生该现象的根本原因。

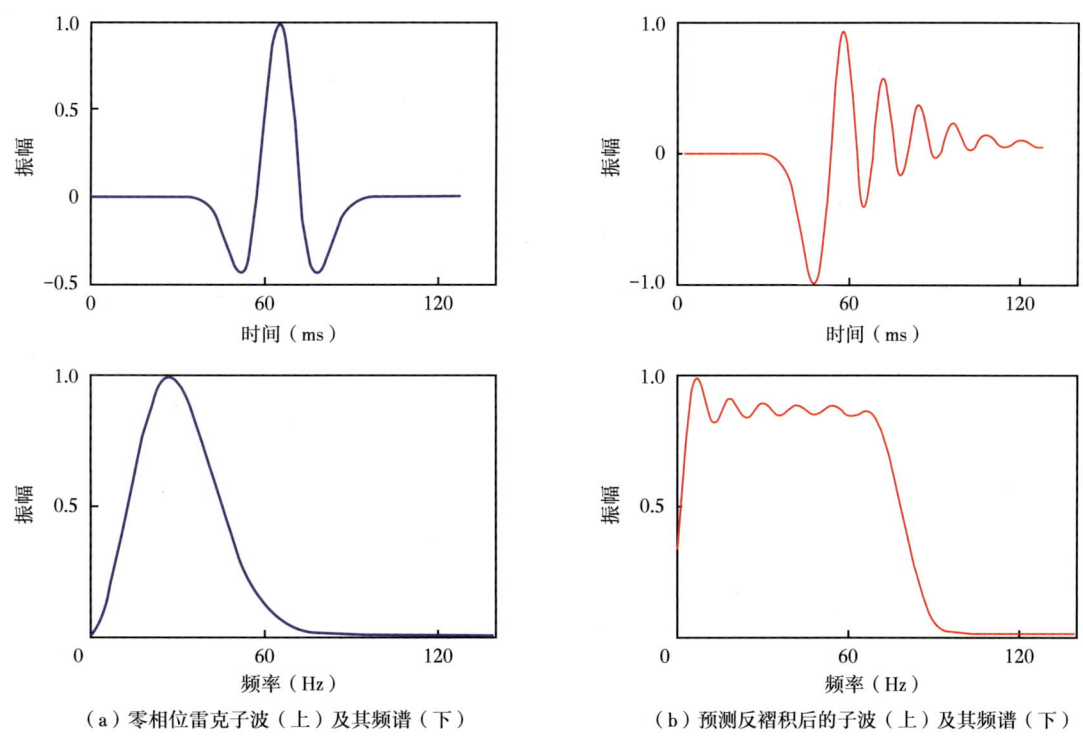

(a)零相位雷克子波(上)及其频谱(下)　　(b)预测反褶积后的子波(上)及其频谱(下)

图7-10　零相位雷克子波预测反褶积实验分析

【第七章】 提高分辨率处理质量监控

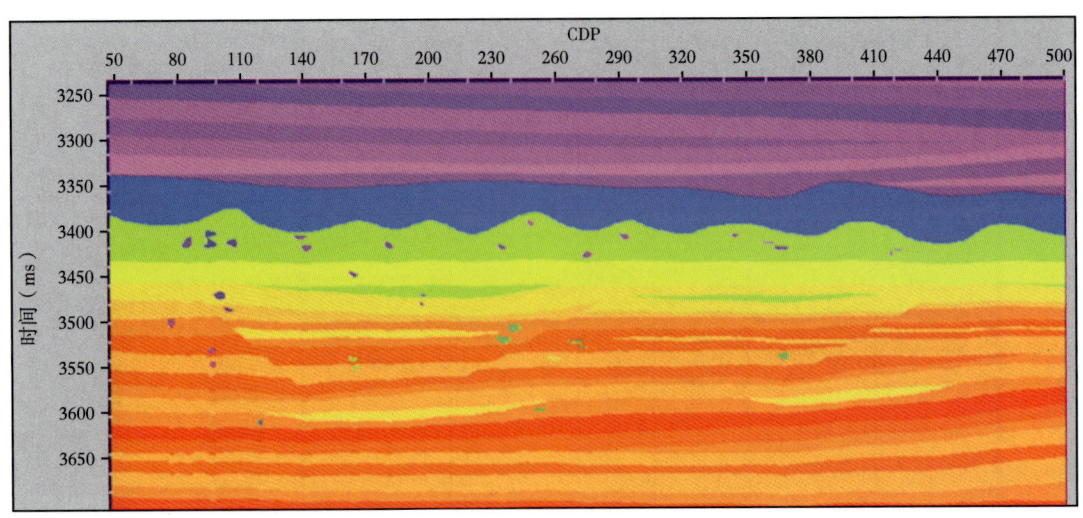

图 7-11 碳酸盐岩缝洞型储层地质模型

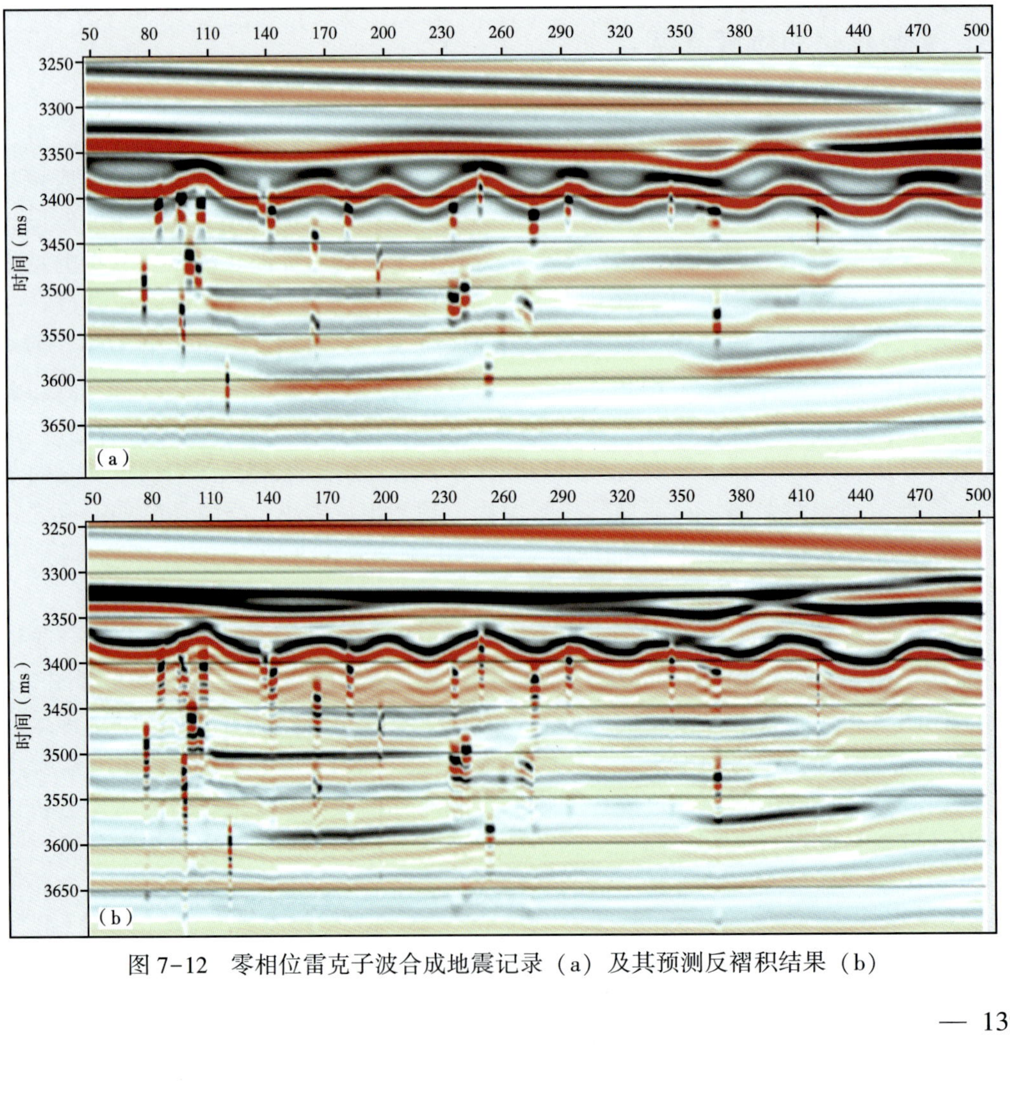

图 7-12 零相位雷克子波合成地震记录（a）及其预测反褶积结果（b）

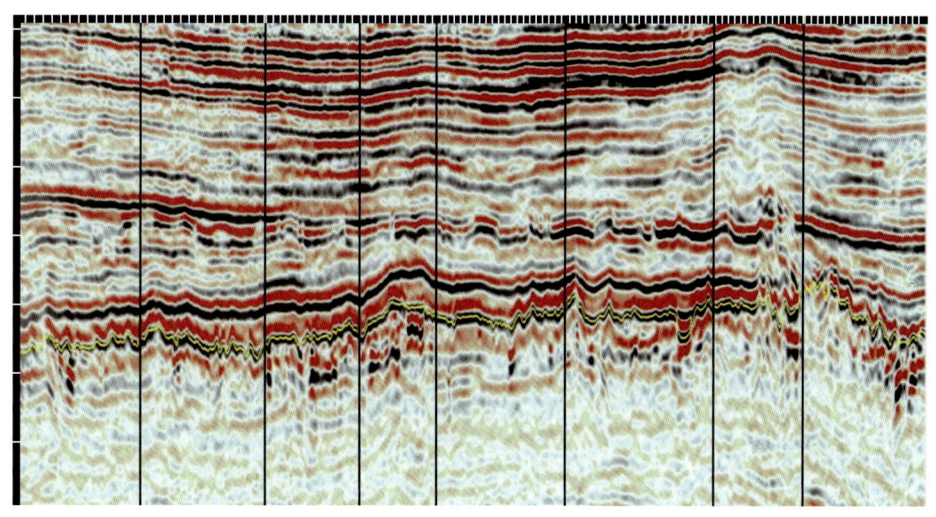

图 7-13　新疆地区碳酸盐岩储层地震数据预测反褶积的结果

三、参数优化和质量监控

与地表一致性反褶积类似，预测反褶积的主要参数也包括算子计算时窗、算子长度、白噪系数和预测步长。前三个参数的主要功能和优选原则在地表一致性反褶积中已经进行了讨论，不再赘述。需要说明的是，为满足反射系数白噪假设，反褶积算子计算时窗应该尽量大一些，以消除反射系数对子波自相关函数估算的影响。但是，为满足时不变子波假设，反褶积算子估算时窗应该尽量短一些。这两个要求是相互矛盾的，需要依据试验分析的结果择优确定。与地表一致性反褶积一样，预测步长也是预测反褶积最为关键的控制参数。一般而言，预测步长越小，分辨率越高，其噪声放大效应越强烈；反之，分辨率低一些，但对信噪比的破坏作用也小一些。因此，预测算子长度可以作为分辨率和信噪比的平衡参数，通过调整预测步长，达到分辨率和信噪比的相对和谐。另外，根据中国石油大学（华东）张军华等人的实验分析，预测步长也影响着反褶积的保幅性能。由于预测反褶积的本质是对子波进行改造，很难做到绝对保幅，只能做到相对保幅。预测步长越小，保幅性越弱；反之，保幅性越好。在有测井数据和 VSP 数据的地区，采用井控反褶积处理应该是一种值得推荐的预测步长优选和质量控制方法。

图 7-14 展示了新疆油田某工区不同预测步长反褶积之后叠加剖面与井数据合成记录的对比，通过对不同预测步长的对比分析，确定最佳预测步长为 24ms。图 7-15 和图 7-16 分别展示了控制点和控制线上反褶积前后的效果对比，预测反褶积削弱了子波的干涉效应，分辨率得到了明显改善，尖灭、超覆及不整合等地质现象更加清晰。图 7-17 是反褶积之后利用连井测线进行质控的情况，通过连井测线上合成地震记录与井旁地震道的对比分析，对波组关系及其反射特征进行考察和评价。图 7-18 展示了反褶积前后主频平面分布图，预测反褶积不仅较大幅度地提高了整个数据体的分辨率，还在一定程度上改善了频率特征在横向上的一致性。

【第七章】 提高分辨率处理质量监控

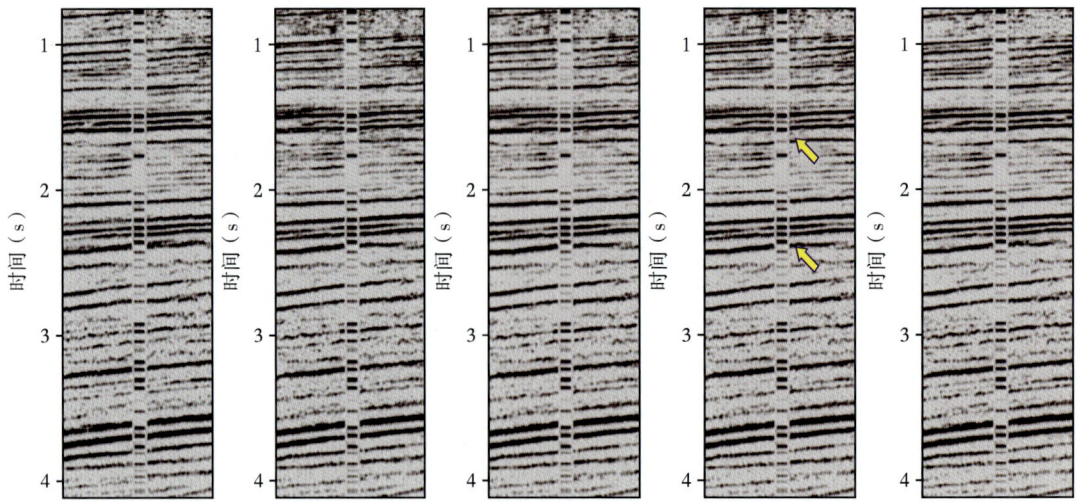

图 7-14 新疆油田某工区不同预测步长反褶积与井数据合成记录对比
（从左到右依次是原始数据和预测步长分别为 8ms、16ms、24ms、32ms 的反褶积结果）

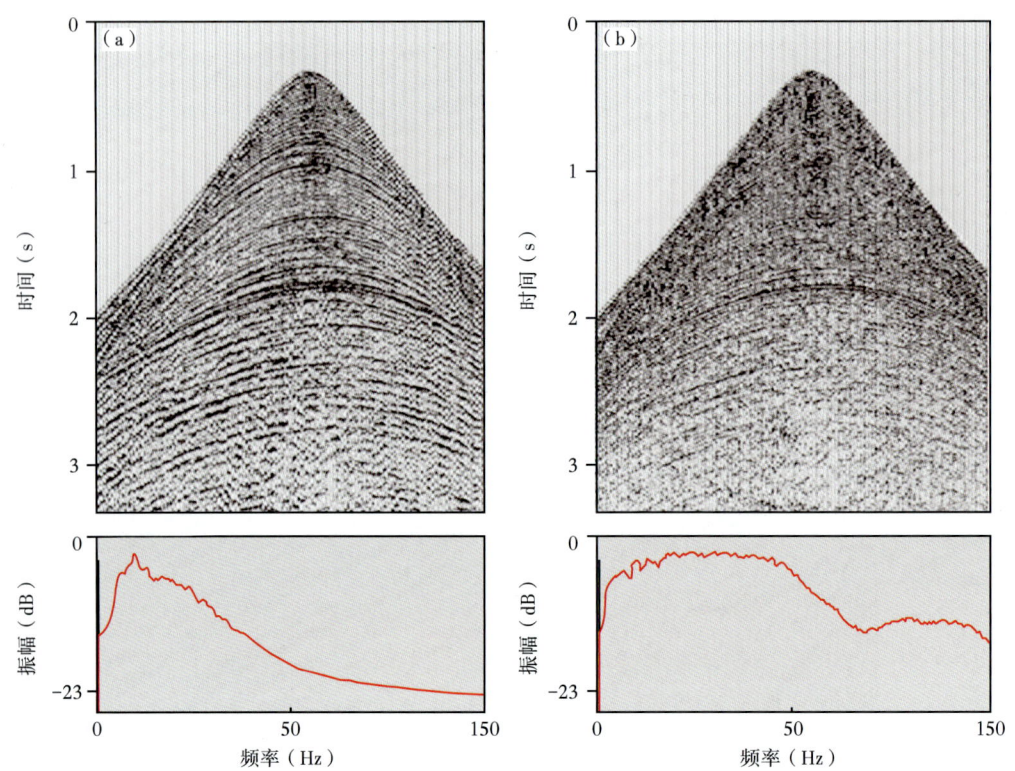

图 7-15 新疆油田某工区控制点上预测反褶积前（a）后（b）的单炮记录及其频谱

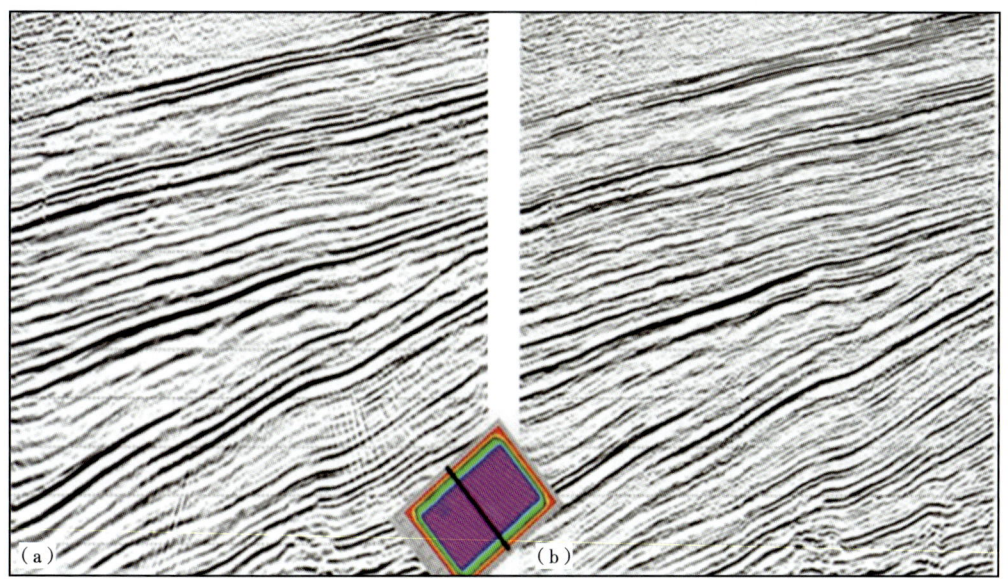

图 7-16 新疆油田某工区控制线上预测反褶积前（a）后（b）效果对比

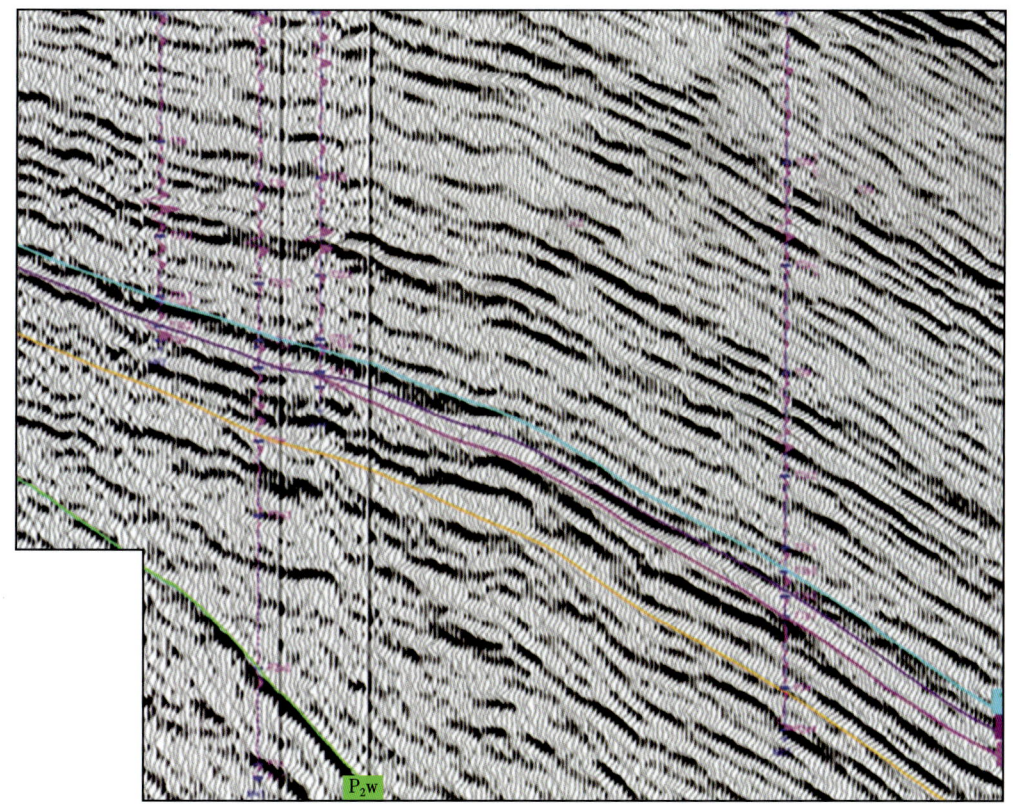

图 7-17 新疆油田某工区预测反褶积之后连井剖面上合成地震记录对比分析

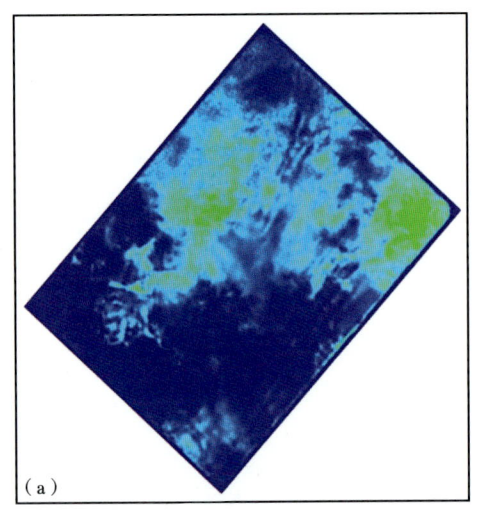 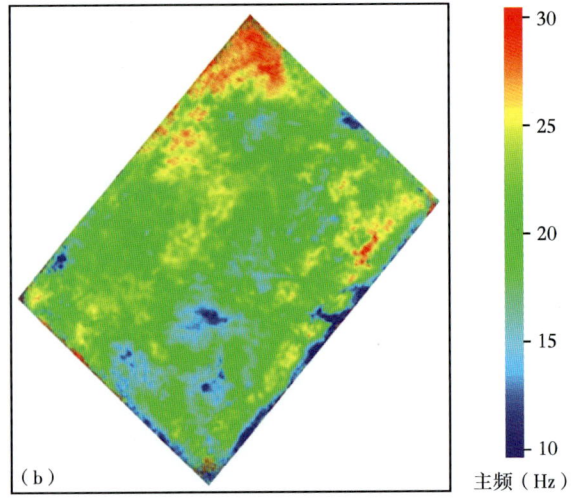

图 7-18 新疆油田某工区预测反褶积前 (a) 后 (b) 的主频平面图

第三节 反 Q 滤波质量监控

实际地层并非理想的完全弹性介质, 地震波在传播过程中总有部分能量发生耗散, 造成了与频率有关的能量衰减。另外, 地震波在黏弹性介质中的传播速度也与频率有关, 不同频率成分具有不同的传播速度, 产生所谓的速度频散现象。地震波在黏弹性介质中的吸收和频散严重降低了地震数据的分辨率, 是中深层地震信号分辨率降低的主要原因。因此, 以消除地震波在黏弹性介质中的吸收和频散为目标的反 Q 滤波技术具有大幅度提高分辨率的理论基础和应用潜力。下面围绕反 Q 滤波的基本理论、主要问题和质控方法展开分析和讨论。

一、地震波的吸收和补偿

假设 Q 与频率无关, Futterman (1962) 提出了黏弹性介质地震波的衰减和频散方程:

$$\frac{\partial^2 U(r,\omega)}{\partial r^2} + k^2 U(r,\omega) = 0 \tag{7-12}$$

式中 $U(r,\omega)$ ——传播距离 r 处、角频率为 ω 的地震波场;

k ——波数。

方程的解析式可表示为:

$$U(r+\Delta r,\omega) = U(r,\omega)\exp(-jk\Delta r) \tag{7-13}$$

其中, $j=\sqrt{-1}$ 是单位虚数, 且距离增量 Δr 可表示为:

$$\Delta r = v(\omega_0)\Delta t \tag{7-14}$$

式中 $v(\omega_0)$ ——参考频率为 ω_0 时地震波的相速度;

Δt ——传播时间增量。

考虑地层吸收效应时，波数 k 为复数，且：

$$k = \frac{\omega}{v(\omega)}\left(1 - \frac{j}{2Q}\right) \tag{7-15}$$

式中　Q——品质因子，描述了黏弹性介质对地震波吸收的强度，定义为地震波在传播一个波长之后，原来储存的能量与所消耗能量的比值。

$v(\omega)$ 描述了地震波的频散情况，表示为：

$$v(\omega) = v(\omega_0)\left|\frac{\omega}{\omega_0}\right|^{\frac{1}{\pi Q}} \tag{7-16}$$

整理以上几个表达式之后得到：

$$U(t+\Delta t, \omega) = U(t, \omega)\exp\left(-\frac{\omega}{2Q}\Delta t\right)\exp\left(-j\omega\left|\frac{\omega}{\omega_0}\right|^{\frac{1}{\pi Q}}\Delta t\right) \tag{7-17}$$

该方程描述了地震波在黏弹性介质中的吸收和频散情况。作为地震波传播的逆过程，反 Q 滤波表示为：

$$U(t+\Delta t, \omega) = U(t, \omega)\exp\left(\frac{\omega}{2Q}\Delta t\right)\exp\left(j\omega\left|\frac{\omega}{\omega_0}\right|^{\frac{1}{\pi Q}}\Delta t\right) \tag{7-18}$$

该方程含有两个指数项，第一个指数项用于补偿地震波吸收和衰减，有：

$$B(t, \omega, Q) = \exp\left(\frac{\omega}{2Q}t\right) \tag{7-19}$$

第二个指数项用于补偿地震波的频散，有：

$$P(t, \omega, Q) = \exp\left(j\omega\left|\frac{\omega}{\omega_0}\right|^{\frac{1}{\pi Q}}t\right) \tag{7-20}$$

以上只是反 Q 滤波的基本方程，围绕该方程有多个不同的实现方法，比较常用的有基于波场延拓的反 Q 滤波和基于非稳态反演的反 Q 滤波；业界在地震资料处理系统中多数采用基于波场延拓的反 Q 滤波方法。

二、Q 值的估算方法

地层吸收造成地震波的频谱特征随着传播时间发生变化，反过来讲，可以利用不同时刻地震波频谱的差异对地层吸收进行定量估算，这是地层 Q 估算的基本依据。地层速度和品质因子是描述地层性质的两个关键参数，从理论上讲，这两个参数都可以用地震数据本身进行反演和估算，但是，速度估算所依据的是地震波的走时差异，而 Q 估算所依据的是地震波的频谱差异，前者属于运动学特征的差异，比较稳定；后者属于动力学特征的差异，影响因素复杂，反演效果不是十分稳定。目前，从地震数据中估算品质因子 Q 的方法很多，包括谱比法、质心频率法、时间上升法和振幅衰减法等十余种方法。尽管方法很多，但其理论基础基本一致，只是在对不同数据的适应性上及其反演结果的稳定性方面有所差异。在这些

方法中，谱比法是物理意义最明确的经典方法，其他方法可以看作是对该方法的补充、完善和发展。

如前所述，黏弹性介质中传播的地震波在频率域表示为：

$$u(r, f) = s(f)q(r)g(f)\exp\left(-\frac{\pi f r}{Qv}\right) \qquad (7-21)$$

式中　r——炮点到检波点的距离；
　　　v——地震波速度；
　　　Q——品质因子；
　　　$s(f)$——震源子波；
　　　$g(f)$——检波器响应；
　　　$q(r)$——包含几何扩散、透射损失等与频率无关的算子。

对距离 r_2 和 r_1 处的振幅谱之比取对数，有：

$$\ln\frac{u(r_2, f)}{u(r_1, f)} = \ln\frac{s_2(f)g_2(f)}{s_1(f)g_1(f)} + \ln\frac{q(r_2)}{q(r_1)} - \frac{\pi f(r_2 - r_1)}{Qv} \qquad (7-22)$$

假设两个接收点具有相同的震源子波和检波器响应，则式（7-22）可简化为：

$$d(\Delta t, f) = \ln[u(r_2, f)/u(r_1, f)] = a - \frac{\pi \Delta t}{Q}f \qquad (7-23)$$

其中，$\Delta t = (r_2 - r_1)/v$，a 是与频率无关的常数。由式（7-23）可以看出：衰减函数，即谱比的对数，是频率的线性函数，且品质因子 Q 可以通过衰减函数的斜率 $p = -\pi\Delta t/Q$，由式（7-24）进行估算：

$$Q = -\frac{\pi \Delta t}{p} \qquad (7-24)$$

利用式（7-24）进行 Q 估算的方法称为谱比法。除了谱比法之外，还有十余种其他的 Q 因子估算方法。Tonn 于 1991 年对不同方法进行对比分析后指出：各种方法互有优劣，没有一种方法完全优于其他方法。由于谱比法不受几何扩散和透射损失等与频率无关因素的影响，因此，谱比法成为目前最为流行的 Q 估算方法。

图 7-19 演示了谱比法计算 Q 因子的过程，图 7-19（a）是主频 70Hz 的雷克子波在 $Q=20$ 的地层中传播 200ms 前后的振幅谱对比，图 7-19（b）是对数谱之比，是一条斜率 $p=-0.0314$ 的直线，由此计算的品质因子 $Q=20$。

实际地震数据会有多个地震信号通过地下地层，为充分利用这些地震信号的衰减信息，一般会采用层析反演的方法对地下吸收结构进行 Q 估算。其中，若采用谱比法建立吸收方程，则称为谱比法层析反演；若采用质心频率建立吸收方程，则称为质心频率层析反演。李国发等（2016）提出了一种能够消除激发信号差异影响的谱比法层析反演，下面简要介绍一下该方法的基本思想。

假设有 ns 炮激发，ng 个检波点接收。则第 i 炮激发、第 j 个检波点接收的地震记录 $x_{ij}(t)$

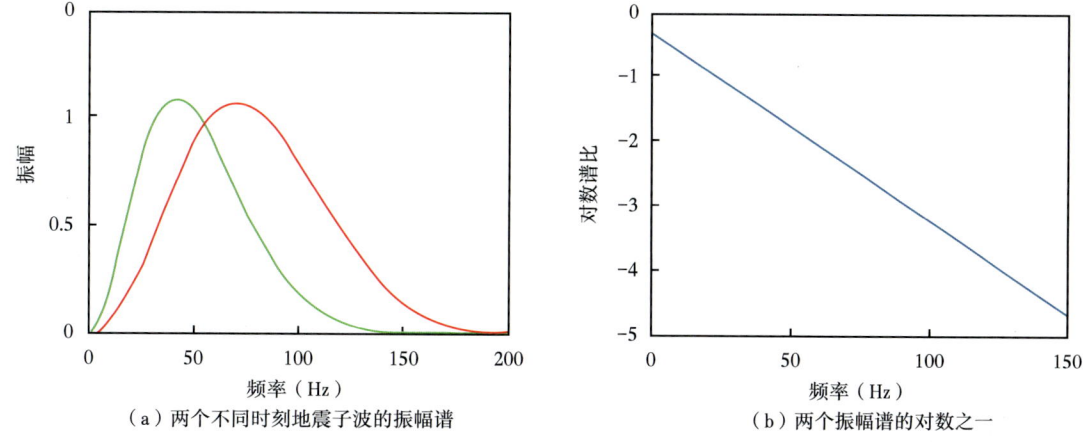

图 7-19 谱比法 Q 估算示意图

在频率域表示为：

$$x_{ij}(f) = q_{ij} \cdot s_i(f) \cdot g_j(f) \cdot \exp\left(\sum_{k=1}^{nl} -\pi f Q_k^{-1} t_{ijk}\right) \quad (7-25)$$

式中 $s_i(f)$——第 i 炮的振幅谱；

$g_j(f)$——第 j 个检波器的响应；

q_{ij}——包含几何扩散和透射损失等与频率无关的算子；

nl——地层的数目；

Q_k^{-1}——第 k 层的逆品质因子，也称为吸收系数；

t_{ijk}——地震波在第 k 层的传播时间。

对式（7-25）两边取对数，有：

$$\bar{x}_{ij}(f) = \bar{q}_{ij} + \bar{s}_i(f) + \bar{g}_j(f) - \pi f \sum_{k=1}^{nl} Q_k^{-1} t_{ijk} \quad (7-26)$$

其中，变量上方的符号（-）代表对数运算。为消除炮点 $\bar{s}_i(f)$ 的影响，将第 i 炮的某个地震记录，例如将第一个地震道作为参考道，然后，将该炮激发的其他地震记录的对数谱与参考道的对数谱相减，则：

$$\bar{y}_{ij}(f) = \bar{b}_{ij} + \bar{g}_j(f) - \bar{g}_1(f) - \pi f \sum_{k=1}^{nl} Q_k^{-1} \Delta t_{ijk} \quad (7-27)$$

其中，$\bar{y}_{ij}(f) = \bar{x}_{ij}(f) - \bar{x}_{i1}(f)$，$\bar{b}_{ij} = \bar{q}_{ij} - \bar{q}_{i1}$，$\Delta t_{ijk} = t_{ijk} - t_{i1k}$。假设所有的检波器具有相同的自然频率和耦合响应，则式（7-27）可简化为：

$$\bar{y}_{ij}(f) = \bar{b}_{ij} - \pi f \sum_{k=1}^{nl} Q_k^{-1} \Delta t_{ijk} \quad (7-28)$$

式（7-28）构成一个包含 $ns \cdot (ng-1)$ 个方程的线性方程组，其矩阵形式表示为：

$$\begin{vmatrix} \boldsymbol{y}_1 \\ \boldsymbol{y}_2 \\ \vdots \\ \boldsymbol{y}_{na} \end{vmatrix} = \begin{vmatrix} \boldsymbol{F}_1 & \boldsymbol{I} & \boldsymbol{O} & \cdots & \boldsymbol{O} \\ \boldsymbol{F}_2 & \boldsymbol{O} & \boldsymbol{I} & \cdots & \boldsymbol{O} \\ \vdots & \vdots & \vdots & \cdots & \vdots \\ \boldsymbol{F}_{na} & \boldsymbol{O} & \boldsymbol{O} & \cdots & \boldsymbol{I} \end{vmatrix} \begin{vmatrix} Q_1^{-1} \\ Q_2^{-1} \\ \vdots \\ Q_{nl}^{-1} \\ \bar{b}_1 \\ \bar{b}_2 \\ \vdots \\ \bar{b}_{na} \end{vmatrix} \qquad (7-29)$$

式中 $na = ns \cdot (ng-1)$ ——方程的个数；

$\boldsymbol{I}$——所有元素均为 1 的矩阵；

$\boldsymbol{O}$——所有元素均为 0 的矩阵。

$\boldsymbol{y}_k = [\bar{y}_k(f_1), \bar{y}_k(f_2), \cdots, \bar{y}_k(f_{nf})]^{\mathrm{T}}$ 是由方程（7-28）构成的衰减向量，且 $k = (i-1)(ng-1) + j - 1$，算子 $\boldsymbol{F}_k$ 是吸收配置矩阵，表示为：

$$\boldsymbol{F}_k = \pi \begin{vmatrix} f_1 \Delta t_{k,1} & f_1 \Delta t_{k,2} & \cdots & f_1 \Delta t_{k,nl} \\ f_2 \Delta t_{k,1} & f_2 \Delta t_{k,2} & \cdots & f_2 \Delta t_{k,nl} \\ \vdots & \vdots & \vdots & \vdots \\ f_{nf} \Delta t_{k,1} & f_{nf} \Delta t_{k,2} & \cdots & f_{nf} \Delta t_{k,nl} \end{vmatrix} \qquad (7-30)$$

其中，nf 是频率的个数，将式（7-29）简写为：

$$\boldsymbol{y} = \boldsymbol{Fm} \qquad (7-31)$$

则包含各层品质因子的模型向量 $\boldsymbol{m}$ 可以通过下面目标函数的最小化获得：

$$e = (\boldsymbol{y} - \boldsymbol{Fm})^{\mathrm{T}} \boldsymbol{W}^2 (\boldsymbol{y} - \boldsymbol{Fm}) + \boldsymbol{m}^{\mathrm{T}} \boldsymbol{D}^{\mathrm{T}} \boldsymbol{D} \boldsymbol{m} \qquad (7-32)$$

其中，对角线加权函数 $\boldsymbol{W}$ 强调不同衰减函数对模型空间的贡献，通常选择为与旅行时差成正比，约束算子 $\boldsymbol{D}$ 控制稳定性和计算精度。

李国发等（2017）使用该方法利用微测井地震数据就中国东部油田某工区近地表吸收结构进行了估算，图 7-20 是层析反演方法估算的近地表吸收模型，图 7-21 是基于该模型

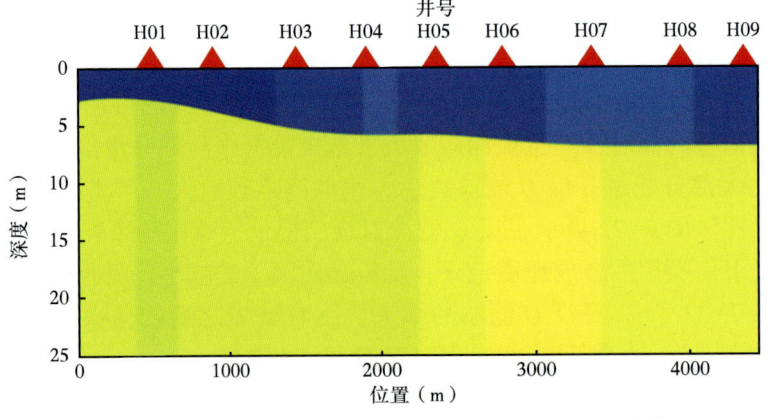

图 7-20 使用微测井地震数据反演的近地表吸收结构

进行近地表吸收补偿前后的叠加剖面，可以看到，经过低速带吸收补偿之后，分辨率得到了一定程度的改善，提高了地震信号识别薄层结构的能力。

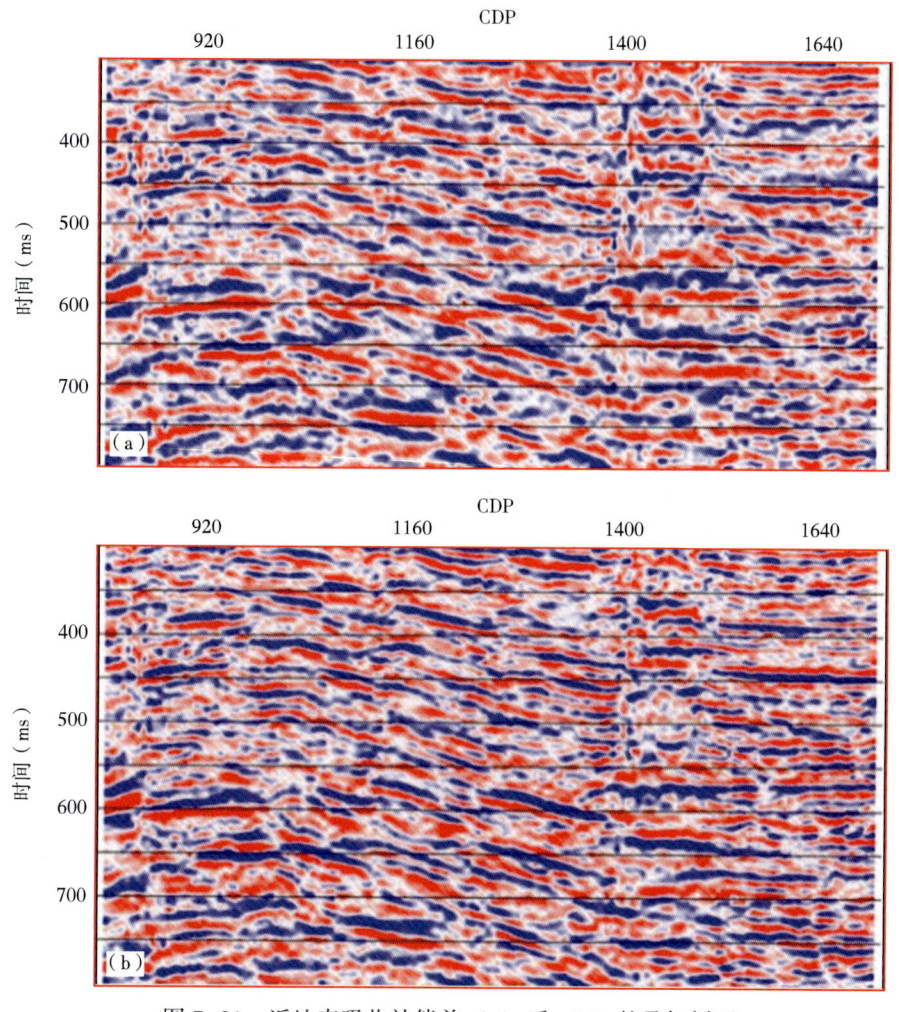

图 7-21　近地表吸收补偿前（a）后（b）的叠加剖面

三、存在的问题

反 Q 滤波是按照传播时间对不同频率的能量进行指数放大的过程，当地震数据中存在噪声时，在放大信号的同时噪声也被相应放大。地震数据中高频分量信噪比较低，噪声往往占据了高频端的大部分能量，反 Q 滤波之后，高频噪声被放大，严重降低了反 Q 滤波之后地震数据的信噪比。图 7-22 展示了反 Q 滤波对地震记录信噪比的影响，图 7-22（a）是不同品质因子情况下信噪比的合成地震记录，随着品质因子的减小，吸收效应增加，中深层信号逐渐减弱。图 7-22（b）是反 Q 滤波的结果，反 Q 滤波之后的信噪比急剧下降。该实验直观地展示了噪声干扰、特别是高频噪声对反 Q 滤波的影响。

为削弱噪声放大对反 Q 滤波信噪比的影响，李国发、马雄等（2017）提出了反射结构约束的多道同时反演地层吸收补偿方法。该方法的基本思想是，基于地震信号的横向可预测

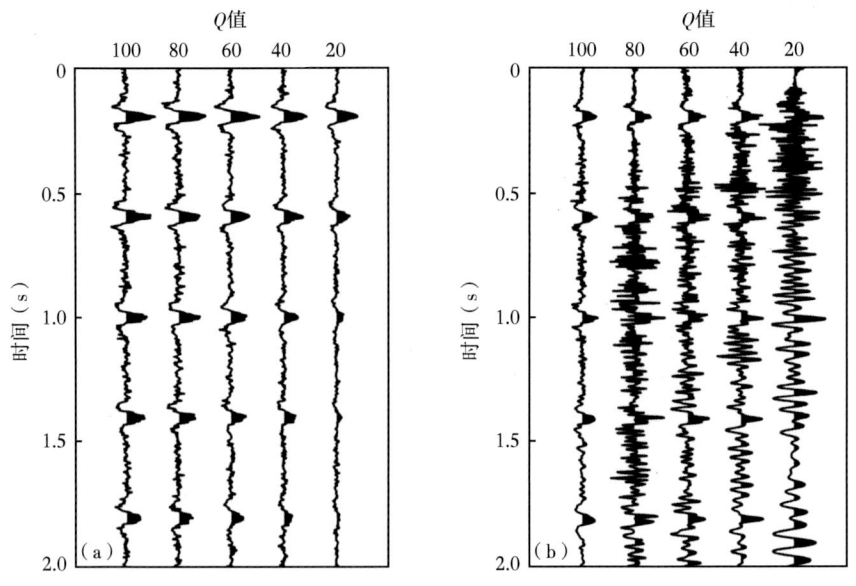

图 7-22 反 Q 滤波对信噪比的影响

性，从地震数据本身估算描述地震信号反射结构表征算子。该算子不仅描述了地震数据的几何结构，还描述了地震数据振幅信息的空间变化，然后将该算子引入到地层吸收补偿反演系统，在地层反射结构约束下，对吸收补偿之后的三维数据体同时进行反演。由于在反演系统中引入了反射结构的三维约束，而噪声干扰不满足表征算子所描述的结构特征，在反演过程中有效抑制了高频噪声的放大效应。图 7-23 展示了该方法与常规反 Q 滤波的效果对比，常规方法严重降低了地震记录的信噪比，而基于反射结构约束的吸收补偿方法在提高分辨率的同时，较好地保持了地震数据的信噪比。

反射结构约束的多道反演吸收补偿方法需要对高维地震数据同时反演，运算量十分庞大，其计算效率尚不能满足三维叠前数据工业化处理的时效要求。目前，业界一般采用设置吸收补偿的最高频率和吸收补偿的最大增益来抑制高频噪声的放大效应，这种方法简单灵活，也没有增加吸收补偿的运算成本，是实际地震资料吸收补偿中经常采用的技术方案。但是，这两个参数需要处理人员进行反复实验才能确定，不仅具有一定的主观性，选择不当还可能导致视觉高分辨率陷阱。图 7-24（a）、（b）是我国东部油田某工区吸收补偿前后的成像剖面，补偿之后地震剖面上同相轴数目增多，分辨率似乎得到了提高，但地质人员在使用这套资料的过程中发现诸多问题，要求地球物理人员对这套资料进行可靠性评价和分析，为此，质控人员根据测井反射系数提取了图 7-24（c）、（d）所示补偿前后的地震子波。可以看出，补偿之后地震子波出现很多旁瓣，且其振幅与主瓣差异不大，是典型的视觉高分辨率"病态"子波，补偿之后地震剖面上的同相轴多为地震反射的旁瓣，而并非薄互层砂体的真实反射。质控人员梳理出了产生上述问题的原因：

（1）虚假的砂体反射来源于不同砂体地震反射的干涉效应；
（2）产生干涉效应的原因是地震子波延续时间过长，且旁瓣较强；
（3）延续时间过长的原因是地震子波的主频较高，但频带过窄；

(4) 频带过窄的原因是低频分量和高频分量相对于主频较弱;
(5) 低频分量较弱的原因是吸收参数选择不当产生的;
(6) 高频能量弱的原因是增益限制造成的。

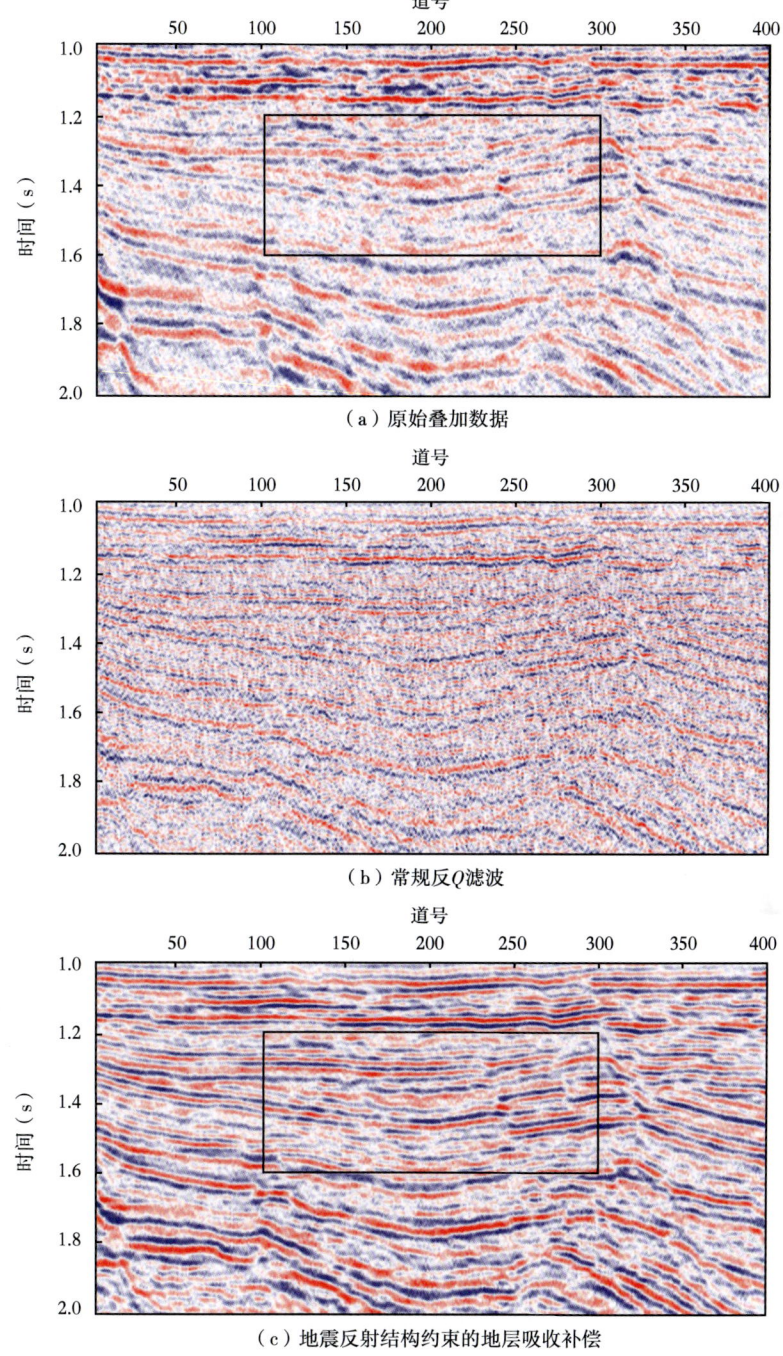

(a) 原始叠加数据

(b) 常规反Q滤波

(c) 地震反射结构约束的地层吸收补偿

图 7-23 反射结构约束的吸收补偿方法应用效果

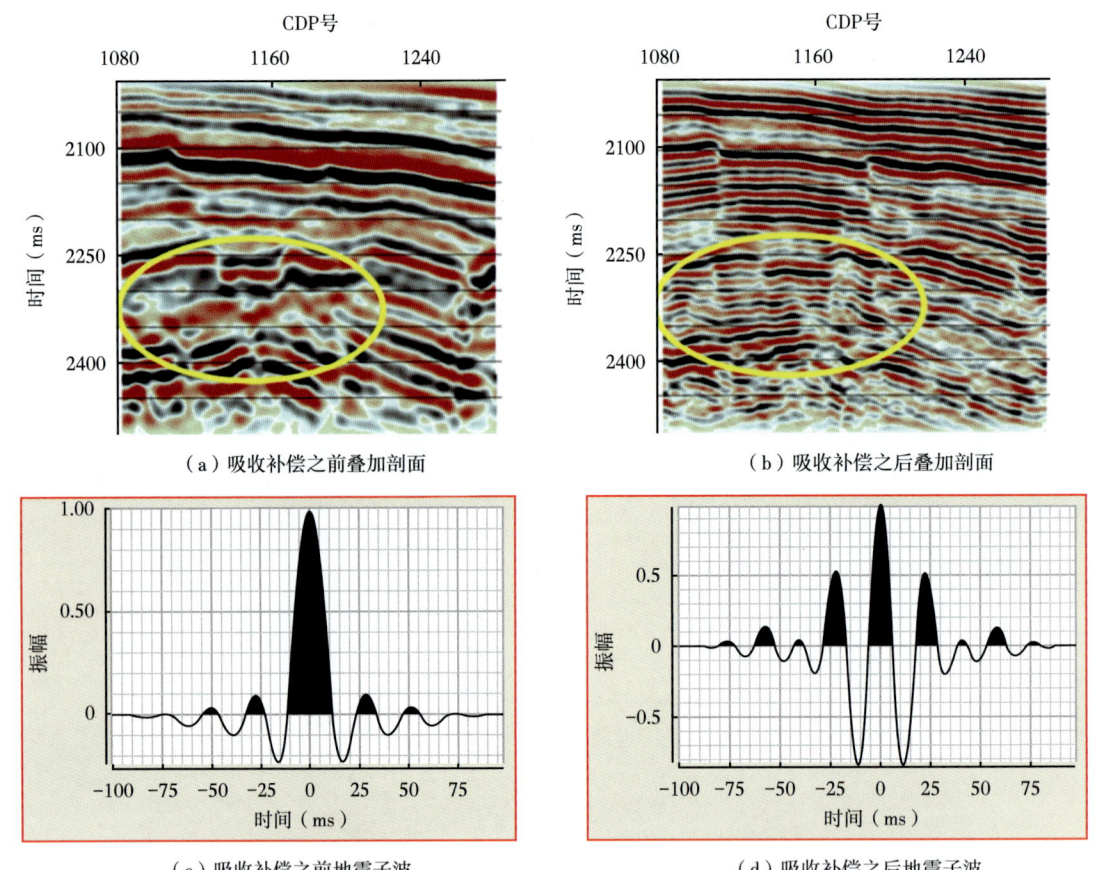

图 7-24 吸收补偿参数导致的视觉高分辨率

四、质量监控

在实际地震资料处理过程中，一般将地层吸收补偿分为两部分，一部分是与近地表吸收有关的补偿，另外一部分是针对近地表之下地层的吸收补偿。虽然两者在理论方法上是一致的，但在地震资料处理中的作用存在一定差异。近地表吸收补偿除了提高分辨率之外，还能够消除近地表吸收对子波横向变化的影响，具有一定的地表一致性处理能力。在完成近地表吸收补偿之后再进行地表一致性反褶积能够更大程度地消除激发、接收和近地表因素对子波横向变化的影响，取得更好的子波一致性处理效果。另外，在完成近地表吸收补偿之后，根据实际情况，可以继续对深层吸收进行反 Q 滤波补偿，也可以选择谱白化、Gabor 反褶积等其他提高地震数据分辨率的方法。

相对于地下的成岩地层，近地表未固结地层对地震波具有更加强烈的吸收效应，严重降低了激发子波的分辨率。另外，近地表吸收结构的横向变化导致地震子波的频率特征和相位特征在横向上出现较大差异，增加了地表一致性子波处理的难度。因此，消除近地表吸收对地震子波分辨率和横向一致性的影响，在吸收补偿处理中具有更加突出的作用。近地表吸收补偿的关键是建立相对可靠的近地表吸收结构模型，为此，中国石油持续开展了采用双井微

测井对近地表吸收结构进行观测和调查的科研攻关工作,取得了很好的应用效果。新疆油田的地球物理工作者根据新疆油田近地表结构的实际情况,采用微测井观测和地面地震反演相结合的方法,将近地表速度结构融入近地表吸收结构建模工作,提高了近地表吸收结构建模精度。图 7-25 是基于微测井数据建立的近地表吸收结构模型。图 7-26 是基于该模型进行近地表吸收补偿之后对控制点进行质控对比的结果。图 7-27 是补偿之后对控制线进行质控

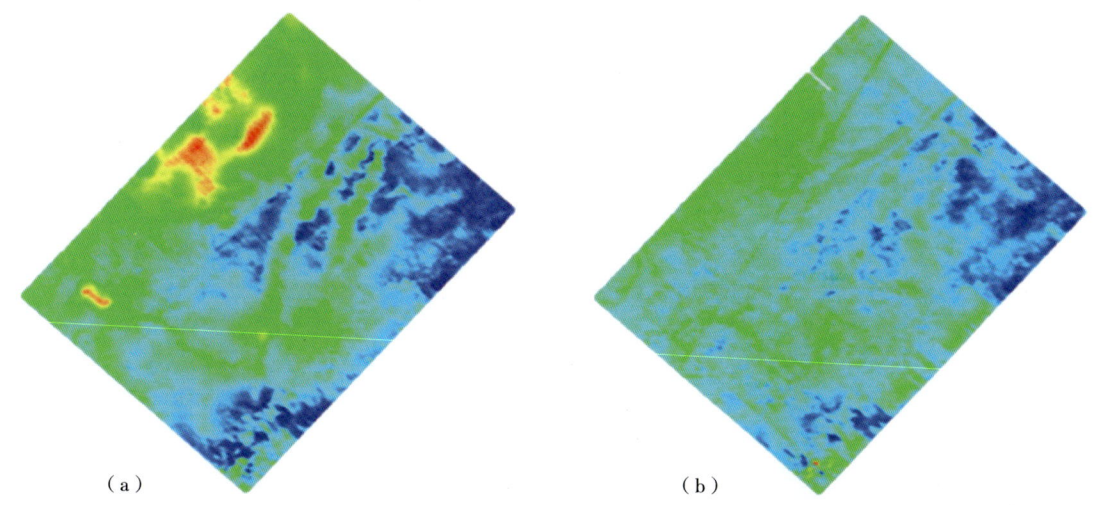

图 7-25 新疆油田某工区近地表厚度(a)和品质因子(b)平面图

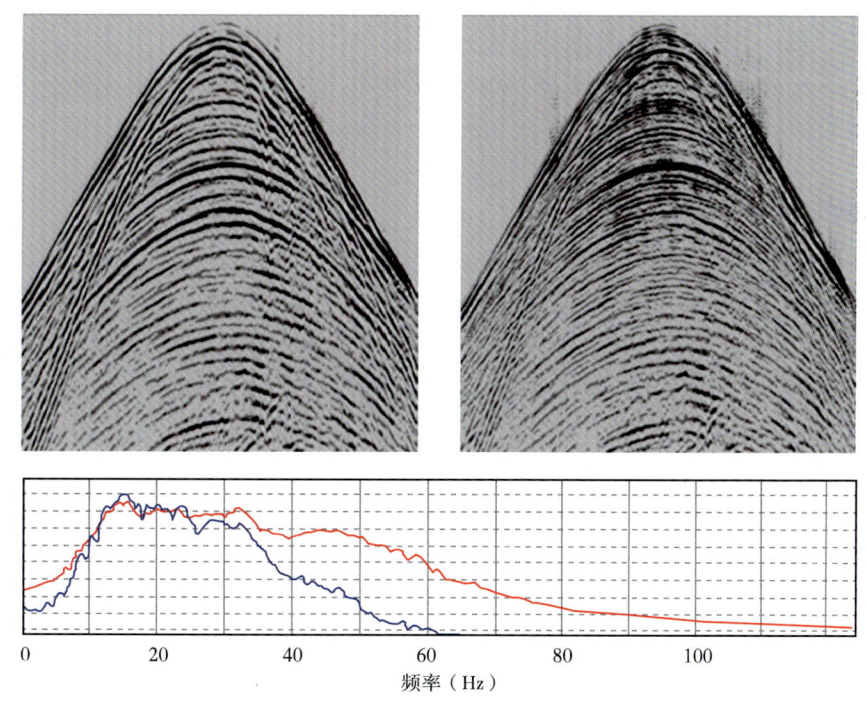

图 7-26 近地表吸收补偿前后控制点上效果对比

对比的结果。吸收补偿之后，单炮记录和叠加剖面上的分辨率和波组关系得到了明显改善。为进一步考察吸收补偿效果的可靠性，图7-28展示了利用合成地震记录进行质控分析的情况。近地表吸收补偿之后，合成地震记录与井旁地震道的相关系数由0.54提高到了0.67，吸收补偿之后两个强反射之间出现了与合成地震记录一致的弱反射信号。在完成控制点和控制线的质控检查之后，再利用地震切片对整个数据体的补偿效果进行整体质控。图7-29是补偿前后的振幅切片对比，近地表吸收补偿之后振幅切片的分辨率和层次关系得到了明显改善。

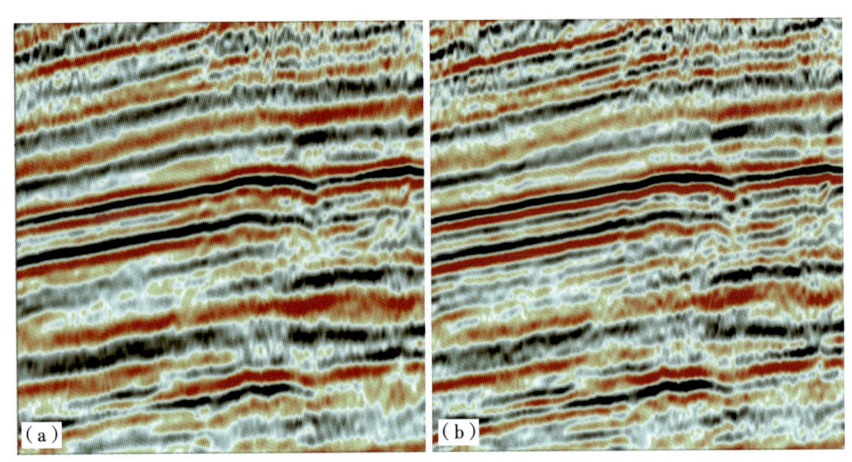

（a）近地表吸收补偿前（a）后（b）控制线效果对比

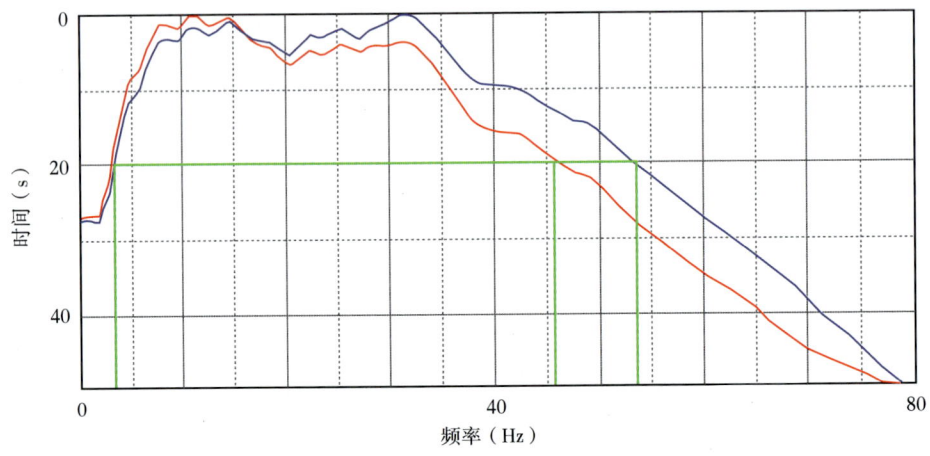

（b）近地表吸收补偿前（红色曲线）后（蓝色曲线）控制线上频谱对比

图7-27　近地表吸收补偿前后控制线上效果对比

在消除了近地表吸收对地震分辨率和子波一致性影响之后，需要进一步消除近地表之下的地层吸收对地震记录分辨率的影响。由于噪声干扰和子波干涉等影响，利用地面地震数据所建立的地下Q模型精度较低，在有VSP数据的地区，需要利用VSP数据估算的Q值对地面地震建立的Q模型进行标定和修正，然后再利用层速度模型对Q模型进行空间平滑。就质量监控而言，地下地层的Q补偿与近地表吸收补偿的监控过程基本类似。需要注意的是，

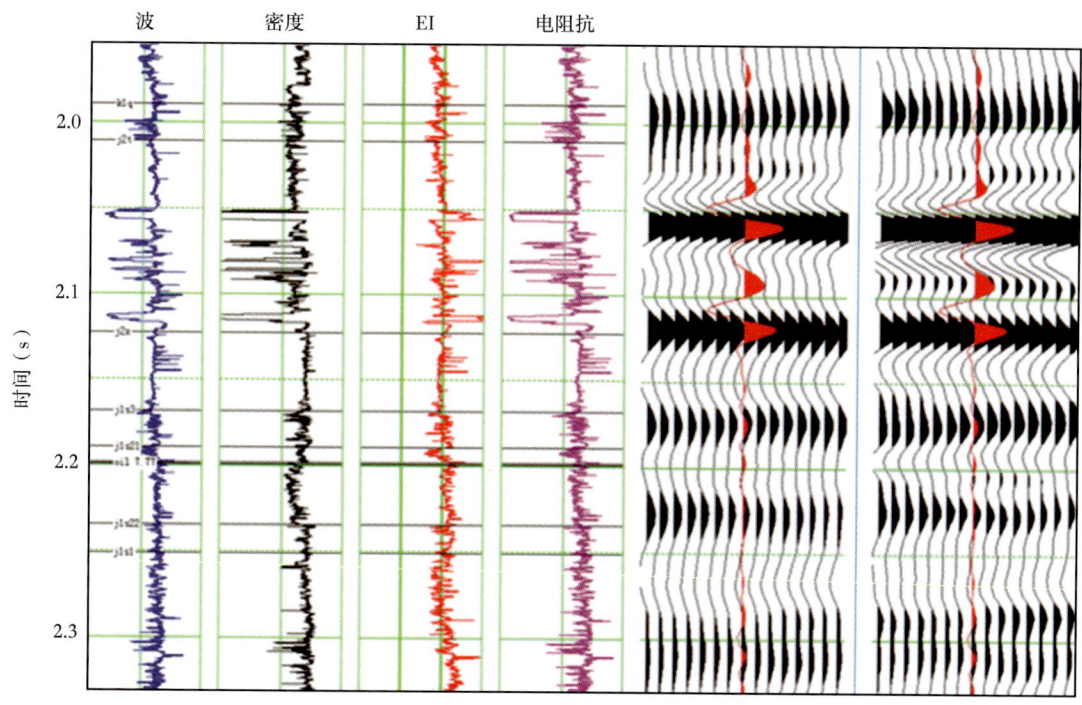

图 7-28 近地表吸收补偿前后合成地震记录质控对比

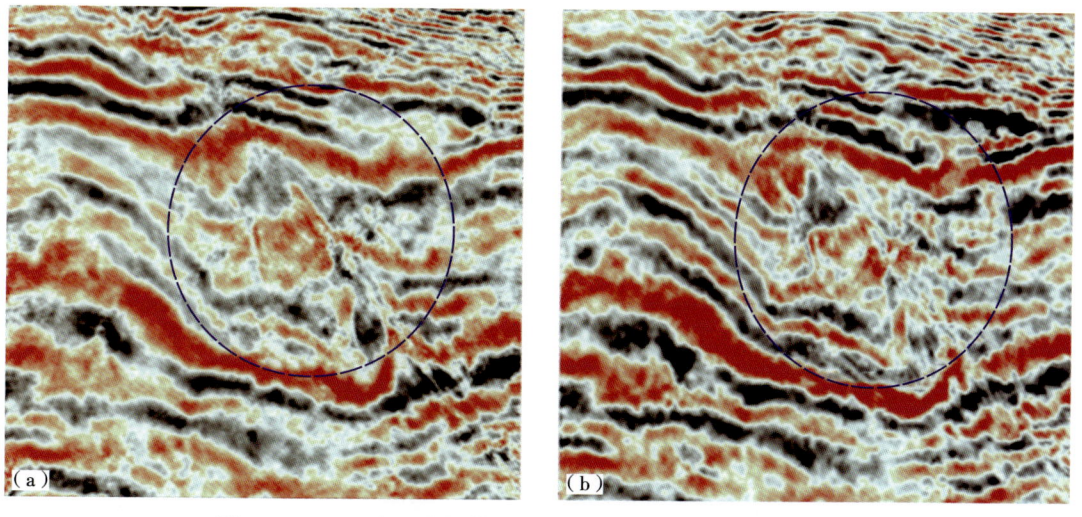

图 7-29 近地表吸收补偿前（a）后（b）振幅切片质控对比

当不能对地下 Q 模型的可靠性进行准确评价时，在宏观结构上，Q 模型应该尽量平滑，避免 Q 模型的异常突变，在取值范围上，应该遵循宜大不宜小的原则，宁可补偿不足也不要补偿过量。图 7-30 是我国东部油田某区块地层吸收补偿前后偏移剖面。为避免高频噪声的放大效应，补偿时采用了相对温和的补偿参数。地层吸收补偿之后，主频增大、频带拓宽，反射结构和反射内幕更加清晰。图 7-31 是利用振幅切片对地层吸收补偿进行质控的情况。

吸收补偿之后，振幅切片更加清晰地展示了断裂系统和地层结构的平面特征，图中红色圆圈所标注区域内存在一构造隆起，其形态和边界十分清晰。

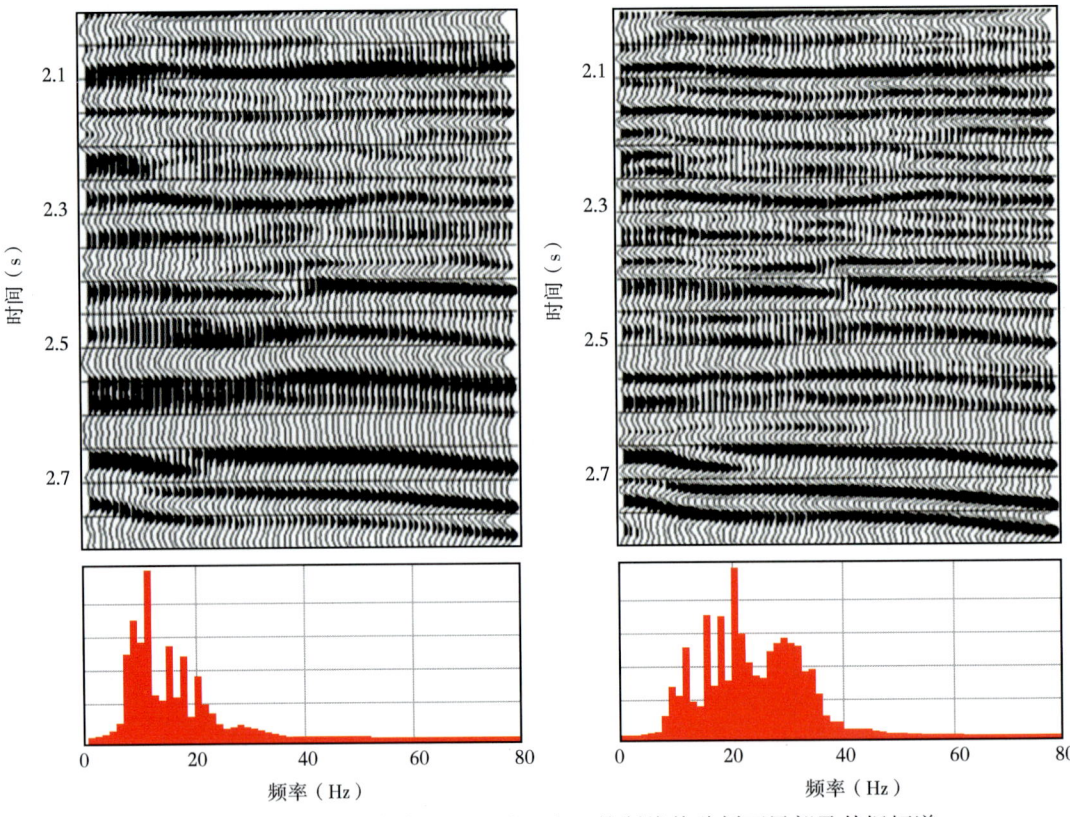

图 7-30 地层吸收补偿前（左）后（右）控制线偏移剖面局部及其振幅谱

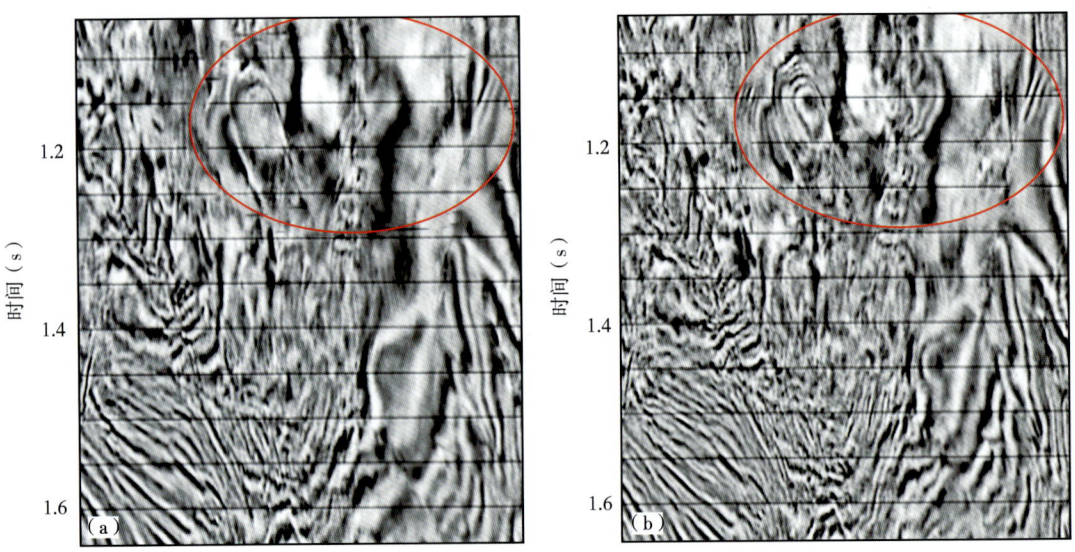

图 7-31 地层吸收补偿前（a）后（b）振幅切片质控对比

第四节 谱白化反褶积

谱白化技术是工业界广泛采用的提高地震记录分辨率的处理技术。众所周知，由于大地的吸收作用，地震波的高频成分损失比低频成分损失严重得多。谱白化方法是将地震记录的振幅谱白化，即在有效频带内将振幅谱拉平，补偿损失的高频成分，达到提高地震资料分辨率的目的，其核心思想是通过调整地震记录不同频带的能量来拓宽地震资料的频带。谱白化分为时间域谱白化和频率域谱白化，其中频率域谱白化又称为谱模拟反褶积。

一、时间域谱白化反褶积

现先简单介绍时间域谱白化反褶积的方法原理。假定有一个输入地震道，振幅随时间衰减，如图 7-32 所示。现在对它进行一系列窄带滤波，将其分解为不同的频带分量，可以看到地震道的低频分量 F_L 衰减速率比中频分量低；同样，中频分量 F_M 的衰减速率又比高频分量 F_H 低。用增益函数 G_1、G_2、G_3 来描述每一个频带的衰减速率。这可以通过计算带通滤波后地震道的包络来实现。然后，将这些增益函数的逆作用到每一个频带上，然后将其叠加起来，就得到谱白化后的地震道。图 7-33 给出了时间域谱白化的实现过程。窄带滤波器的数目、宽度和谱白化后期望输出的频带范围等参数是影响谱白化效果的关键。

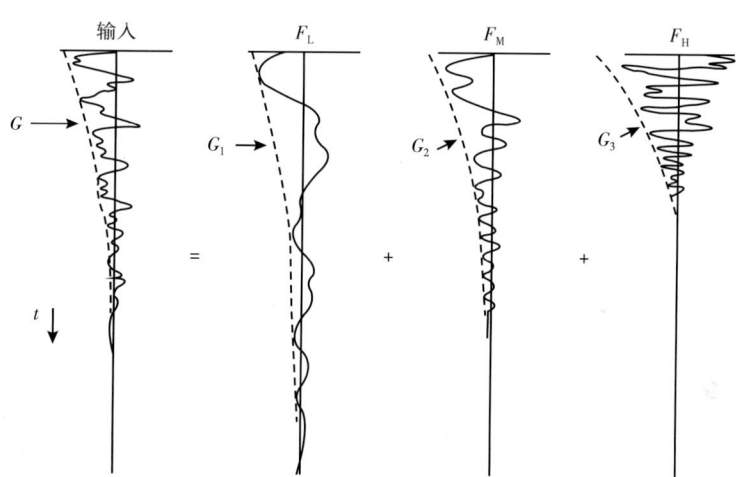

图 7-32　地震道不同频率成分的衰减速率衰减

下面给出了时间域谱白化的具体实现过程：

（1）根据地震记录 $x(t)$ 的频谱特征和提高分辨率的具体要求，确定谱白化之后的最低频率 f_l 和最高频率 f_h；

（2）在 $f_l \sim f_h$ 之间设计 n 个窄带滤波器 $b_i(f)$，$i=1,2,\cdots,n$；

（3）利用 n 个滤波器分别对地震记录 $x(t)$ 进行窄带滤波，得到滤波后的 n 个地震记录；

（4）分别计算窄带滤波地震记录的振幅包络 $g_i(t)$，$i=1,2,\cdots n$；

（5）利用振幅包络 $g_i(t)$ 的逆对窄带地震记录 $y_i(t)$，$i=1,2,\cdots,n$ 进行能量补偿，得到地震记录 $z_i(t)=x_i(t)/g_i(t)$，$i=1,2,\cdots,n$；

【第七章】 提高分辨率处理质量监控

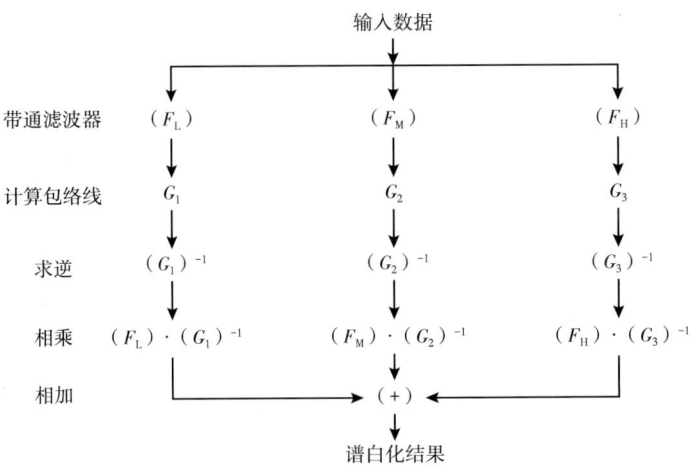

图 7-33 时间域谱白化流程图

（6）对地震记录 $z_i(t)$ 进行能量归一化处理，得到能量归一化后的记录 $z'_i(t)$，$i=1,2,\cdots,n$；

（7）对归一化之后的地震记录求和，得到谱白化反褶积之后的地震记录 $x'(t)$。

图 7-34 是某地区地震资料时间域谱白化前后效果对比，可以看到谱白化之后地震记录的分辨率得到有效改善，波组自然，强弱有序，具有典型的高分辨率地震数据反射特征，较

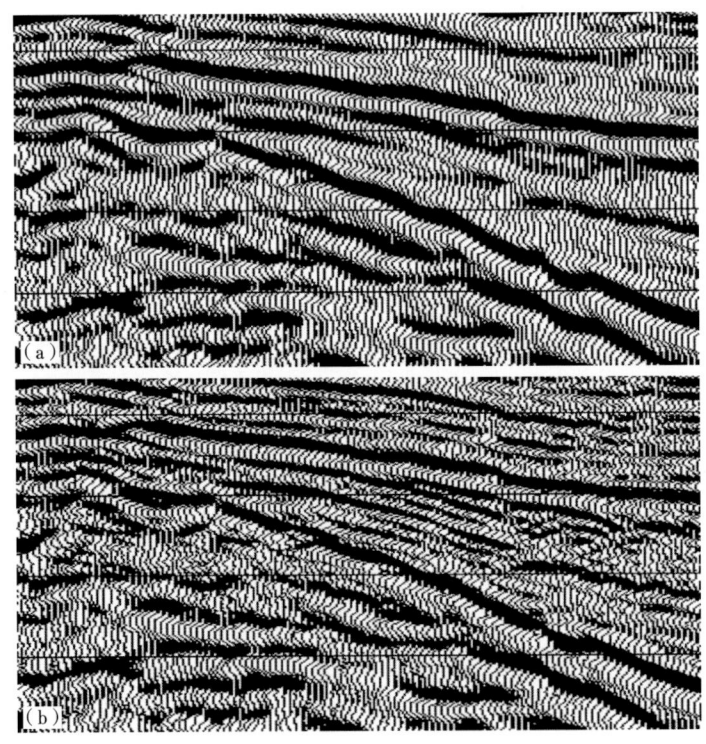

图 7-34 时间域谱白化前（a）后（b）效果对比

好地揭示了薄层结构的内幕结构。

二、频率域谱模拟反褶积

谱模拟反褶积也是实际地震资料处理中经常采用的提高地震资料分辨率的方法。其原理比较简单，核心技术是由地震记录的振幅谱估算地震子波的振幅谱，取得地震子波的振幅谱之后，再利用频域滤波技术将其改造为期望输出子波的振幅谱。

谱模拟反褶积方法假设地震子波的振幅谱可以表示为下面光滑的解析函数：

$$w(f) = f^2 e^{\sum_{n=0}^{L} a_n f^n} \tag{7-33}$$

式中　f——频率；

　　　L——多项式阶数；

　　　a_n——依赖于实际地震记录的待定常数。

设地震记录的振幅谱为 $x(f)$，在最小二乘意义下，令实际地震记录的振幅谱与地震子波的振幅谱最为接近，则有：

$$Q = \sum_{f=f_1}^{f_2} [x(f) - w(f)]^2 \tag{7-34}$$

计算 Q 关于 a_i 的偏导数：

$$\frac{\partial Q}{\partial a_i} = 2 \sum_{f=f_1}^{f_2} [f^2 \exp(\sum_{n=0}^{L} a_n f^n) - X(f)][f^2 \exp(\sum_{n=0}^{L} a_n f^2) f^i] = 0 \tag{7-35}$$

即：

$$\sum_{f=f_1}^{f_2} [f^{4+i} \exp(\sum_{n=0}^{L} a_n f^n) - X(f) f^{2+i}] = 0 \tag{7-36}$$

化简得到：

$$\sum_{f=f_1}^{f_{22}} f^{4+i} \exp(\sum_{n=0}^{L} a_n f^n) = \sum_{f=f_1}^{f_2} X(f) f^{2+i} \tag{7-37}$$

表示为方程组的形式：

$$\begin{cases} f_1^{4+i} \exp(\sum_{n=0}^{L} a_n f_1^n) = X(f_1) f_1^{2+i} \\ f_2^{4+i} \exp(\sum_{n=0}^{L} a_n f_2^n) = X(f_2) f_2^{2+i} \\ \cdots\cdots \\ f_m^{4+i} \exp(\sum_{n=0}^{L} a_n f_m^n) = X(f_m) f_m^{2+i} \end{cases} \tag{7-38}$$

化简后两边取对数有：

$$\begin{cases} \sum_{n=0}^{L} a_n f_1^n = \ln[X(f_1)/f_1^2] \\ \sum_{n=0}^{L} a_n f_2^n = \ln[X(f_2)/f_2^2] \\ \cdots\cdots\cdots \\ \sum_{n=0}^{L} a_n f_m^n = \ln[X(f_m)/f_m^2] \end{cases} \quad (7-39)$$

设矩阵：

$$\boldsymbol{F} = \begin{pmatrix} f_1^0 & f_1^1 & f_1^2 & \cdots & f_1^L \\ f_2^0 & f_2^1 & f_2^2 & & f_2^L \\ \cdots & \cdots & \cdots & & \cdots \\ f_m^0 & f_m^1 & f_m^2 & & f_m^L \end{pmatrix} \quad (7-40)$$

向量：

$$\boldsymbol{A} = \begin{pmatrix} a_1 \\ a_2 \\ a_3 \\ \cdots \\ a_L \end{pmatrix}, \quad \boldsymbol{X} = \begin{pmatrix} \ln[X(f_1)/f_1^2] \\ \ln[X(f_2)/f_2^2] \\ \ln[X(f_3)/f_3^2] \\ \cdots \\ \ln[X(f_m)/f_m^2] \end{pmatrix} \quad (7-41)$$

则方程组可以变为如下矩阵形式：

$$\boldsymbol{F} \times \boldsymbol{A} = \boldsymbol{X} \quad (7-42)$$

解方程（7-42），得到子波表达式的系数。

图 7-35 是利用该方法进行地震子波振幅谱估计的模型实验。图 7-35（a）是雷克子波，图 7-35（b）是地震子波与反射系数褶积得到的合成地震记录，图 7-35（c）是拟随机分布的反射系数序列，图 7-35（d）是反射系数的自相关，图 7-35（e）是地震记录振幅谱、估算子波振幅谱和实际子波振幅谱的叠合显示，估算子波振幅谱与实际子波振幅谱的相似度达到 99%，图 7-35（f）是地震记录自相关、估算子波自相关和实际子波自相关的叠合显示。可以看出，估算彼此之间吻合较好。

图 7-36 是叠后地震资料进行频率域谱模拟反褶积前后的效果对比。地震记录的分辨率得到明显改善，在提高地震记录分辨率的同时，较好地保持了地震记录的信噪比，取得了较为理想的处理效果。

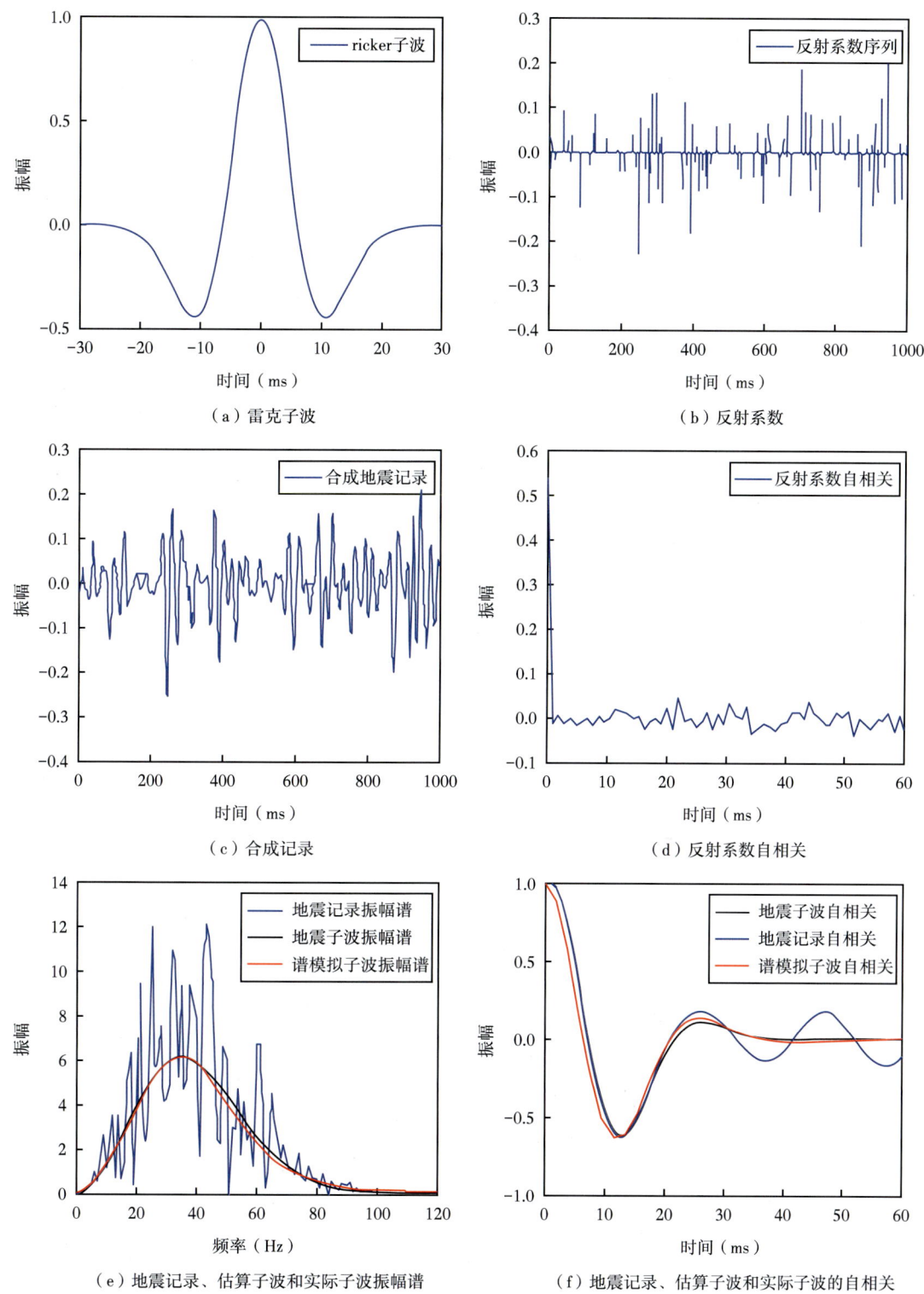

图 7-35　解析法估算地震子波振幅谱

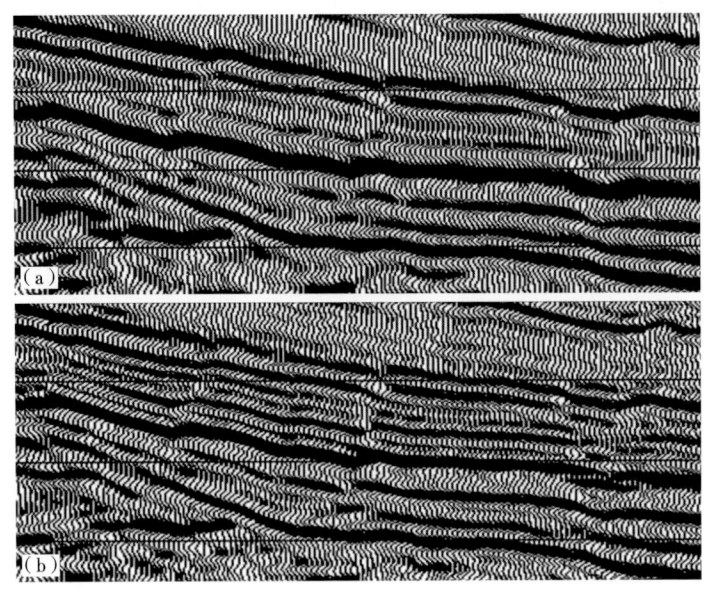

图 7-36 频率域谱模拟前（a）后（b）效果对比

三、有色补偿反褶积

1. 反射系数的颜色

白噪反射系数序列是地震资料反褶积理论的经典假设。随着地质需求对地震资料分辨率要求的日益提高，该假设在实际工作中的矛盾日益凸显出来，成为高分辨率地震资料处理必须面对和解决的关键问题。地层的沉积结构决定了反射系数的颜色，处理结果与实际反射系数序列在颜色上的差异关系到高分辨率地震资料的保真度。大量实际测井数据表明，反射系数的振幅谱不是白色的，其总体趋势呈蓝色特征，即沿高频方向是上升的。传统的脉冲反褶积和谱白化反褶积方法都假设反射系数是白色的，与记录无关，因此反褶积的结果几乎见不到偏蓝的趋势，沿频率方向的起伏也相对缓和。反射系数偏蓝有两层含义：一是它的振幅谱包含丰富的高频成分，缺乏低频成分；二是自相关函数有较强的旁瓣。由于低频成分对自相关的影响很小，因此这个负的旁瓣是由于高频成分引起的。特别地，自相关的正峰和临近的负峰一起近似起到偏导算子的作用，它们对振幅谱有一种"斜坡效应"。

常规的反褶积方法假设反射系数序列是白噪，但实际情况中往往不满足这一假设，图 7-37（a）是白噪序列的自相关函数。在零时刻具有明显的峰值，其他时刻的旁瓣很弱。图 7-37（b）是李国发等基于大港油田多口测井数据统计的反射系数序列自相关函数。与白噪序列的自相关函数相比，具有明显的波谷旁瓣。图 7-38 是多口测井数据统计的反射系数序列振幅谱，其整体趋势呈现低频弱、高频强的蓝谱特征。

图 7-39 是李国发等（2014）基于塔里木油田与大港油田多口测井曲线统计的反射系数序列概率函数曲线。图中黑色条形框是实际概率分布，蓝色曲线为高斯分布函数，红色为柯西分布。可以看出，实际反射系数序列的概率分布函数偏离高斯分布特征，趋近于广义柯西分布描述的概率分布特征。

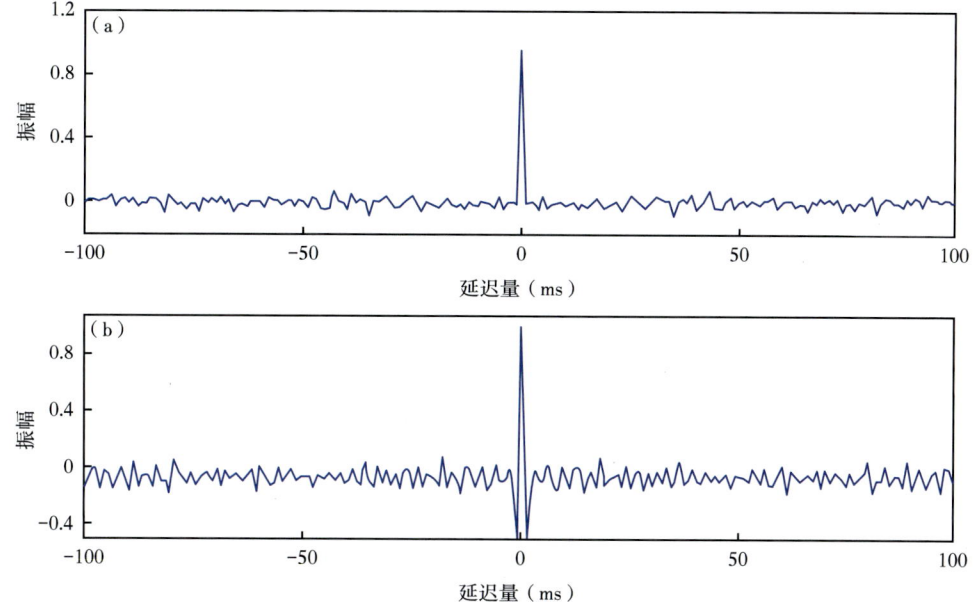

图 7-37　白噪序列自相关函数（a）与实际反射系数序列自相关函数（b）

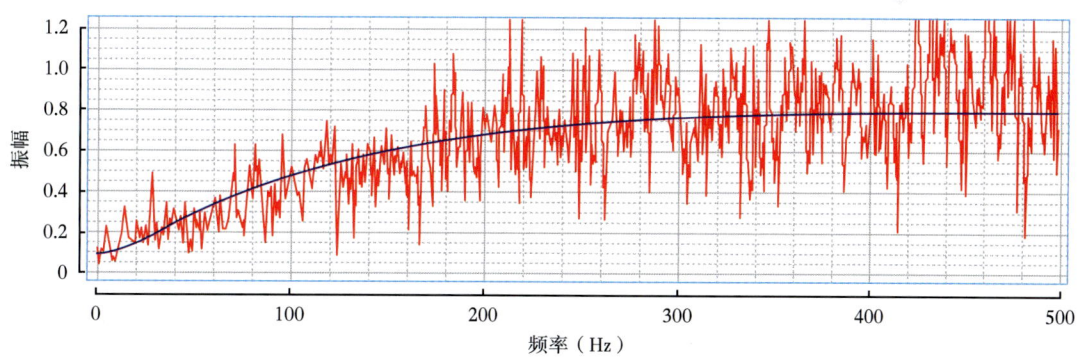

图 7-38　多口测井数据统计的反射系数序列振幅谱

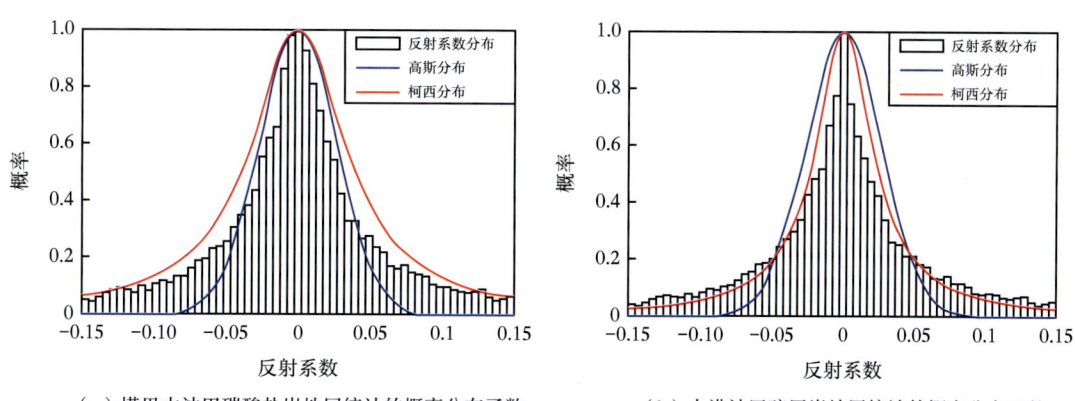

（a）塔里木油田碳酸盐岩地层统计的概率分布函数　　（b）大港油田碎屑岩地层统计的概率分布函数

图 7-39　反射系数概率分布函数

2. 有色补偿反褶积

有色反射系数序列 $r(t)$ 可以用一个白噪序列 $r_w(t)$ 和一个非白噪序列 $r_{nw}(t)$ 的褶积来表示：

$$r(t) = r_w(t) \times r_{nw}(t) \tag{7-43}$$

地震记录为子波与反射系数的褶积，有：

$$x = r_w \times r_{nw} \times w \tag{7-44}$$

假设 w 是最小相位地震子波。于是，地震道的自相关为：

$$c^x = c^{r_{nw}} \times c^w \tag{7-45}$$

这样，估算的白噪反褶积算子 g 是：

$$g = r_{rw}^{-1} \times w^{-1} \tag{7-46}$$

将该反算子作用到地震道，得到：

$$y = x \times g = (r_w \times r_{nw} \times w) \times (r_{rw}^{-1} \times w^{-1}) = r_w \neq r \tag{7-47}$$

显然，输出的反褶积结果不是真正的反射系数。

从以上推导可以看出，当反射系数不是白噪时，常规的反褶积（预测反褶积、谱白化）都存在一定的缺点。因为此时地震道的自相关不是地震子波自相关，而是子波自相关和反射系数非白噪成分自相关的褶积。因此，在提取子波振幅谱之前，先消除地震记录振幅谱颜色的影响，然后再做子波提取。

下面简要介绍一下有色补偿的基本原理。对于图 7-38 所示的非白噪反射系数 $r(t)$，其功率谱的形状可以用斜坡 f^β（$0.5<\beta<1.5$）恰当地表示，即在某一频率之后功率谱才变得真正平坦。Walden 等于 1988 年提出了一个简单的参数化方法，并证明了一阶的自回归滑动平均模型（即一阶 ARMA 模型）可以较好地拟合这类反射系数序列。

根据 ARMA 一阶模型，非白噪反射系数 $r(t)$ 表示为：

$$r(t) - \phi r(t-\Delta t) = b(t) - \theta b(t-\Delta t) \tag{7-48}$$

式中　$b(t)$——白噪序列；

　　　Δt——时间间隔。

其中，参数 ϕ 和参数 θ 描述了反射系数的非白噪性，可以利用拟合法进行估计。将式（7-48）写为褶积的形式：

$$r \times (1,-\phi) = b \times (1,-\theta) \tag{7-49}$$

令：

$$a = (1,-\theta) \times (1,-\phi)^{-1} \tag{7-50}$$

由于 $|\phi|$ 和 $|\theta|$ 的绝对值都小于 1，所以算子 a 是最小相位的：

$$r = b \times a \tag{7-51}$$

对比式（7-43）与（7-51），由于 r_w 与 b 都是白噪序列，所以 r_{nw} 和 a 相等，从而得到

反射系数中的非白噪部分：

$$\tilde{r}_{\mathrm{nw}} = \tilde{a} = (1, -\theta) \times (1, -\phi)^{-1} \tag{7-52}$$

其反算子为：

$$\tilde{r}_{\mathrm{nw}}^{-1} = (1, -\phi) \times (1, -\theta)^{-1} \tag{7-53}$$

将此滤波因子作用于原始地震数据 x，有：

$$x_{\mathrm{w}} = x \times \tilde{r}_{\mathrm{nw}}^{-1} \approx r_{\mathrm{w}} \times w \tag{7-54}$$

即可得到消除非白噪反射系数影响后的地震记录。

从上面的讨论可以看出，由测井数据得出反射系数序列之后，利用 ARMA 模型拟合参数 ϕ 和 θ，即可求得原始地震数据中的非白噪成分，实现反射系数的有色补偿处理。

图 7-40 展示了有色补偿的应用效果，可以看出，有色补偿之后地震数据的分辨率得到明显改善。虽然有色补偿在一定程度上可以提高分辨率，但其最主要作用的应该是提高地震数据真实反映地下结构的能力，为后续属性分析和地震反演提供可靠的基础数据。

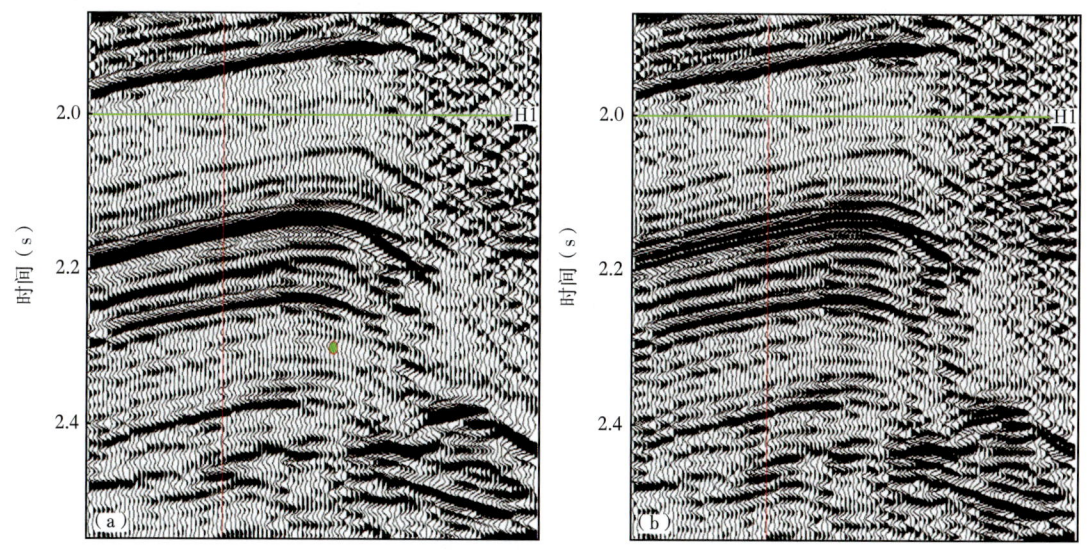

图 7-40 有色补偿前（a）后（b）效果对比

四、注意事项和质量控制

1. 期望输出频带的选择

由于地层吸收的影响，地震信号的高频成分较弱，且受噪声污染较重。在经过常规谱白化处理之后，虽然分辨率得到提高，但高频噪声也被放大，信噪比降低。为了在提高分辨率的同时保持地震数据的信噪比，李国发（2012）提出了基于信号纯度谱的反褶积。这种方法通过信号纯度谱来确定一个兼顾信噪比和分辨率的最佳期望输出频谱，使得反褶积之后地震剖面的整体质量得到改善。信号纯度谱描述了每一个频率成分的信号纯度，且反褶积前后保持不变，将其作为反褶积之后期望输出的频谱，能够取得信噪比和分辨率的相对平衡。

图 7-41 利用一个理论模型展示了信号纯度谱的作用。图 7-41（a）是包含随机噪声的理论模型，地震子波为 Ormsby 子波，定义其梯形频谱的四个频率分别是 2Hz、8Hz、30Hz

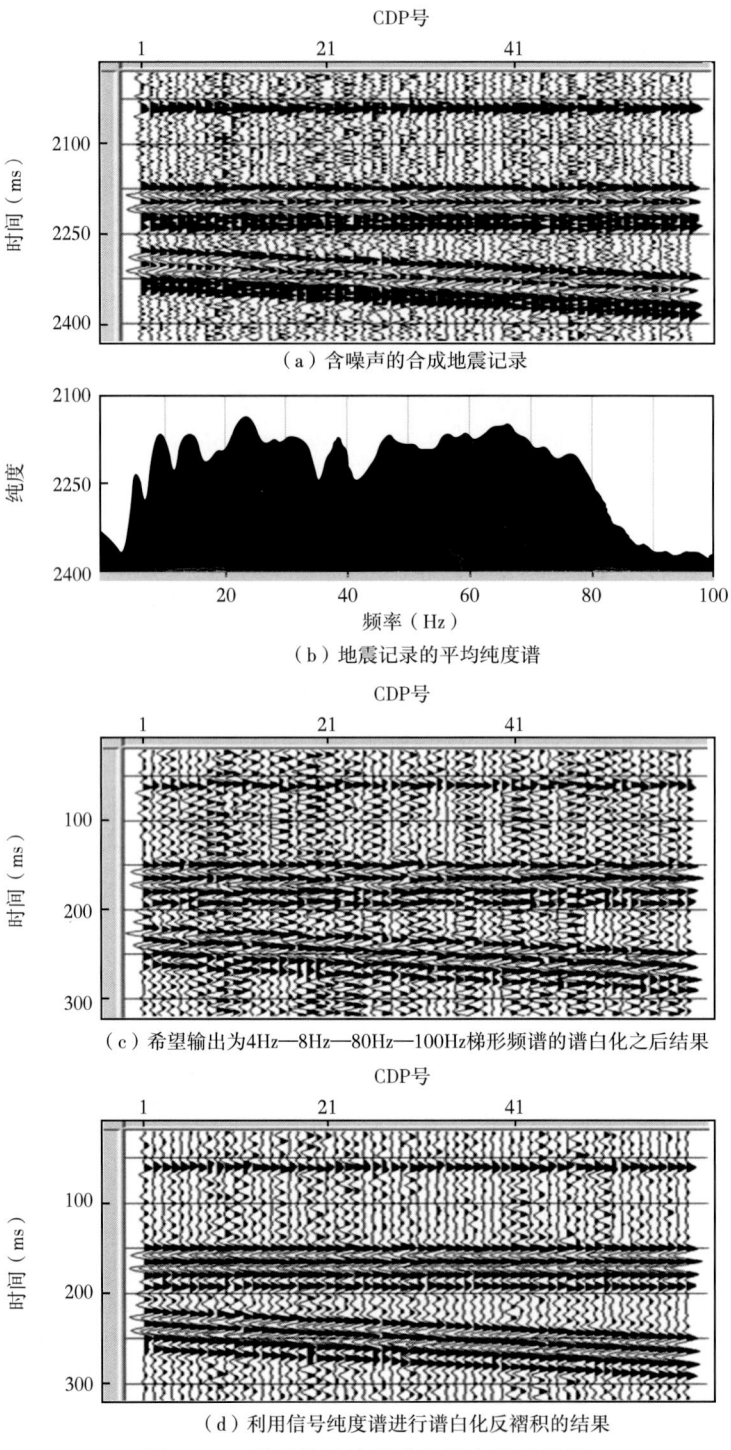

（a）含噪声的合成地震记录

（b）地震记录的平均纯度谱

（c）希望输出为4Hz—8Hz—80Hz—100Hz梯形频谱的谱白化之后结果

（d）利用信号纯度谱进行谱白化反褶积的结果

图 7-41 基于信号纯度谱的谱白化反褶积

和95Hz。模型中共有9个反射同相轴,由于子波干涉的影响,第4个和第5个同相轴,第8个和第9个同相轴不能很好地分辨。图7-41(b)是地震记录的平均信号纯度谱,90Hz之上地震信号的纯度小于0.2。将期望输出的振幅谱定义为4Hz—8Hz—90Hz—100Hz的梯形频谱,图7-41(c)是常规谱白化反褶积之后的结果,分辨率得到提高,第4个和第5个同相轴、第8个和第9个同相轴得到有效分辨,但信噪比大幅降低了。为更好地保持反褶积之后地震记录的信噪比,根据平均信号纯度谱的形态重新确定希望输出的振幅谱,反褶积之后的结果显示在图7-41(d)中,在提高地震记录分辨率的同时,较好地保持了地震记录的信噪比。

2. 反射系数颜色的影响

测井数据的实验分析表明,实际反射系数的颜色并非白谱,其整体趋势呈现低频弱、高频强的特点,更加趋近于蓝谱特征。李国发(2008)就反射系数的颜色对反褶积的影响进行了实验分析。图7-42是谱白化反褶积之后的地震剖面。图7-43是谱白化反褶积之后地震数据的振幅谱。反褶积之后地震数据在最高有效频率80Hz之内的频谱基本拉平了,达到了谱白化的要求。由于是模型数据,因此能够很容易地从地震数据中估算反褶积之后的地震子波。图7-44是谱白化之后的地震子波及其频谱,谱白化之后地震子波主瓣较宽,旁瓣较强,形态不甚理想。谱白化之后地震子波的频谱在32Hz之下能量较强,32Hz以上能量变弱,40Hz之上振幅只有主峰值的一半,整体趋势上接近于红谱特征。因此,从子波的角度进行评价,谱白化反褶积之后的效果并不理想。为了分析产生问题的原因,图7-45显示了反射系数的振幅谱。反射系数的频谱并非理想的白谱特征,而是低频弱、高频强,呈现蓝谱特征。由此可以得出这样的结论:当地下反射系数的振幅谱偏离白噪假设时,谱白化反褶积处理仍然强行将地震记录改造为近似白谱,但是这种白化过程是以牺牲地震子波频谱的白化特征为代价的。以地震子波的红谱去平衡反射系数的蓝谱,以便反褶积之后地震记录呈现白谱,其结果是,地震记录的视觉分辨率似乎得到了提高,但实际地下介质的反射系数并未得到真正恢复。

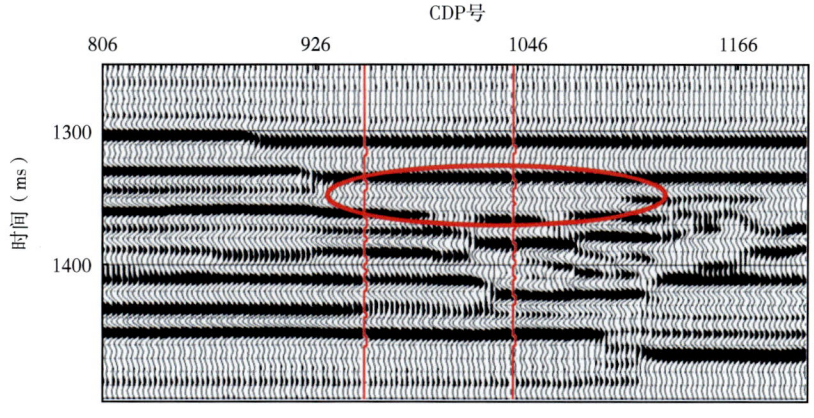

图7-42 模型数据反褶积之后的地震记录

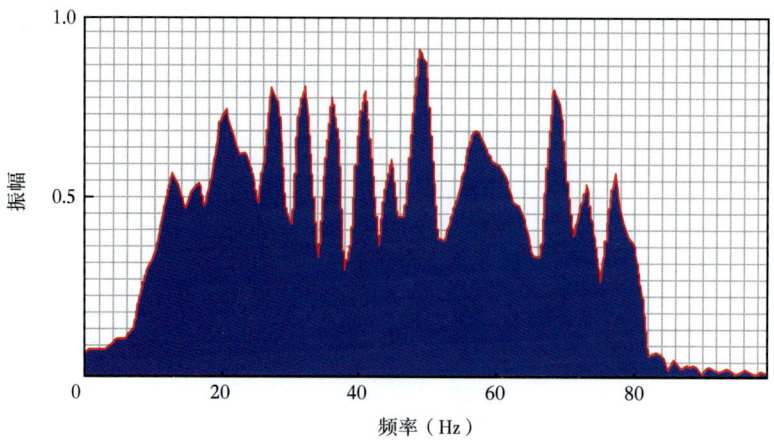

图 7-43　模型数据反褶积之后的振幅谱

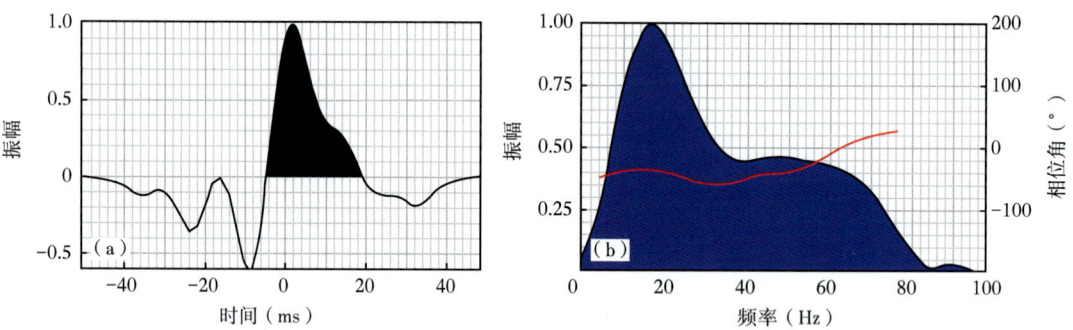

图 7-44　模型数据反褶积之后的地震子波（a）及其频谱（b）

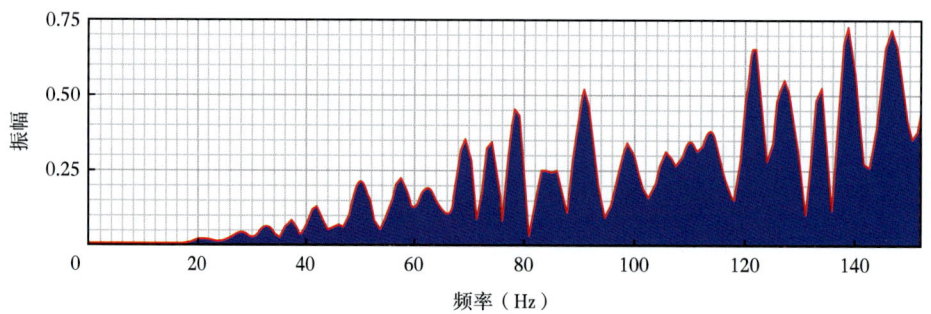

图 7-45　模型数据反射系数的频谱

第八章　速度建模和偏移成像质量监控

　　所谓的偏移成像就是基于地下速度模型将地表接收的地震反射按照一定的偏移方法归位到地下反射界面的过程，由此获得由地震波表示的地下影像。由偏移成像的定义可以看出，地震数据、偏移方法和速度模型是影响偏移成像精度的三个基本要素。近年来，"两宽一高"等新的采集方法大幅度改善了原始地震数据的采集质量。逆时偏移、各向异性偏移和黏弹性偏移等先进的偏移方法也逐步在业界得到了实际应用。相对而言，速度建模的应用研究相对迟缓一些。虽然全波形反演速度建模方法展示了极具诱惑的技术潜力，但由于多种因素的限制，该技术并未在业界开展大规模实际应用。就业界地震偏移技术的应用现状而言，速度建模是制约地震数据偏移质量的短板技术，因此速度建模的质量监控在整个地震资料处理中具有非常重要的作用。

第一节　地震速度的概念和类型

　　在地震资料处理与解释工作中，速度是一个非常重要的参数。在不同的处理阶段和解释阶段，速度的类型和含义有所不同，目前常用的速度包括层速度、平均速度、均方根速度、叠加速度、等效速度和偏移速度。下面简要介绍这几种速度。

一、层速度

　　层速度是最基本的地震速度，也是刻画岩石性质的基本参数，是地震波在岩石或地层中传播快慢的量度。声波测井、地震测井或零井源距 VSP 都可以得到比较准确的地层速度。叠前深度偏移一般使用层速度模型进行波场延拓和偏移成像。

二、平均速度

　　平均速度是指地震波穿过某一套地层所经历的路程与所花费时间之比，表示为：

$$v_{\text{ave}} = \frac{\sum_{i=1}^{n} h_i}{\sum_{i=1}^{n} t_i} = \frac{\sum_{i=1}^{n} v_i t_i}{\sum_{i=1}^{n} t_i} \tag{8-1}$$

式中　h_i、t_i——分别是地震波在第 i 层介质中的传播距离和传播时间；

　　　v_i——第 i 层介质的层速度。

　　式（8-1）也给出了平均速度与层速度的关系，平均速度常用于时间和深度转换处理。

三、均方根速度

　　时距曲线描述了不同地表位置接收到地震波的时间与地面水平距离之间的关系。在上覆均匀介质中，反射波时距曲线为标准的双曲线，有：

$$t^2 = t_0^2 + \frac{x^2}{v^2} \tag{8-2}$$

式中 x——炮检距；

t_0——地震波在零炮检距的双程旅行时间。

在水平层状介质中，反射波时距曲线也可以近似为双曲线，但需要将时距曲线中的速度改写为均方根速度 $v_{\rm rms}$，其数学表达式为：

$$v_{\rm rms}^2 = \frac{\sum_{i=1}^{n} v_i^2 t_i}{\sum_{i=1}^{n} t_i} \tag{8-3}$$

由此可见，所谓的均方根速度就是把水平层状介质情况下反射波时距曲线近似为双曲线时所采用的速度。在地震资料处理中，水平层状介质情况下的动校正速度就是均方根速度，叠前时间偏移所使用的速度也可以近似地看作均方根速度。

四、等效速度

倾斜界面情况下的共中心点反射波时距曲线方程为：

$$t = \frac{1}{v}\sqrt{4h_0^2 + x^2 \cos^2\varphi} \tag{8-4}$$

式中 h_0——共中心点处界面的法线深度；

φ——界面的倾角。

定义 $t_0 = 2h_0/v$，则式（8-4）改写为：

$$t^2 = t_0^2 + \frac{x^2}{v^2/\cos^2\varphi} = t_0^2 + \frac{x^2}{v_\varphi^2} \tag{8-5}$$

其中，$v_\varphi = v/\cos\varphi$ 称为等效速度，它是将倾斜地层时距曲线等效为水平地层时距曲线时所使用的速度。

五、叠加速度

在实际地震资料处理中，通常将反射波时距曲线看作双曲线进行动校正和叠加，对于比较简单的地质构造，动校正速度可以是前面提到的地层速度、均方根速度或者等效速度，但是当地下构造比较复杂时，动校正速度需要利用速度分析进行拾取和判断，判断的基本准则就是能够将反射波时距曲线校平，这个速度称为动校正速度或者叠加速度。

第二节　速度模型对偏移成像的影响

叠前时间偏移和叠前深度偏移是目前业界并行存在的两套偏移方法，由于两者名字一个是"时间"，另外一个是"深度"，似乎两者的区别在于成像结果是时间域还是深度域的差异。实际上，名字的差异并没有体现两种方法的本质差异。两者的根本差异在于偏移过程中

是否考虑了由速度变化引起的地震射线在速度界面的偏折，若在成像过程中考虑了速度在空间的横向变化，但并没有考虑速度变化引起的射线偏折，此类偏移方法称为时间偏移，若不仅考虑了速度在空间的横向变化，还在速度分界面上按照斯奈尔定律考虑了射线路径的偏折，则此类偏移方法称为深度偏移。图8-1示意性地展示了两者在传播路径上的差异，这种传播路径的差异也导致了两者在旅行时间估算上的差异。

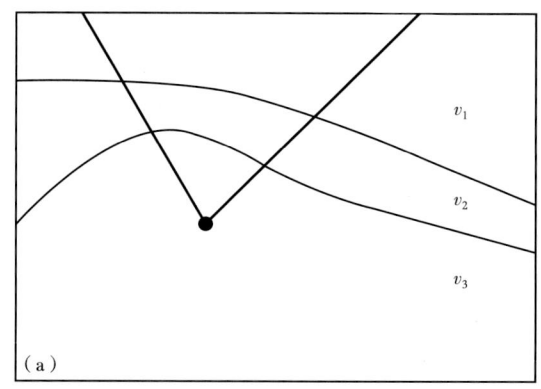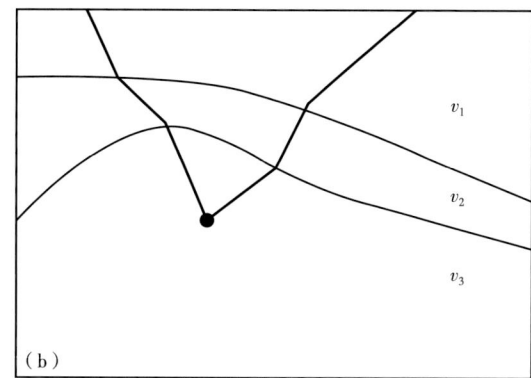

图8-1 时间偏移（a）和深度偏移（b）在地震波传播路径上的差异

深度偏移方法更好地描述了地震波在实际介质中的传播过程，具有复杂构造地震成像的理论优势。图8-2展示了模型数据在速度已知的情况下叠前时间偏移和叠前深度偏移的结果，叠前深度偏移较叠前时间偏移更好地实现了构造波场地震成像。但在实际地震勘探工作中，速度模型是未知的，需要利用多种速度分析方法对速度模型进行反演和估计，所建立的速度模型或多或少地存在一定的估算误差。因此，对速度误差的敏感性也是考核偏移方法的重要指标。图8-3利用模型数据展示两种偏移方法对速度误差的适应能力，很显然，深度偏移较时间偏移对速度误差更加敏感，深度偏移要求更加准确的速度模型。

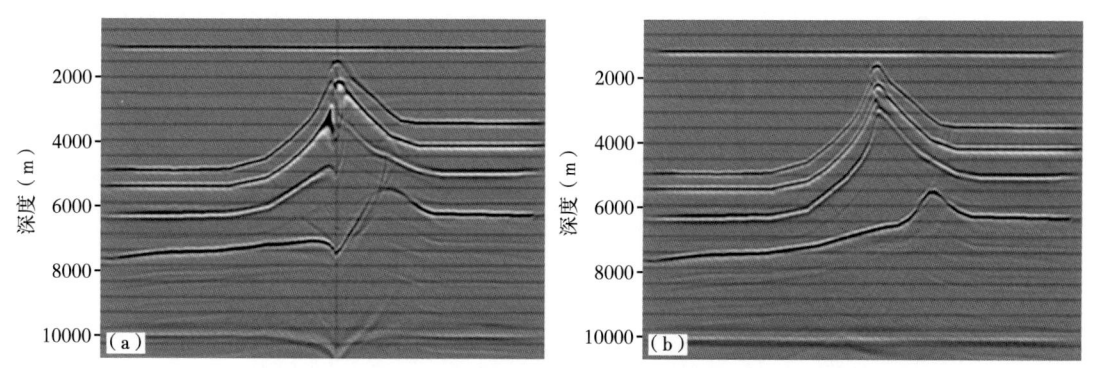

图8-2 已知速度模型，叠前时间偏移（a）和叠前深度偏移（b）成像结果

以上试验表明了叠前深度偏移对速度误差的敏感性，似乎产生了一个前提和目标之间的悖论，叠前深度偏移需要准确的速度模型才能获得地下复杂构造的精细结构，若已知地下速

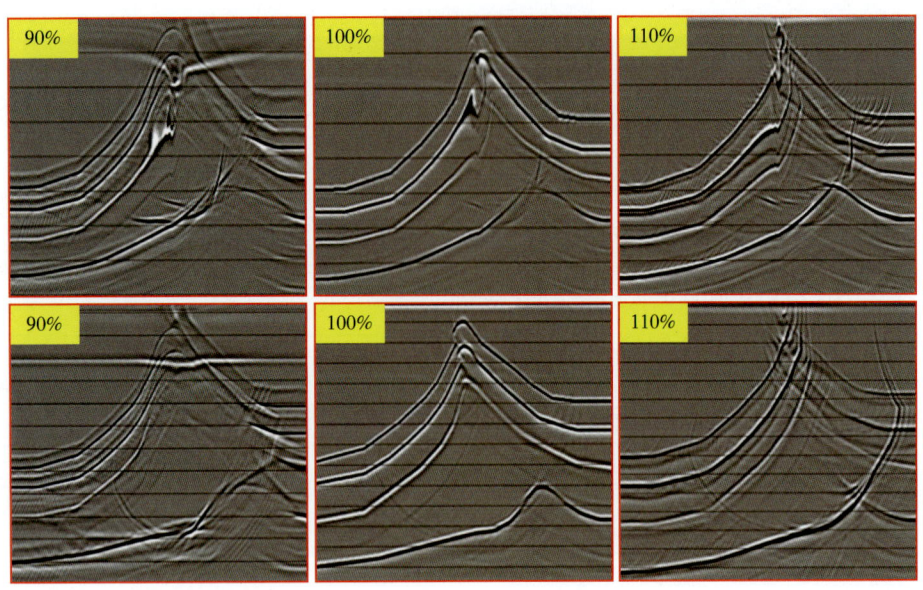

图 8-3　±10%速度误差时，叠前时间偏移（上）和叠前深度偏移（下）成像结果

度模型的精细结构，则叠前深度偏移本身就失去了作用。实际上，尽管叠前深度偏移需要相对准确的速度模型，但对成像结果影响较大的是速度模型的中低频分量，也就是速度模型的变化趋势，速度模型的高频分量较低频分量对成像结果的影响要弱得多。图 8-4（a）是李国发等（2012）制作的一个渤海湾油田地质模型，该模型描述了渤海湾盆地的典型构造特征和断裂模式。将该模型分为 9 个大层，每层的厚度在 500m 左右，然后进行大尺度的层内平滑，得到如图 8-4（b）所示的平滑速度模型。使用准确速度模型和平滑速度模型分别进行叠前深度偏移，图 8-4（c）、（d）展示了两个速度模型的成像结果。尽管两个速度模型在结构细节上存在较大的差异，但两者的成像结果并没有出现视觉上的明显差异。为了进一步考察速度模型高频分量对成像结果的影响，将第五套层位中的火成岩和石膏层引入速度模型，图 8-5 展示了引入火成岩和石膏层后的速度模型及其成像结果，考虑火成岩和石膏层的速度之后，并没有引起成像结果的明显变化。需要说明的是，虽然以上实验强调了速度模型中低频分量的重要性，但并不否认高频分量对精细成像的影响，也不否认精细速度建模的重要性。在实际工作中，应该首先控制好速度模型的整体变化趋势，再进行精细的速度分析。

地震偏移是地表波场沿深度方法逐步向下延拓的过程，因此，某一深度的成像质量受制于其所有上覆地层的速度精度。对于深层地质目标，其成像质量不仅与所在地层的速度有关，还与自浅到深的所有地层的速度有关。李国发等（2013）利用以上模型就不同深度速度误差对深部地层成像质量的影响进行了定量分析后发现，相对于深部地层速度误差，浅部地层的速度误差对深层目标的成像质量具有更大的影响。因此，在实际地震数据成像处理中，不仅应该关注目的层的速度误差，更应该关注浅层、甚至近地表的速度误差。

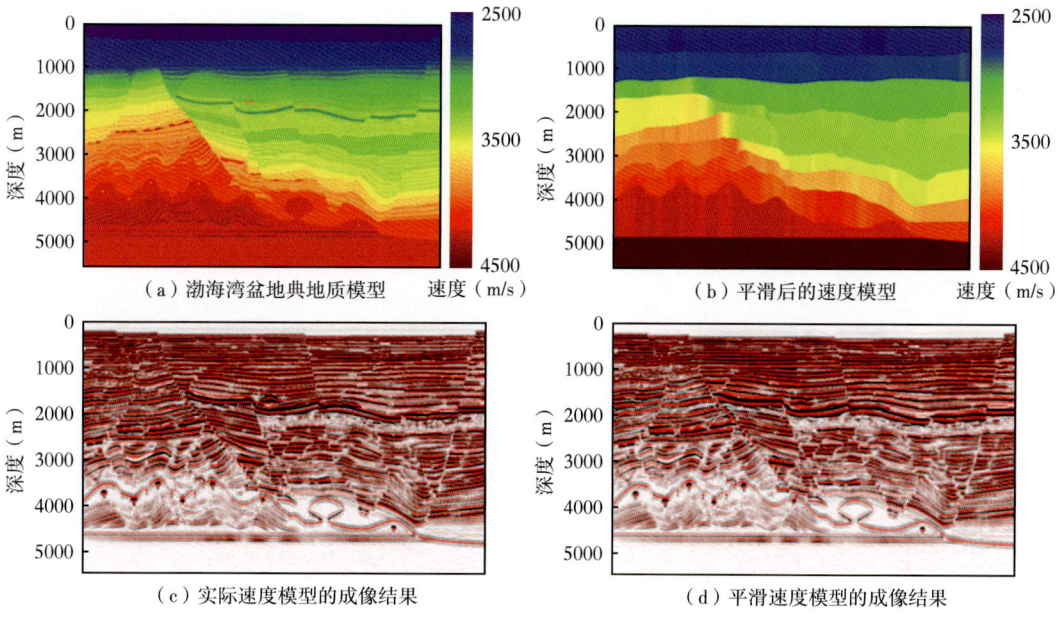

图 8-4 速度模型中低频分量对成像结果的影响

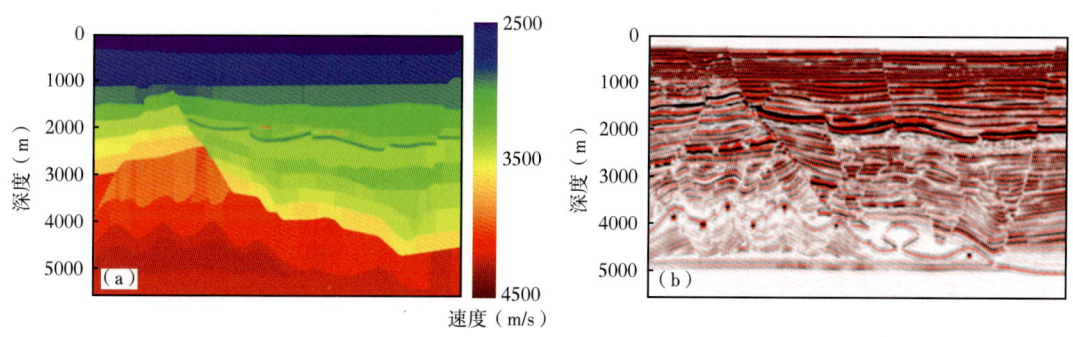

图 8-5 加入火成岩和石膏层之后的速度模型（a）及其成像结果（b）

第三节 偏移速度分析和建模方法

地震勘探从某种意义上讲就是速度勘探，这句话充分说明了速度信息对于地震勘探的重要性。相对于动校正速度和叠加速度分析，偏移速度分析要复杂得多、困难得多。地震数据和速度模型之间存在复杂的非线性关系，这种非线性关系导致反演算法的复杂性和反演结果的多解性。Yilmaz 于 1984 年最早提出了偏移速度分析的概念，此后相继出现了偏移剖面迭代法、最大叠加能量法、深度聚焦分析法、剩余曲率分析法、层析成像和全波形反演等多种速度分析方法。尽管如此，速度建模方法依然是叠前地震成像的主要技术瓶颈，需要应用人员和研发人员不断地进行改进和探索。

一、偏移速度分析判别准则

时间一致性成像条件是叠前深度偏移最为重要的成像条件，依据这一成像条件衍生出几种速度分析的判别准则。

1. 零时间成像深度与零炮检距成像深度一致性准则

对于地下成像点，如果速度模型正确，则在偏移过程中由零时间成像条件得到的偏移成像深度应与零偏移距成像条件得到的偏移成像深度一致。如速度模型不准确，当偏移速度高于实际速度时，零时间成像条件得到的成像深度大于零偏移距成像条件得到的成像深度。若偏移速度低于实际速度，零时间成像条件得到的成像深度小于零偏移距成像条件得到的成像深度。

2. 共成像点道集拉平准则

对于地下成像点，如果偏移速度正确，则由不同叠前道集得到的成像结果应该一致，在共成像点道集上的同相轴就是水平的。如果偏移速度模型不正确，共成像点道集上的同相轴会出现剩余时差。具体表现为：若偏移速度大于实际速度，共成像点道集上的同相轴呈现下抛形态；反之，共成像点道集上的同相轴呈上弯形态。

3. 等旅行时间准则

在等旅行时间准则中，成像点被视为聚焦点。如果速度模型正确，则由该聚焦点得到的共聚焦点地震响应与炮点聚焦算子具有相等的旅行时间。如果偏移速度高于实际速度，聚焦点对应的地震响应旅行时间大于炮点聚焦算子旅行时间；反之，聚焦点对应的地震响应旅行时间小于聚焦点炮点聚焦算子的旅行时间。

二、叠前时间偏移速度分析方法

叠前时间偏移速度分析继承了叠加速度分析的一些基本做法，相对比较简单，主要以成像道集拉平和成像点聚焦为速度拾取的基本依据。

1. Deregowski 循环法

速度分析流程如图 8-6 所示，该方法的基本思路是：选取速度分析的目标线，首先用

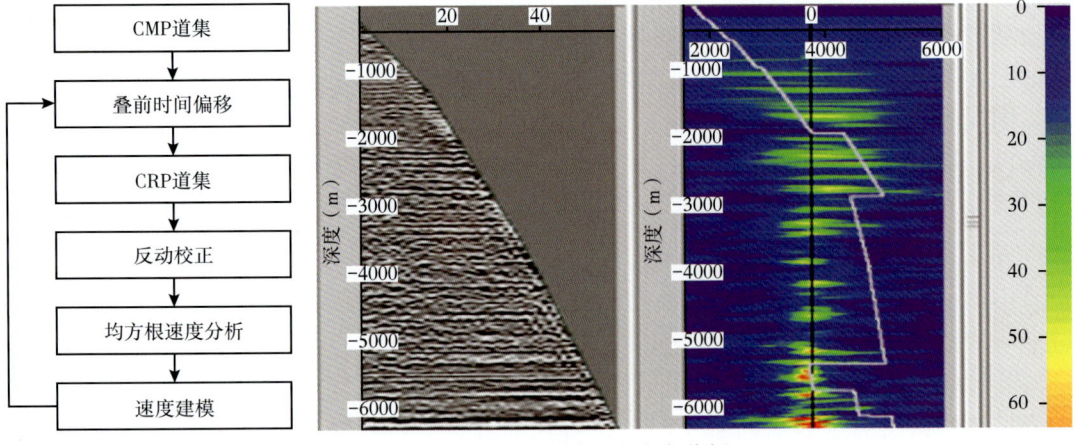

图 8-6 Deregowski 循环法速度分析

初始叠加速度模型进行叠前时间偏移,检查 CRP 道集中的同相轴是否被拉平,以此为依据判别速度是否准确。如果 CRP 道集存在剩余时差,则进行反动校正,再进行均方根速度分析,重复上述工作,直到 CRP 道集有效波同相轴被拉平为止,得到最终的偏移速度。该方法的优点是简单方便,能够近似消除地层倾角对速度分析的影响。但当上覆地层较为复杂时,该方法难以得到准确的偏移速度。

2. 百分比扫描法

如图 8-7 所示,该方法的基本思路是:利用给定的速度进行百分比速度扫描,在偏移剖面上或者 CRP 道集上先进行速度拾取,然后进行叠前时间偏移,重复上述工作,直至得到理想的速度模型。该方法的优点是适合于低信噪比地震数据的偏移速度分析,缺点是计算量大、速度慢。

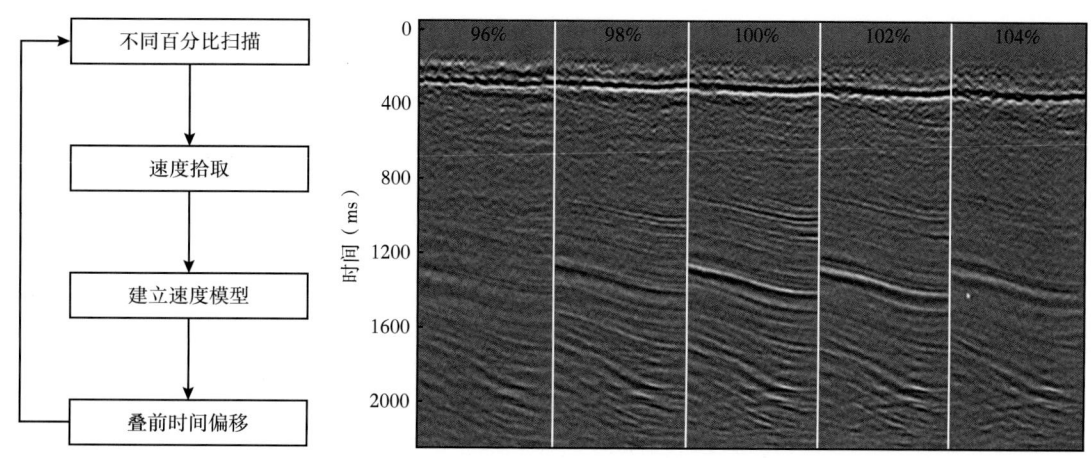

图 8-7 百分比扫描速度分析

3. 垂向剩余延迟分析法

该方法的基本思路是:通过叠前时间偏移、剩余速度分析和剩余速度拾取迭代确定叠前时间偏移速度场。该方法具有简单、方便和快速的优点,但对于低信噪比和速度横向变化较大的地震数据,速度分析的精度相对低一些。

如图 8-8 所示,垂向剩余延迟速度分析采用剩余时间来度量速度误差,如果偏移速度准确,则能量团聚焦于"零"时间线上。如果速度偏高,则能量团聚焦于零线的右侧;若速度偏低,则能量团聚焦于零线的左侧。垂向剩余延迟分析时,通过对不同的剩余延迟时间进行扫描,直接计算能量谱,不需要对 CRP 道集进行反动校,避免了反动校的影响。

4. 层位约束速度分析

沿层均方根速度分析通过构造模型约束对均方根速度进行调试和平滑,确保速度模型与区域地质构造保持一致,提高速度建模精度。如图 8-9 所示,该方法先对地震资料进行解释,得到时间层位模型,在时间模型的控制下,通过沿层速度分析,逐层递推求取速度模型。通过考核共反射点道集的剩余时差,对速度进行更新和修正,得到最终的均方根速度模型。

型。目前有多种速度建模方法,其中,层析反演是目前业界应用最为广泛的速度建模方法。全波形反演速度建模虽然还没有在业界取得大规模的生产应用,但从发展的观点来看,该方法依然是叠前深度偏移速度建模最具潜力的突破方向,下面将重点介绍这两种速度建模方法。

1. 层析反演速度建模方法

基于深度偏移道集的层析成像法是一种以深度偏移道集层析成像为基础的速度模型优化方法,是层析成像走时反演理论在速度分析中的具体应用。设存在一个图8-14所示的地下模型,地震波从地表传播,到达第 n 个界面并返回地面的旅行时间表示为:

$$t = \int_{\text{ray}} S_1 \mathrm{d}l \tag{8-9}$$

式中　S_1——介质慢度,$S_1 = \dfrac{1}{c(r)}$;

　　　$c(r)$——层速度;

　　　ray——射线路径。

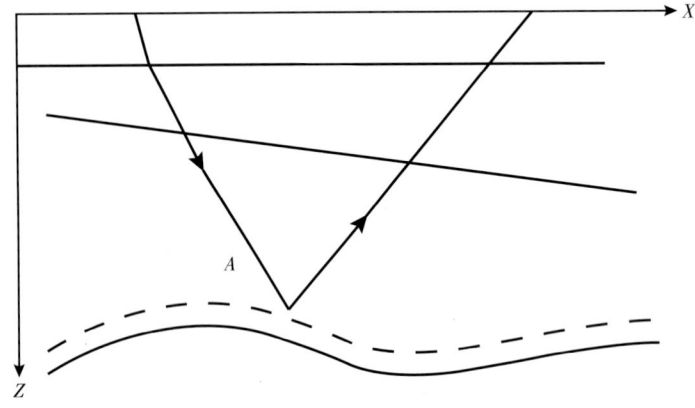

图8-14　层析反演示意图

如果地下介质中存在微小的慢度扰动,或者射线与界面交点的垂直坐标有微小扰动,则旅行时间将会有相应的变化,即:

$$\delta t = \int_{\text{ray}} \delta S_1 \mathrm{d}l + \sum_{i=1}^{2n_l} \Delta p_z^i \delta z_1 \tag{8-10}$$

Δp_z^i 是第 i 个界面上下点之间垂向慢度变化,方程中等号右侧第一项属于常规层析成像部分,表示慢度变化(也是速度变化)所引起的旅行时间变化。右侧第二项反映的是交点深度扰动引起的旅行时间变化,它表征了界面调整(即深度变化)引起的旅行时间变化。由此可见,基于叠前深度偏移道集的层析成像是一种全局性的模型优化方法,它对所有经过叠前深度偏移的模型层位进行更新处理,并同时修正层速度和层位深度两个参数。

目前有两种层析反演速度建模方法,一种是基于层位层析的速度建模方法,另外一种是基于网格层析的速度建模方法。基于层位层析的速度建模方法首先在叠前深度偏移剖面上进

行层位解释，沿层进行速度分析，再通过层析反演迭代修改速度—深度模型。该方法要求速度模型在两个相邻解释层位之间横向上可以变速，但纵向上不能变速。因此，只能得到速度场的低频分量，其精度依赖于层位解释的个数。

图 8-15 是沿层层析反演速度更新的基本流程。在利用 CVI 反演等得到初始速度模型之后，创建基于解释层位的速度模型，进行叠前深度偏移，考察 CRP 道集上的剩余时差，根据剩余时差对层速度和层位深度进行迭代更新，直至 CRP 道集上的没有明显的剩余时差为止。图 8-16 是层析成像速度分析面板，（a）图是叠前深度偏移剖面，速度解释层位也投影在深度剖面上，（c）图是第四个层位的剩余速度谱，据此进行沿层剩余速度分析；（b）图是沿层速度分析所在位置的 CRP 道集，（d）图是该 CRP 道集中，分析层位反射同相轴的局部放大显示。

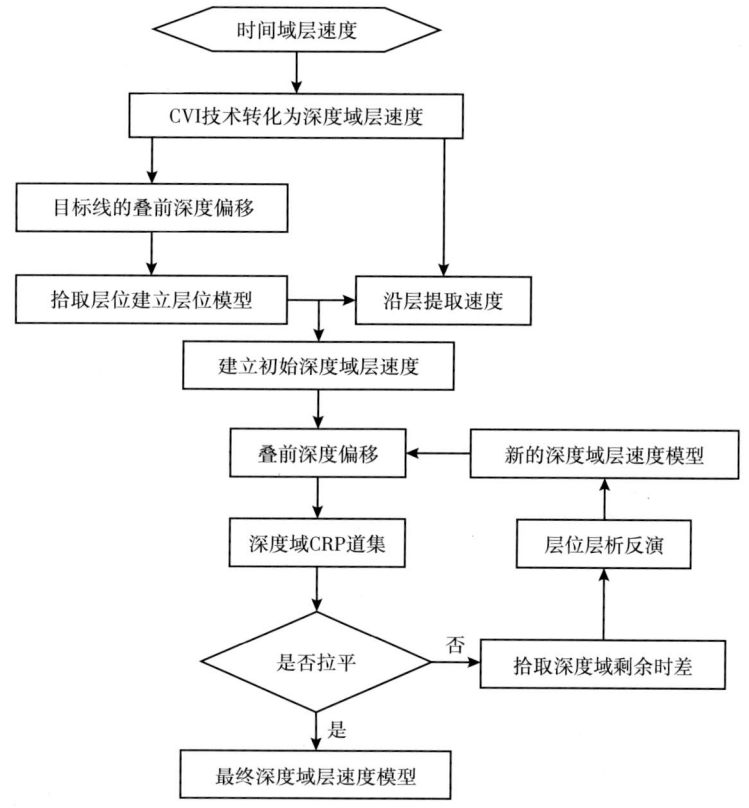

图 8-15　沿层层析速度反演基本流程

利用上一个面板得到每一个层位的剩余速度（或剩余时差）之后，层析成像的任务就是要根据这些时差去更新速度模型（包括速度和界面深度）。速度更新可以从浅到深地逐层进行，也可以所有层位同时更新，既可以只更新速度，又可以同时更新速度和深度。图 8-17 是模型数据层析反演前后的速度模型及其成像结果。虽然层析反演之后的速度模型在结构和形态与图 8-4 所示的实际速度模型具有一定差异，只能近似代表实际速度场的低频趋势，尽管如此，依然取得了较为理想的成像结果。

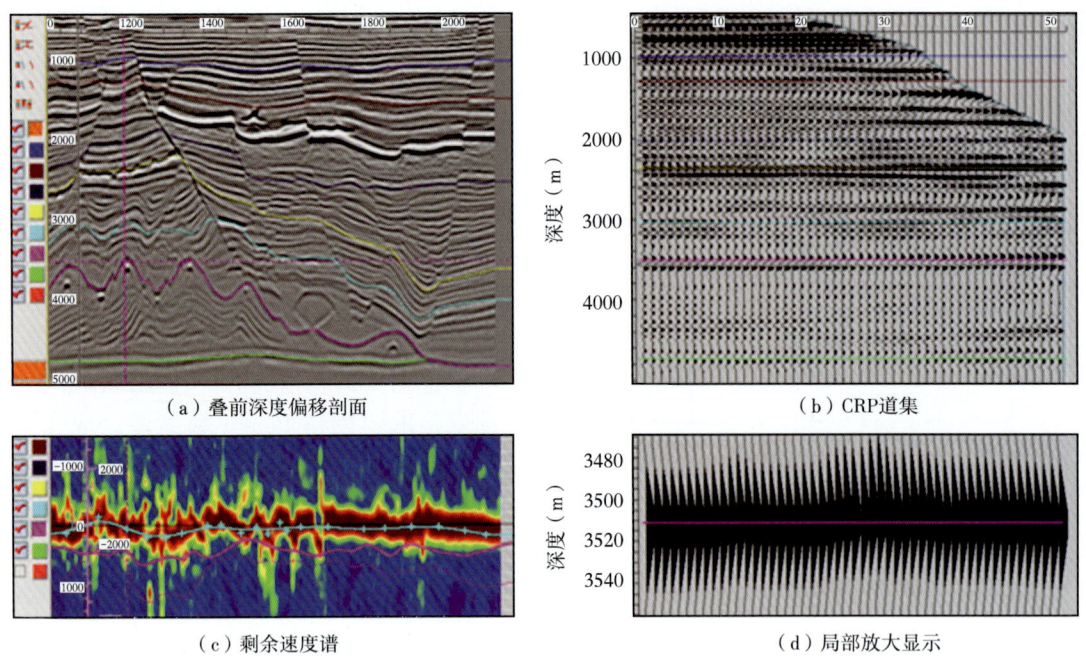

(a) 叠前深度偏移剖面　　　　　　　　　（b) CRP道集

(c) 剩余速度谱　　　　　　　　　　　（d) 局部放大显示

图 8-16　层析反演速度分析面板

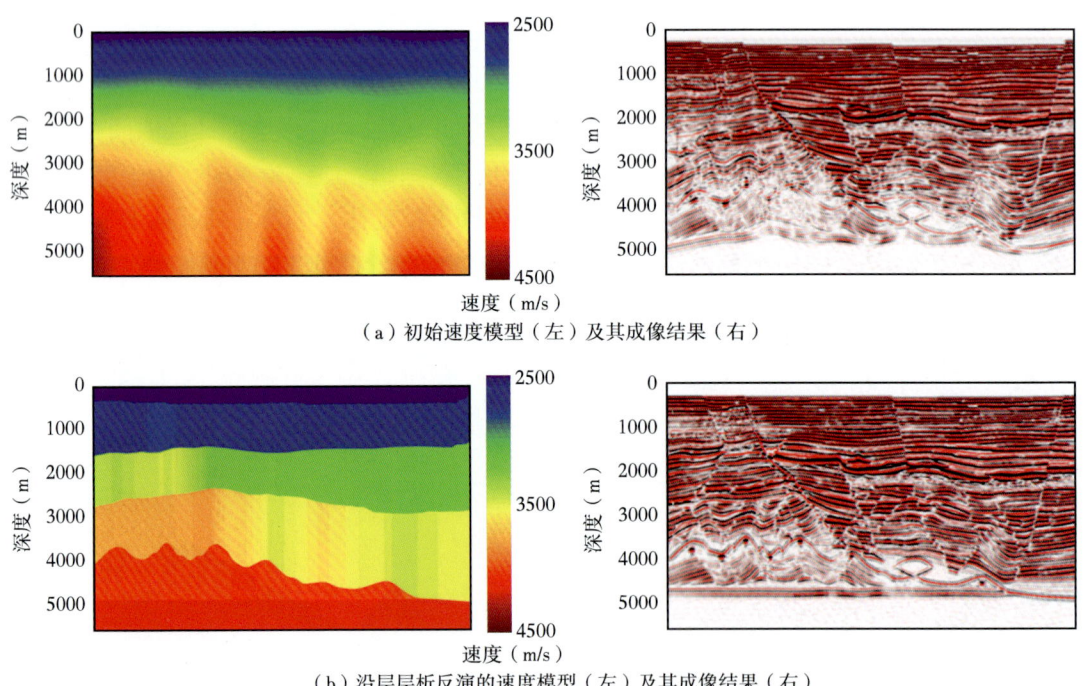

(a) 初始速度模型（左）及其成像结果（右）

(b) 沿层层析反演的速度模型（左）及其成像结果（右）

图 8-17　沿层层析反演速度模型

基于网格层析的速度建模方法是一种无层位约束的层析反演方法，它通过在CRP道集上自动拾取剩余时差对速度模型进行更新和修改。由于没有层位约束，其速度模型在横向上和纵向上均可变速，具有获得速度场高频分量的潜在能力。但是，像其他的非线性最优化问题一样，该方法受局部极值问题的困扰，对初始模型依赖较大，不容易收敛到实际速度模型。图8-18是网格层析反演速度更新的基本流程，主要步骤包括构造属性提取、自动成像点拾取、剩余速度拾取、创建Pencil数据库、成像矩阵的建立和解析等。其中，创建Pencil数据库的目的是将所有的信息综合起来，用于网格层析建模。数据库信息包括如图8-19所示倾角、方位角、连续性等深度剖面上的构造属性。Pencil数据库存储的信息在平面上是规则的，在垂向上随着层位解释的不规则性而呈不规则分布，可以利用三维可视化进行质量控制。

图8-20展示了利用图8-17所示的初始模型进行网格层析反演之后的速度模型及其成像结果。速度模型没有层位控制的痕迹，具有较为丰富的细节变化。但受局部极值问题的影响，该速度模型并没有向实际模型方向收敛，成像结果不甚理想。该实验表明，对于复杂的构造模型，基于网格层析的反演方法具有高度的非线性和不稳定性，尽管它具有从细节上逼近实

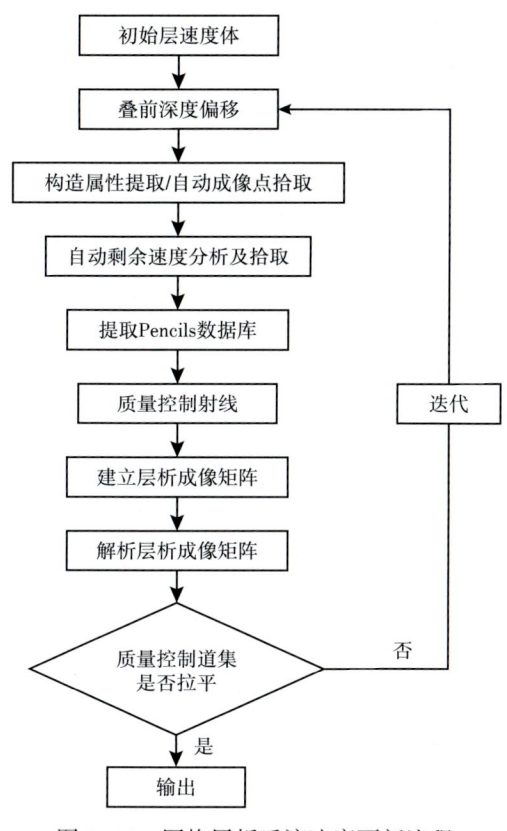

图8-18 网格层析反演速度更新流程

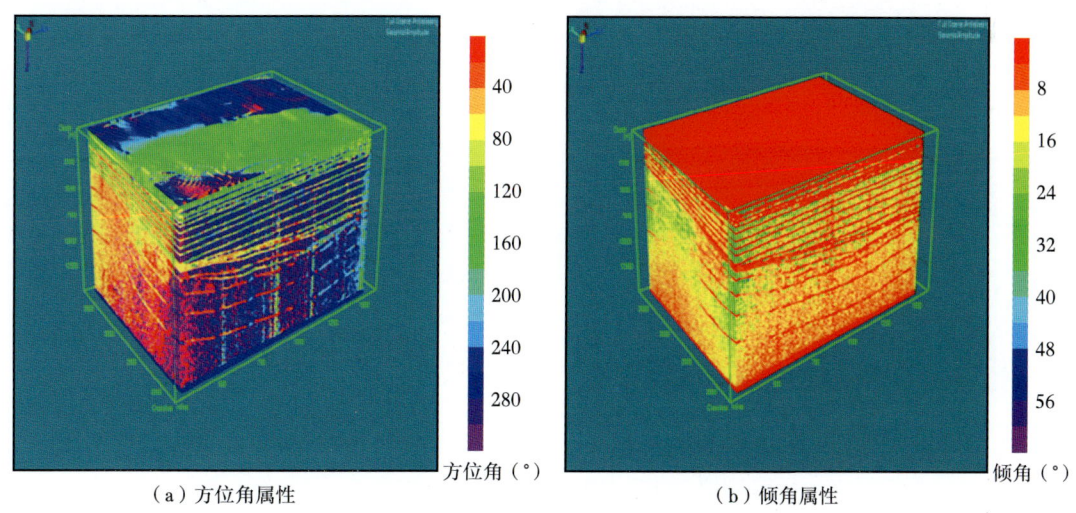

（a）方位角属性　　　　　　　　　　　（b）倾角属性

图8-19 在叠前深度偏移数据上提取的构造属性

际速度模型的潜力和可能性，但受初始模型和局部极值问题的影响较大，有可能收敛不到实际的速度模型。

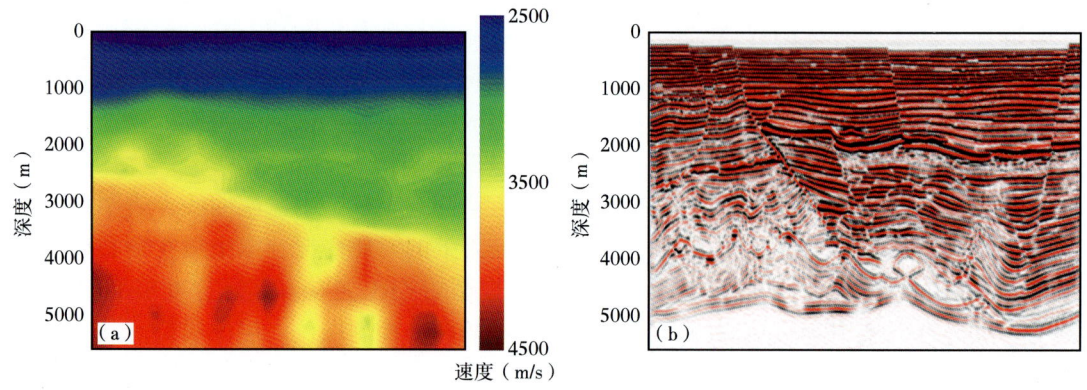

图 8-20　网格层析反演的速度模型（a）及其成像结果（b）

基于层位层析的反演方法具有较强的稳定性，但受层位解释数目的限制，只能得到速度场的低频分量。基于网格层析的反演方法可以对所有网格上的速度进行修正和更新，具有对速度模型高频分量进行更新的技术潜力，但对初始模型具有很强的依赖性，稳定性较差。两种方法具有明显的优势互补特征，可以考虑进行两种速度建模方法的联合应用。程玉坤等于 2017 年将这种速度建模联合应用方式称为"混合模型"，并详细介绍了东方地球物理公司 GeoEast-Diva 建模系统推出的"混合模型"特色技术。混合模型的主要作用是：在应用基于块状表示的速度更新方法（如沿层速度分析）时，保留层内纵向速度变化细节；在应用基于网格表示的速度更新方法（如网格层析）时，可调整速度界面。针对复杂地表条件和复杂构造成像的叠前深度偏移处理，建议优先采用"混合模型"开展叠前深度偏移速度建模。

图 8-21 是层位层析反演之后再进行网格层析反演得到的速度模型及其 Kirchhoff 叠前深度偏移的结果。在层位层析反演的速度框架和低频背景下，网格层析引入了更多的高频分量。就联合反演之后的模型细节与图 8-4 所示的实际速度模型进行对比可以看出，这些高频细节具有明显的地质含义，是实际速度场高频分量的近似反映。从图 8-21 所示的成像结

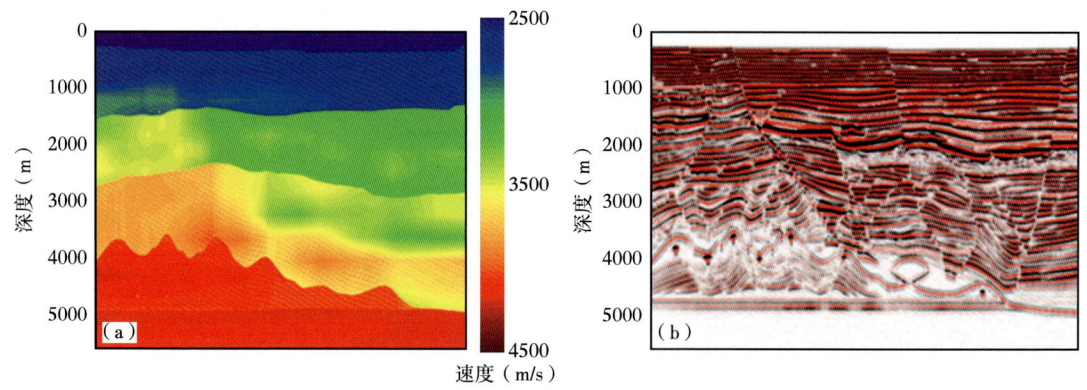

图 8-21　沿层层析和网格层析联合反演的速度模型（a）及其成像结果（b）

果也可以看出，两种方法联合应用之后，成像质量得到了进一步改善，断裂系统更加清晰，缝洞反射更加聚焦和收敛。

下面对联合反演速度模型的保幅性能进行定量分析。图8-4所示地质模型最下面4700m深度附近是一套为考查保幅性能而设计的厚度和速度横向变化的薄层，其反射振幅的横向变化可以作为解释过程中识别储层厚度和物性的重要标志。图8-22是不同速度模型成像结果在该层的振幅曲线对比。可以看出，尽管层位层析成像结果的振幅曲线与实际模型成像结果的振幅曲线在整体形态上具有较高的一致性，但这两条曲线在幅度和位置上存在一定差异。联合反演之后的振幅曲线在幅度和位置上更加逼近实际速度模型的振幅曲线，表明成像精度和保幅性得到了进一步改善。图8-23是在CRP道集上的对比情况，图中从左到右依次是基于层位层析速度模型的CRP道集、联合反演速度模型的CRP道集和实际速度模型的CRP道集，道集上的红色虚线和黄色虚线分别是层位解释的两个控制层位。层位层析反演方法以校平CRP道集上解释层位所在深度的同相轴为目标。因此，在图8-23两条虚线所对应的解释层位上，CRP道集反射同相轴得到了很好的校正。但是，由于两个解释层位之间的速度被限定为常数，无法反映层内速度纵向上的变化。因此，CRP道集上两个解释层位之间的同相轴不能得到准确校正，存在一定的剩余时差，不仅影响了成像质量和聚焦性能，还降低AVO分析和叠前反演的精度。在图8-23中联合反演速度模型对应的CRP道集上，由于在层位层析的速度框架下，引入了层间速度纵向上的变化，CRP道集上各个深度的反射同相轴都得到了较好的校正，尽管与实际速度模型对应的CRP道集还有一定的差异，但整体效果有了较大程度的改进。

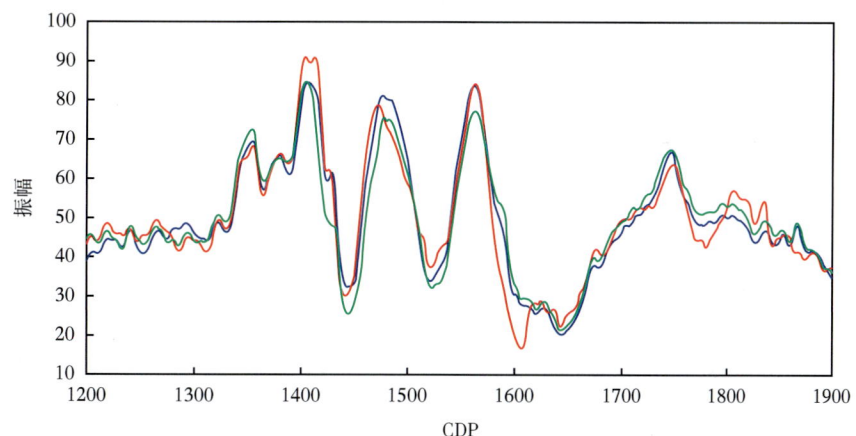

图8-22 沿层层析模型（红色曲线）、联合反演模型（蓝色曲线）和实际模型（绿色曲线）成像结果反射振幅对比

2. 全波形反演速度建模方法

全波形反演是贝耶斯估计理论在勘探地球物理领域的一个应用范例。它可以描述为一个基于地震全波场模拟的数据拟合过程，其使用了地震记录中的全波形信息，而不像其他传统的方法那样仅使用地震波形中的部分信息（如旅行时层析成像等技术）。全波形反演的实现

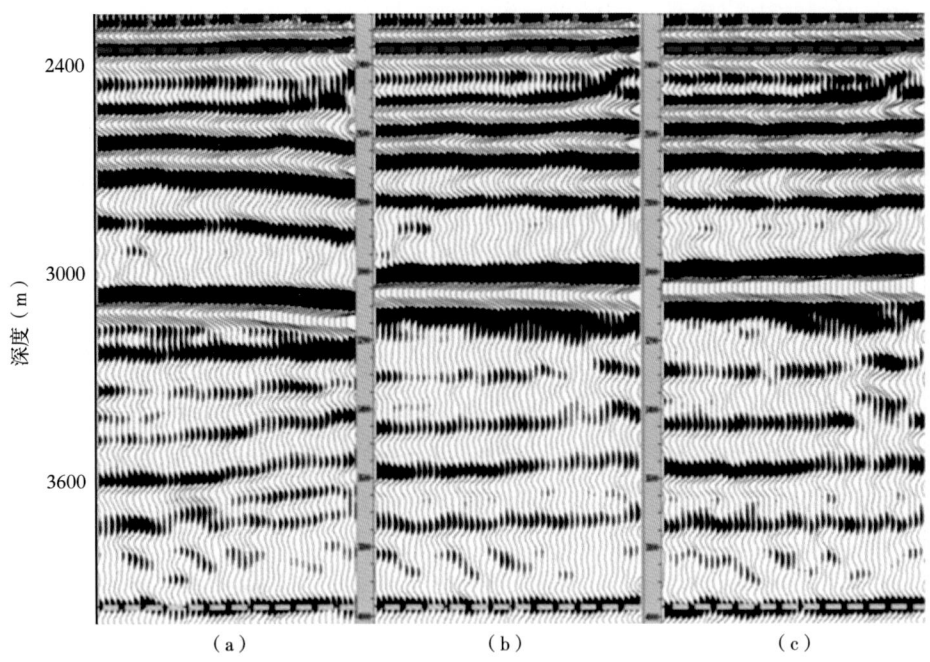

图 8-23　沿层层析速度模型（a）、联合反演速度模型（b）和实际速度模型（c）CRP 道集对比

是在正则化约束下通过更新迭代初始模型进而减小计算数据和观测数据之间的误差，逐步逼近真实模型的过程。理论上已经证明，全波形反演是一种建立高精度速度模型的有效手段。

全波形反演通过拟合观测数据和计算数据之间的差异对地下模型进行反演和估计，是典型的最小二乘反演问题，其目标函数表示为：

$$\varPhi(m) = \|d_{\mathrm{obs}} - d_{\mathrm{syn}}(m)\|^2 = \|d_{\mathrm{obs}} - G(m)\|^2 \tag{8-11}$$

式中　d_{obs}——实际记录的波形数据；

d_{syn}——合成的地震波形数据；

m——要反演的地下参数。

通常采用迭代法对速度模型进行更新和估算，迭代过程表示为：

$$m_{n+1} = m_n + \alpha_n \beta_n \tag{8-12}$$

其中，α_n 是第 n 次迭代的步长，β_n 为更新方向，可以由目标函数的梯度获得，有：

$$\frac{\partial \varPhi(m)}{\partial m} = \left[\frac{\partial G(m)}{\partial m}\right]^T [G(m) - m] \tag{8-13}$$

令 $F = \dfrac{\partial G(m)}{\partial m}$，$P = G(m) - m$，则方程式（8-13）简写为：

$$\frac{\partial \varPhi(m)}{\partial m} = F^{\mathrm{T}} P \tag{8-14}$$

全波形反演理论是一套完美的体系，但它对地震数据、初始模型、正演波场和激发子波具有较高的要求。尽管某些理论模型实验可以得到几乎与真实模型完全匹配的反演结果，但是在复杂介质情况下，模型数据的反演结果也不一定收敛，更不用说实际地震数据了。全波形反演结果很难收敛到正确结果上的根本原因在于地震波场与反演参数之间的强非线性关系，误差泛函存在非常多的局部极值点，对初始模型具有很高的要求。但在复杂介质和低信噪比情况下，很难得到相对准确的初始速度模型。另外，简单的地震波正演模拟算子也不能完全模拟实测地震波场中复杂的波动现象。再者，时空变的地震子波加重了地震波场与反演参数之间的非线性关系，这也是陆上地震数据进行全波形反演很难取得理想效果的主要原因。

多尺度反演在一定程度上可以减小强非线性问题引入的反演误差。试想存在一个多极值的非线性目标函数，直接使用优化策略寻找极值，除非初始点在最优解附近，否则几乎不可能找到目标函数的全局极值。若对这个目标函数做小波分析，总存在一个较粗的尺度使得目标函数只有一个或少数极值，因此可以在粗尺度中寻找目标函数的全局极值，然后以这个粗尺度下的全局极值作为初始解，在较细的尺度上寻找目标函数的全局极值，重复上述过程，不断减小目标函数的尺度，由此得到原始目标函数的全局最优解。例如，首先使用叠加速度分析获得大尺度速度模型，再利用层析反演获得更小尺度的速度模型，最后采用全波形反演得到更加精细的速度模型。

图 8-24 展示了全波形速度反演的基本流程。可以看出，模型迭代的过程就是不断正演的过程，因此，正演的精度和效率决定了反演的精度和效率，精确快速的正演方法是全波形

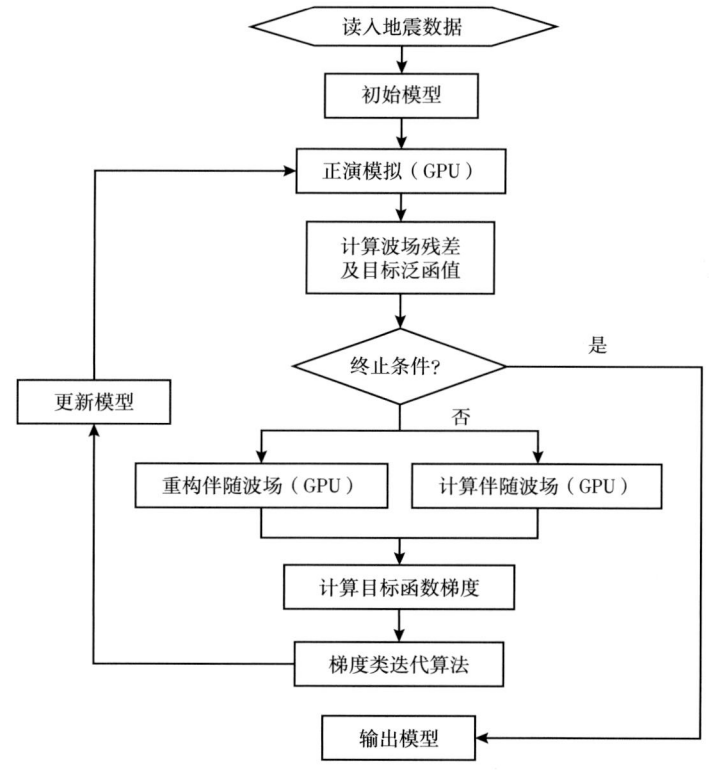

图 8-24　全波形速度反演基本流程

反演的基本保障。误差泛函的选择很大程度上影响了目标函数的非线性特征，在目标泛函中引入先验信息可以有效地提高全波形反演的收敛速度和收敛精度。图 8-25 是全波形反演的模型实验，当初始模型较为准确时，全波形反演能够得到更加精细的速度结构。

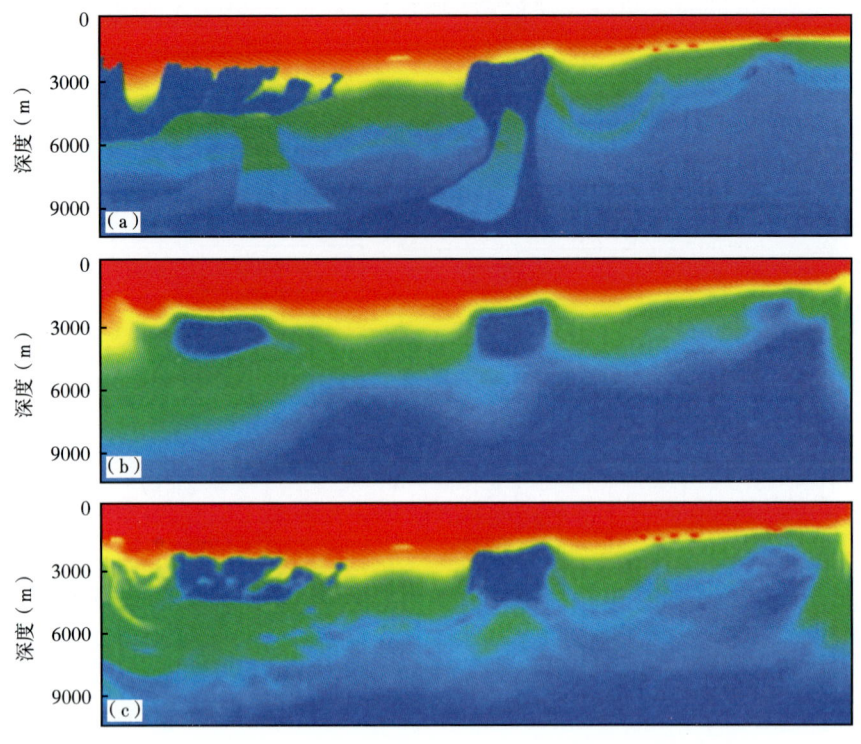

图 8-25　实际模型（a）、初始模型（b）和全波形反演的速度模型（c）

第四节　叠前时间偏移速度分析与质量监控

叠前时间偏移具有效率高、周期短、适应性强和效果稳定等优点，在地震成像处理中发挥着重要作用。

一、叠前时间偏移速度分析流程

图 8-26 是叠前时间偏移速度分析的基本流程。整个流程由初始模型建立和模型迭代更新两部分构成，首先由叠加速度得到均方根速度，在构造模型约束下，由均方根速度生成初始速度模型。利用初始速度模型进行叠前时间偏移生成 CRP 道集，反动校正之后进行剩余速度分析，对前面的模型进行迭代更新，直至校平 CRP 道集上的反射同相轴。

1. 初始模型的建立

下面以 Geodepth 地震数据成像软件为例，对建立叠前时间偏移初始速度模型的过程进行分析和讨论。首先基于叠加速度校正后的均方根速度场进行叠前时间偏移，然后在叠前时间偏移数据体上进行层位解释，建立时间域构造模型。这里的层位解释与以地质成果为目标

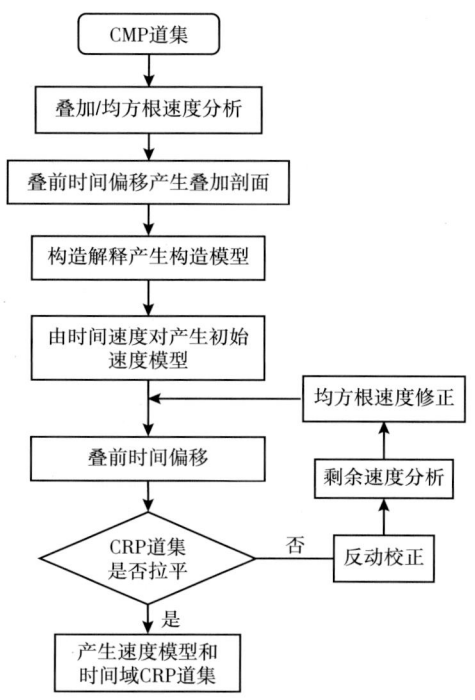

图 8-26 叠前时间偏移速度分析基本流程

的层位解释有很大差别，无需过分拘泥于构造细节。选择能量强、连续性好的同相轴进行横向追踪，选择的层位最好是一大套地层的速度界面，或者是同一个地质年代界面的反射。时间层位的厚度不能太大，若厚度太大，速度模型精度降低；但也不能太小，若厚度太小，速度变化不明显，且横向上不好控制。如图 8-27 所示，在完成控制线的层位解释之后，生成每一层的时间域构造平面图，对每一层的平面图进行插值、外推和平滑的处理，得到时间域三维构造模型。

2. 速度模型的迭代优化

按照速度分析判别准则，若速度准确，则叠前时间偏移后 CRP 道集上的同相轴沿偏移距方向趋于同一时间，即偏移后共反射点道集上的同相轴呈水平形态。若速度不准确，偏移后 CRP 道集上的同相轴呈弯曲状态，即存在剩余延迟量。基于剩余延迟量，可以进行垂向剩余速度分析或沿层剩余速度分析，产生新的均方根速度模型。垂向剩余速度分析和沿层剩余速度分析在原理上是一样的，但两者各有侧重，建议联合使用。图 8-28 是垂向剩余速度分析和沿层剩余速度分析的面板，通过剩余延迟分析对速度模型进行更新优化，直至垂向剩余延迟和沿层剩余延迟在"零线"附近。

二、叠前时间偏移速度分析质量监控

叠前时间偏移速度模型的质量监控除了遵循"点—线—面"的基本原则之外，不仅要对速度模型本身进行质控和分析，还需要就速度模型对应的 CRP 道集和成像结果进行质控分析。

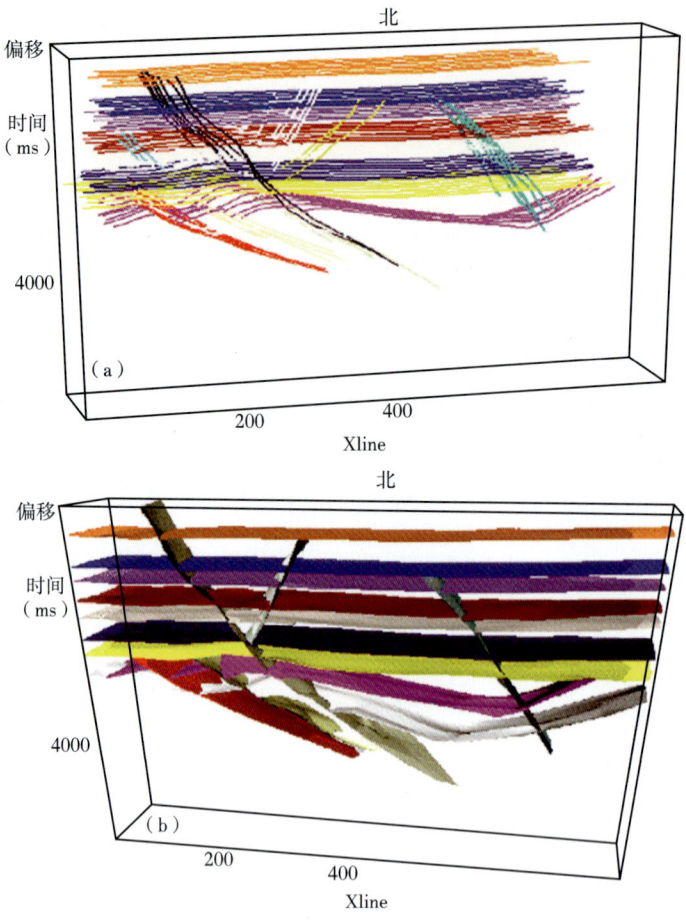

图 8-27 时间域层位解释（a）及其生成的三维构造模型（b）

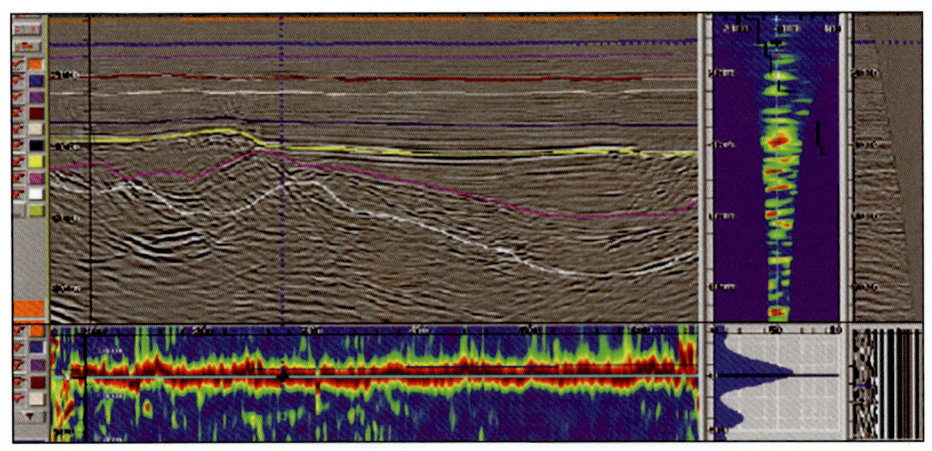

图 8-28 垂向剩余速度分析（上）和横向剩余速度分析（下）

1. 速度模型质量控制

首先在垂向上和横向上对所有速度分析点和所有时间层位的剩余延迟归零情况进行检查，对归零情况不理想的进行整改。然后抽取工区内主测线和联络测线的速度谱和速度剖面，如图8-29所示，观察速度谱拾取是否准确、速度剖面变化是否与偏移剖面整体形态大体一致。在有测井数据的地区，考察测井速度与偏移速度的吻合情况。

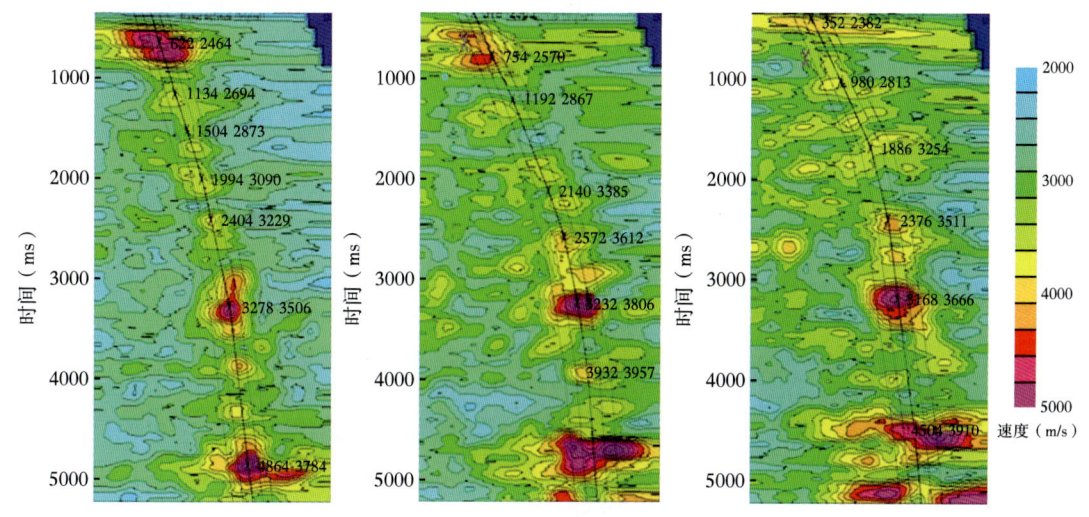

图8-29 速度分析质量监控

2. CRP道集质量控制

CRP道集质量监控是最为重要的监控手段，忽略各向异性的影响，在速度模型正确的情况下，如图8-30所示，CRP道集中的同相轴应该校平。速度模型误差导致CRP道集中的同相轴出现"下拉"或者"上抛"现象，同相轴"上抛"表示偏移速度比真实速度低；同相轴"下拉"表示偏移速度比真实速度高。尤其需要注意的是，速度模型不准确还可能导

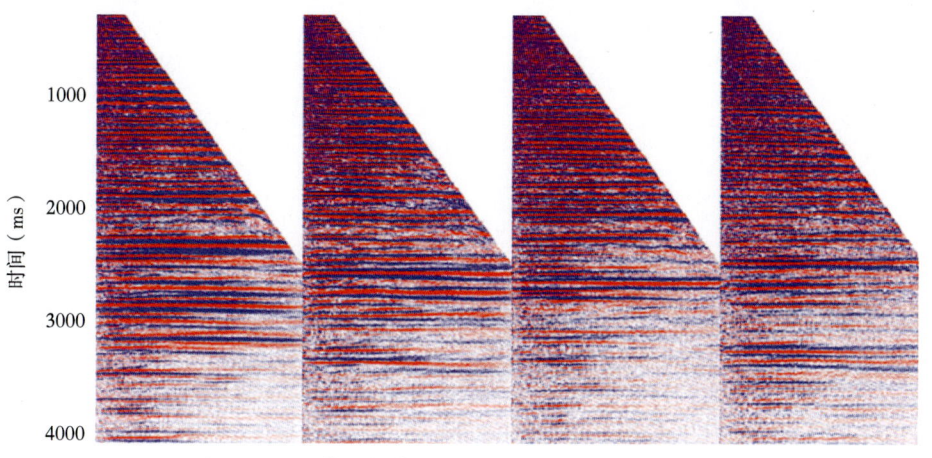

图8-30 叠前时间偏移速度模型CRP道集质量监控

致反射能量未被正确地收敛到该 CRP 道集中，使得 CRP 道集中的反射比较发散和凌乱，这种现象与噪声影响类似，但它是由速度误差造成的，需要引起处理人员的重视。

3. 偏移剖面质量控制

偏移剖面质控属于综合质控手段，首先要看偏移剖面有没有明显的画弧现象，如存在明显的"画弧现象"，就需要进一步优化速度模型和偏移参数。然后考察偏移剖面上的构造特征是否清晰、断层归位是否合理、是否存在偏移过量或者偏移不足等现象。图 8-31 是速度场整改前后的偏移剖面，速度场优化之后不仅消除了偏移"画弧现象"，地层之间的结构关系也更加清晰。

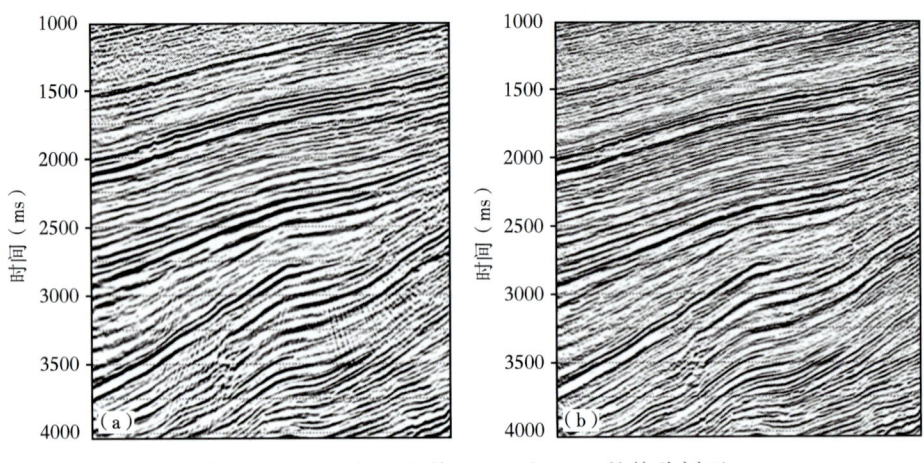

图 8-31 速度场整改前（a）后（b）的偏移剖面

4. 切片质量控制

对地震切片上的振幅特征和构造特征进行质控分析，检查是否有能量异常、能量异常是否可靠，地质现象是否清晰，是否符合研究区地质特征等。图 8-32 是速度模型优化前后成像结果的振幅切片，速度模型优化之后的振幅切片上可以清晰地见到断裂的走滑擦痕。

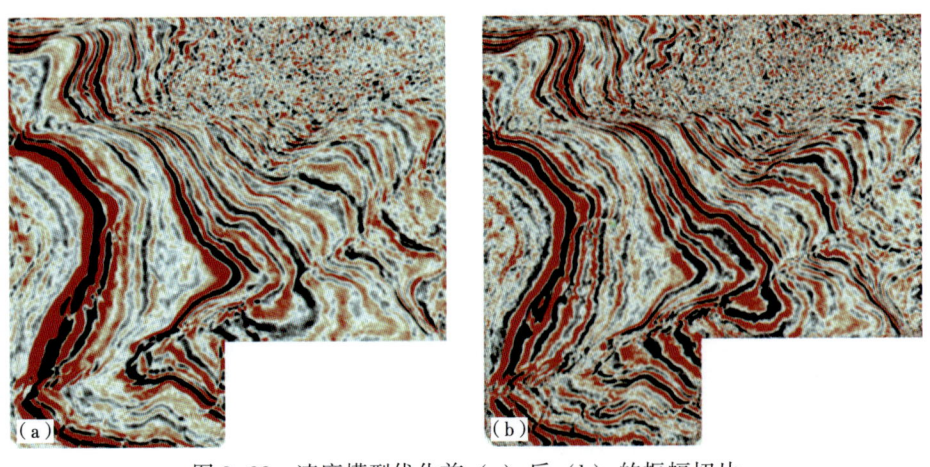

图 8-32 速度模型优化前（a）后（b）的振幅切片

5. 井震标定质量控制

充分利用工区范围内的测井资料进行控制点井震标定分析，对测井合成记录与井旁地震道相似性进行质控和评价。另外，在有钻井地质成果的地区，还可以利用钻井地质层位和地质认识对成像结果的可靠性进行定性分析，为速度优化提供依据。图8-33是新疆油田某区块叠前时间偏移数据井震标定情况，两口井位置的地震数据与测井合成记录的相似系数分别为0.86和0.887，表明了速度模型和成像结果的可靠性。

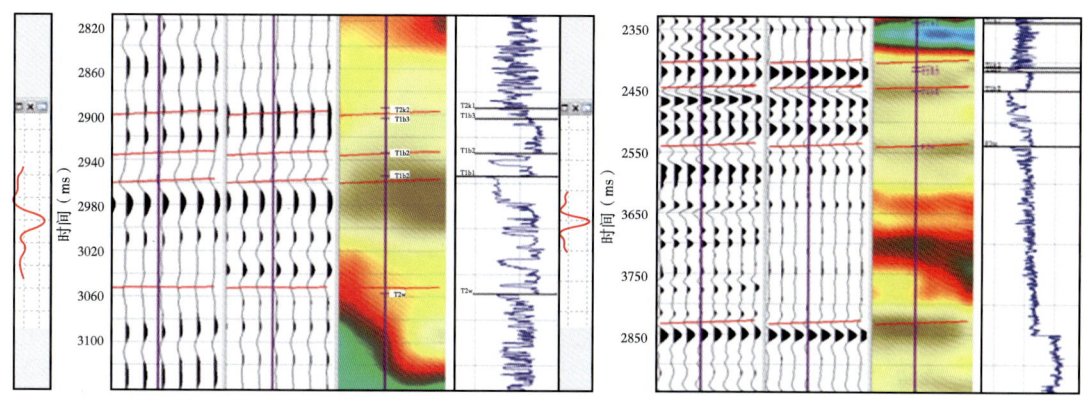

图8-33 叠前时间偏移井震标定质量控制

6. AVO正演质量控制

叠前时间偏移产生的CRP道集是基于AVO分析和弹性阻抗反演进行储层预测的基础数据，CRP道集对地震反射特征的保持能力直接关系到储层预测结果的可靠性。因此，在有测井数据的地区，建议利用测井数据合成的叠前道集对叠前时间偏移CRP道集的保幅性能进行考察分析，为优化速度模型和成像结果提供实验依据。图8-34是新疆油田某区块利用AVO正演进行质控的情况，两者在反射特征上具有较好的一致性。

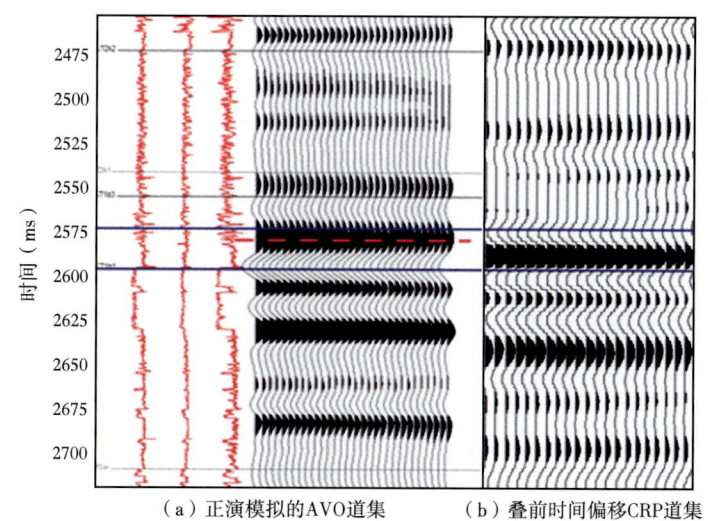

(a) 正演模拟的AVO道集　　(b) 叠前时间偏移CRP道集

图8-34 利用叠前合成记录对叠前时间偏移CRP道集进行质量监控

7. 连井剖面质量监控

如图 8-35 所示，抽取工区内的连井剖面，考察和分析地震数据、测井数据和钻井数据的匹配程度。对地震反射同相轴与钻井分层和地层分层的关系进行评价分析。与地震资料解释人员充分沟通和交流，赋予地震同相轴地质层位的概念，对速度场和偏移成果进行综合分析和客观评价。

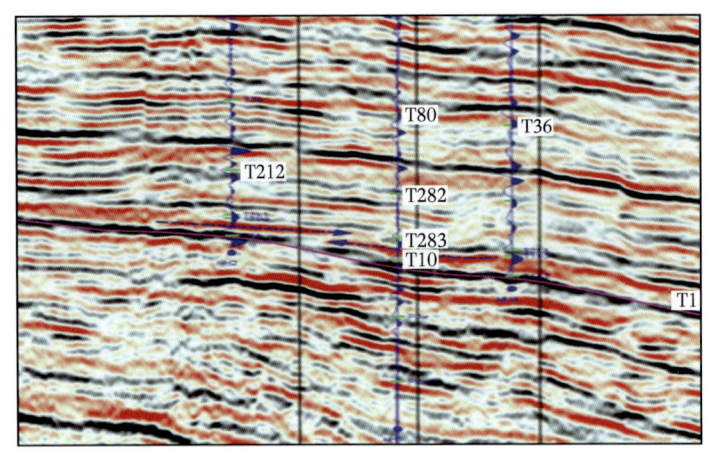

图 8-35 叠前时间偏移连井剖面质量监控

第五节 叠前深度偏移速度建模与质量监控

叠前深度偏移是目前地震数据成像的最高形式，其目标不仅要获得复杂构造的位置和形态，还要获得与储层岩性、物性和流体性质有关的动力学信息，对地震数据、速度模型和偏移方法具有更高要求。就应用层面而言，叠前深度偏移的过程就是速度建模的过程，速度模型在叠前深度偏移处理中具有至关重要的作用。

一、叠前深度偏移速度建模基本流程

图 8-36 给出了叠前深度偏移速度建模的基本流程，总体上讲，叠前深度偏移速度建模分两大步骤，一是初始速度模型的建立，二是速度模型的更新和迭代。初始模型与实际模型越接近，速度迭代更新的速度越快，最终模型与实际模型越接近；否则，如果初始模型与实际模型差别很大，不仅后续更新收敛的速度很慢，其最终模型的精度也会受到很大影响。

1. 初始模型的建立

一般而言，在叠前深度偏移之前首先要进行叠前时间偏移，也就是说，在叠前深度偏移之前已经有了相对可靠的均方根速度场和叠前时间偏移成果数据。叠前深度偏移初始建模的主要工作就是基于时间层位解释成果将叠前时间偏移的均方根速度转化为深度域的层速度，主要方法有 Dix 公式法、CVI 反演法和相干反演法。一般而言，由上述方法转换的深度域层速度存在较大误差。因此，在初始模型建立阶段，在测井信息、钻井信息和地质成果的指导下实现多信息融合综合建模十分重要。

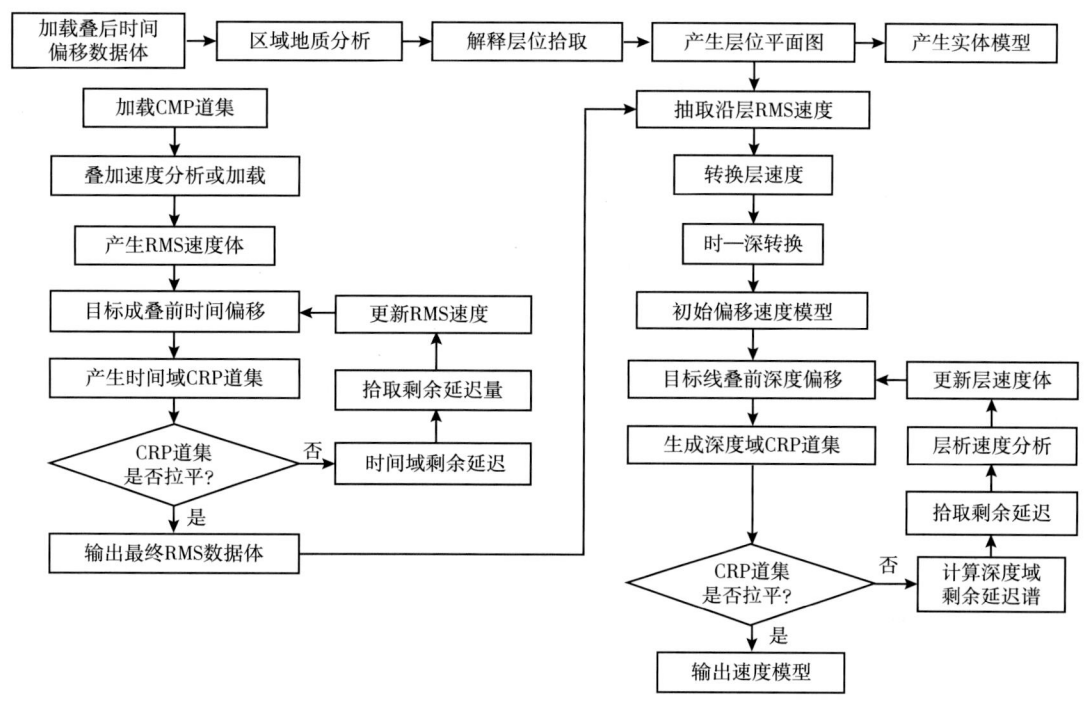

图 8-36 叠前深度偏移速度建模基本流程

2. 深度域层速度模型的迭代和更新

初始模型建立之后，需要对其进行迭代更新，以获得最终的速度模型和最佳的成像质量。速度更新的考核指标是 CRP 道集的同相轴尽量拉平。尽管能够拉平 CRP 道集的速度未必是真实的层速度，这一点许多文献中都有详细论述，但就地震资料成像处理而言，CRP 道集拉平仍然是目前最为重要的考核指标，利用测井数据对时—深关系的校正只能在个别分析点上进行，整体的速度建模工作只能依靠 CRP 道集分析及其成像后的聚焦能力分析。

从大的方面讲，层速度更新有两种最为主要的实现方法，一种是在 CRP 道集上进行的纵向剩余速度分析，一种是层析反演速度分析（包括沿层层析和网格层析）。前者的速度分析方式与叠加速度和叠前时间偏移速度分析类似，精度较差，在叠前深度偏移技术进入业界之初较为流行。后者利用层析反演技术基于剩余延迟时差修改速度模型，精度较高，是目前叠前深度偏移速度更新的主体技术。图 8-37 是新疆油田某区块叠前深度偏移速度更新过程及其成像结果对比，随着速度模型的更新，成像质量也得到改善。

二、叠前深度偏移速度建模质量监控

虽然就监控手段和监控流程而言，叠前深度偏移速度建模质量监控与叠前时间偏移速度分析质量监控基本类似。但由于深度偏移较时间偏移对速度模型更加敏感，叠前深度偏移速度建模对质量监控提出了更高要求。

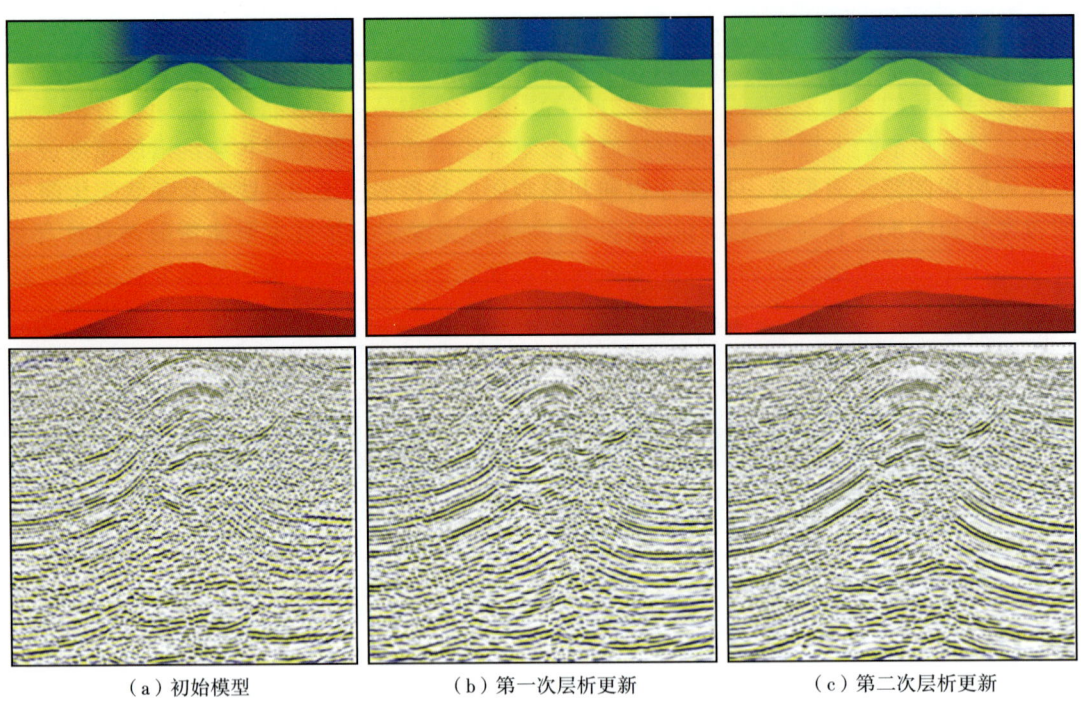

图 8-37　不同阶段的速度模型（上）及其成像结果（下）

1. CRP 道集的质量控制

虽然不是充分条件，但 CRP 道集同相轴拉平是速度模型准确的必要条件。如图 8-38 所示，如果速度模型正确，则 CRP 道集中的反射同相轴应该沿偏移距方向基本拉平，且垂直剩余速度分析的能量团集中在"零线"附件。

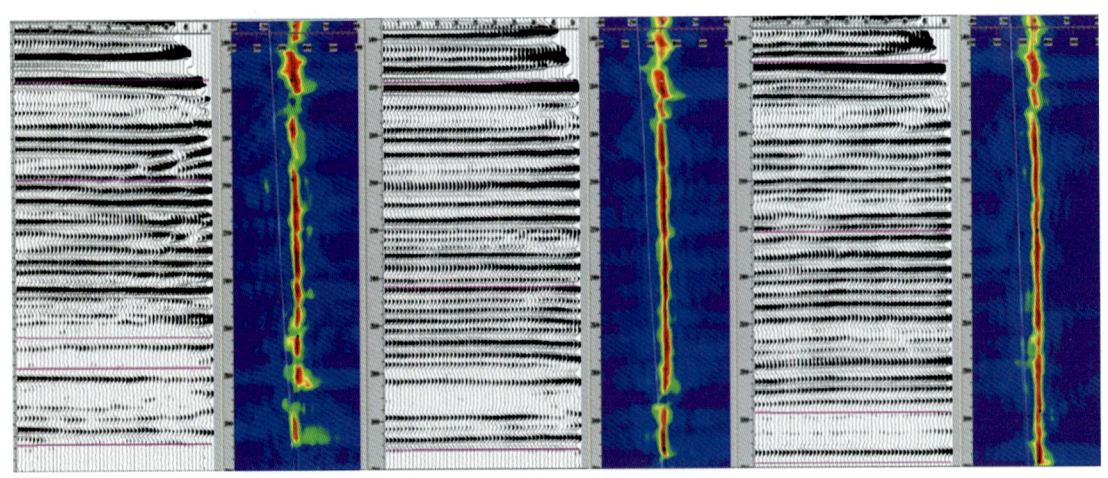

图 8-38　叠前深度偏移速度模型 CRP 道集质量监控

2. 沿层速度分析质量控制

理想情况下，最后一轮沿层速度分析的速度谱应该比较聚焦，相干能量集中在"零线"附近。需要注意的是，某一层沿层速度分析的质量不理想，既有可能是本层速度分析不准确造成的，又有可能是上覆地层的沿层速度分析不准确造成的，需要将各层的沿层速度放在一起综合分析和调整，而不要一味地分析和调整本层的速度。图 8-39 是速度模型优化前后的沿层速度分析情况，速度模型优化之后，速度谱更加聚焦，并且主要能量分布在"零线"附近。

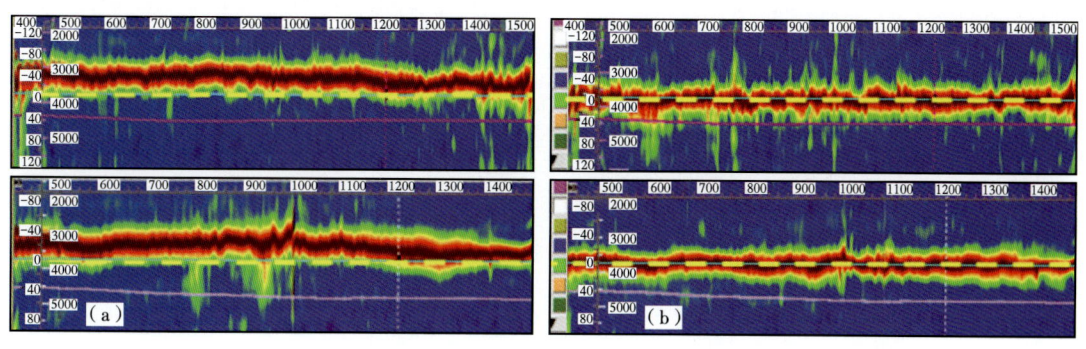

图 8-39　速度模型优化前（a）后（b）的横向速度谱

3. 速度模型质量控制

对叠前深度偏移影响较大的是速度模型的中低频分量，虽然并不要求偏移速度与测井速度在所有细节上保持一致，但是，就速度模型的某个层位而言，该层的偏移速度应该与对应测井曲线的平均速度基本一致，速度在横向上的变化趋势也应该与地质模型和测井数据所揭示的速度趋势大体一致。图 8-40 是速度模型整改前后与测井速度的对比情况，可以看到速度模型整改之后，与测井速度的中低频趋势基本一致。

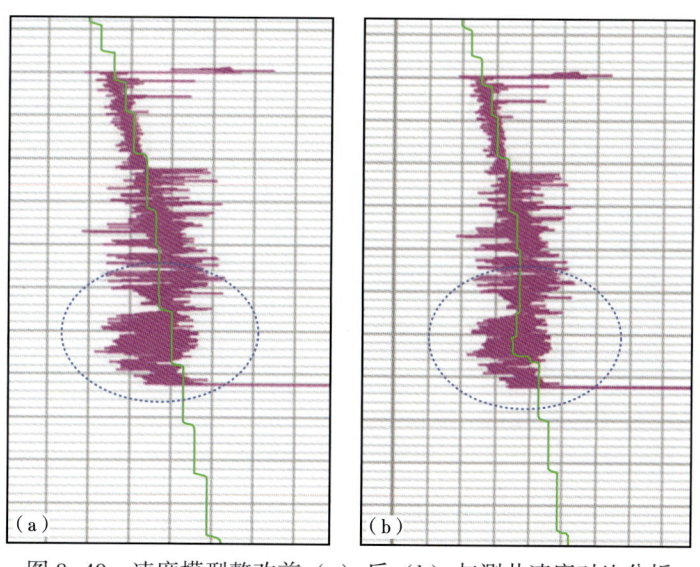

图 8-40　速度模型整改前（a）后（b）与测井速度对比分析

4. 速度层位质量控制

叠加速度分析和叠前时间偏移速度分析主要是在 CRP 道集上进行纵向速度分析，并辅助以沿层速度分析。叠前深度偏移速度分析主要是沿层速度分析，并辅助以网格层析分析，叠前深度偏移更加强调"层"的概念。速度建模的层位一般选择能量较强和信噪比较高的同相轴作为分析层位。但是，由于叠前深度偏移速度建模是迭代进行的，每次迭代之后同相轴的空间位置都会发生变化，需要对层位重新进行解释和拾取，以便新一轮的沿层速度分析依然在可靠的同相轴上进行，避免沿层速度分析和相关计算在低信噪比、弱反射（甚至没有反射）的时窗上进行。当完成最后一轮速度迭代之后，如图 8-41 所示，叠前深度偏移的解释层位和速度模型应该尽量收敛在一起，速度剖面和成像剖面叠合显示时，速度界面和地震反射保持一致。

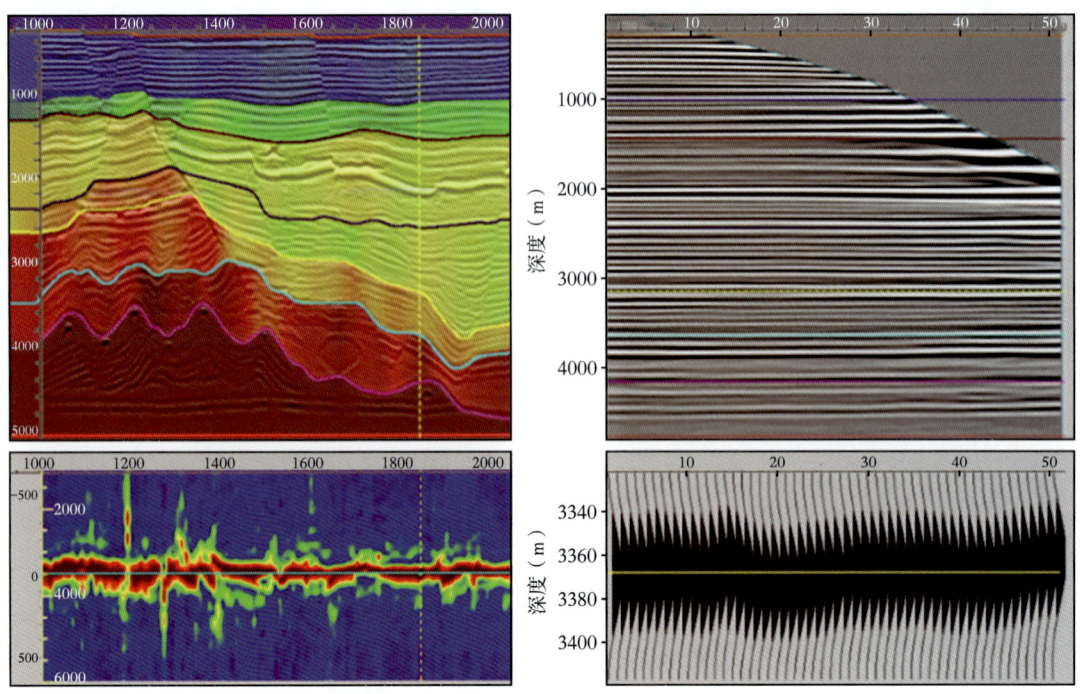

图 8-41 速度模型和成像剖面叠合显示对速度模型进行质控

5. 偏移剖面质控

对速度模型进行质量监控的目的是获得高质量的成像数据。通过观察偏移剖面上地震反射是否归位、反射能量是否收敛、接触关系是否清晰和断裂系统是否合理等对速度模型进行质控和评价。图 8-42 速度模型整改前后的成像剖面。速度模型整改之后，反射归位，能量聚焦，成像质量明显改善。

6. 切片质控

与地震剖面相比，地震切片能够更好地展示地层结构和断裂系统在空间上的展布特征，在质量监控中具有独特的作用。图 8-43 是速度模型整改前后的振幅切片。速度模型整改之后，振幅切片上的反射结构更加突出、地质现象更加清晰。

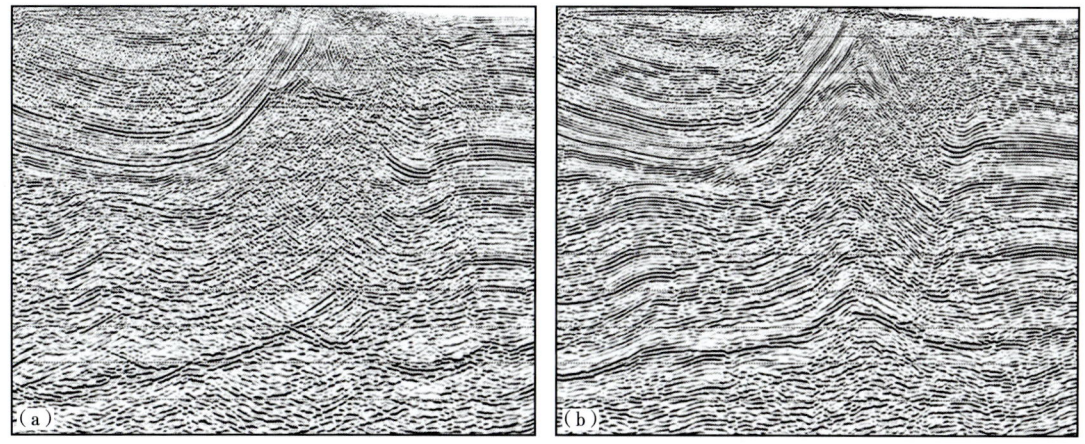

图 8-42 速度模型整改前（a）后（b）的偏移剖面

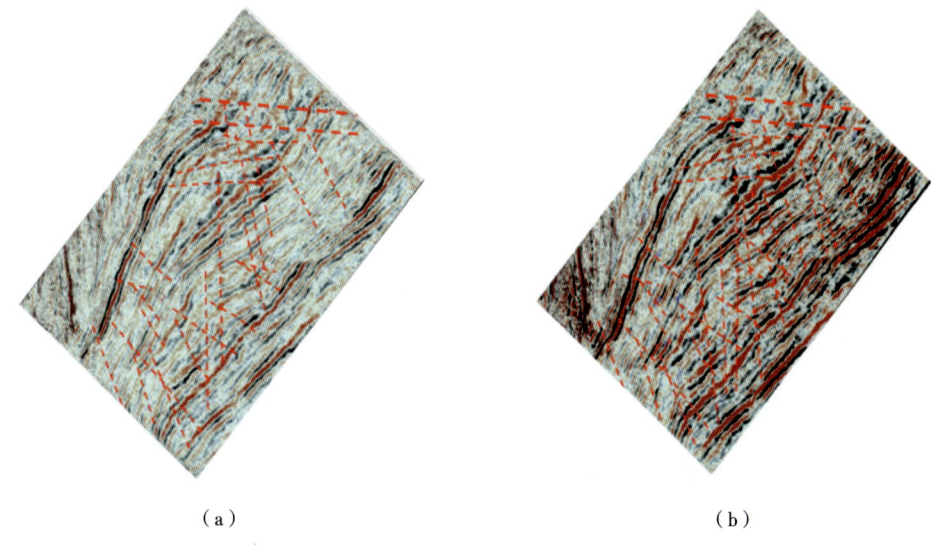

（a） （b）

图 8-43 速度模型整改前（a）后（b）的地震切片

7. 连井剖面质控

与时间域处理不同，叠前深度偏移直接输出深度剖面，无需时—深转化，可以直接使用测井数据和钻井数据对成像位置和成像深度进行考察和评价，对每口井在不同深度的成像误差进行定量分析。在这个过程中，合成地震记录标定的目的不再是进行时—深转换，而是要标定地质层位或者地质界面在深度剖面上反射特征和映射关系，由于子波干涉效应，某一个地质层位不一定对应波峰或者波谷，需要利用合成记录进行甄别和标定。图 8-44 是新疆油田某区块叠前深度偏移连井剖面与钻井地质剖面的对比情况，地质层位和地震反射之间具有很好的对应关系，且深度误差均小于该地区深度域成像的误差要求。

【第八章】 速度建模和偏移成像质量监控

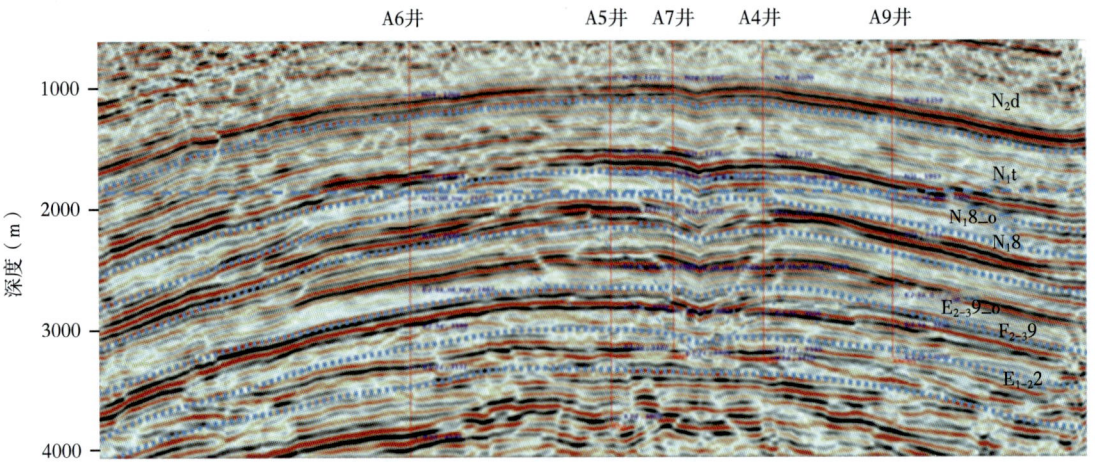

图 8-44 连井剖面质控分析

第九章 地震资料处理质量监控与评价系统简介

为适应地震资料处理技术的发展，增强质控方法和质控过程的科学性、先进性、客观性和规范性，更好地满足勘探开发的地质需求，新疆油田公司自主研发了一套 Seis-ProQC 地震资料处理质控与评价系统。在对质控方法进行深入研究的基础上，利用数据并行计算、数据优化筛选、跨系统数据提取和粒度分割等技术大幅度提升了海量地震数据质控效率和监控质量，实现了基于统一平台的地震数据处理质量监控。

第一节 系 统 构 成

一、系统功能结构

Seis-ProQC 系统功能结构如图 9-1 所示。该系统平台底层具有数据库平台支撑，并与物探工程生产运行管理系统相兼容，横向上具有地震数据读取接口，系统本身具备完整的质控项目管理、质控环节定义、质控参数定义、交互化属性分析和计算等模块。

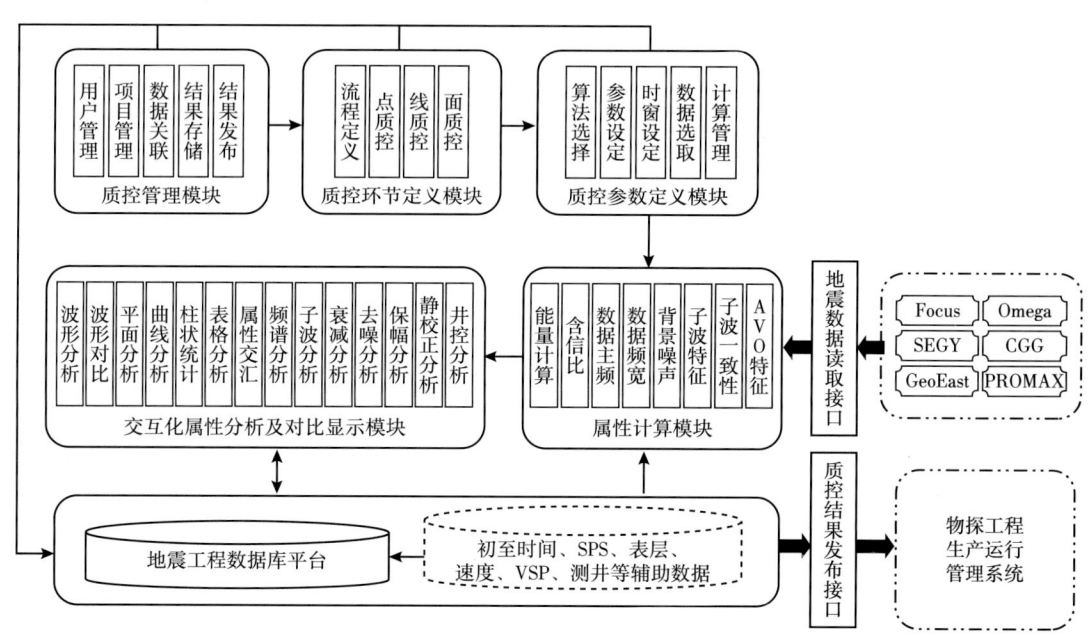

图 9-1 系统主体逻辑结构及功能图

质控项目管理模块主要负责质控项目的建立、加载及查询等管理功能。质控环节定义模块是依据处理项目的类型及处理目标，结合勘探区块的表层特点及原始资料信噪比、能量和频率等属性分析情况，定义质控流程和质控的点、线、面。质控参数定义模块以交互向导方

式定义质控分析的参数,包括质控分析的属性、质控分析的时窗范围及地震属性分析采用的数学算法。属性计算模块是依据定义的质控参数,开展地震数据属性计算,同时还可以管理正在运行的属性分析作业,实现进度查看和进程管理等功能。交互化属性分析及对比显示模块主要依据属性计算的结果,开展曲线、柱状图、平面图,以及表格方式的显示、对比及分析。质控平台数据库存放了质控项目相关的基础信息、质控分析参数、质控分析辅助信息(如表层信息数据、速度数据、井数据等)、质控属性及质控报告等信息。

二、系统平台部署

Seis-ProQC 系统采用典型的客户端-服务端运行模式,其部署结构如图 9-2 所示。客户端软件分为固定客户端和移动客户端两种运行模式,固定客户端模式是将客户端与计算服务端安装在相同环境下,适用于大多数使用情况。移动客户端是将客户端程序安装在移动工作站上,在使用时通过网络读取数据及发送计算任务,可满足第三方人员质控监理的工作要求。

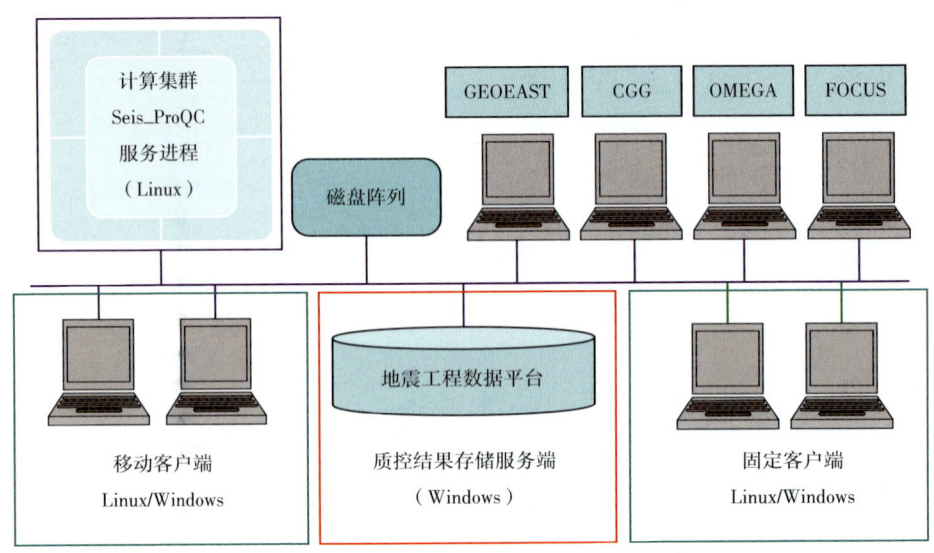

图 9-2 系统运行部署结构示意图

服务端分为计算服务端和质控结果存储服务端。计算服务端部署在处理集群节点上,采用多节点并行计算结构,可高速访问磁盘阵列中的地震资料文件,根据客户端发送的计算任务读取文件进行计算,并将结果返回给客户端。质控结果存储服务端包括关系数据库、数据传输程序及文档生成程序,负责质控结果、质控图件的存储及质控报告文档的生成。

三、系统工作流程

Seis-ProQC 系统操作主要包括项目质控准备,原始资料属性计算分析与质控点、线定义、质控环节属性计算与质控交互分析、质控图件与报告形成四个主要步骤,图 9-3 展示了从新建项目到形成质控报告的操作流程。首先完成质控分析计算前的准备工作,包括选定质控环节、设置地震数据格式匹配等。其次是完成原始资料的属性计算并根据分析结果确定质控点和质控线,然后进行后续质控环节的属性计算及质控交互分析工作;最后生成质控图件和质控报告。

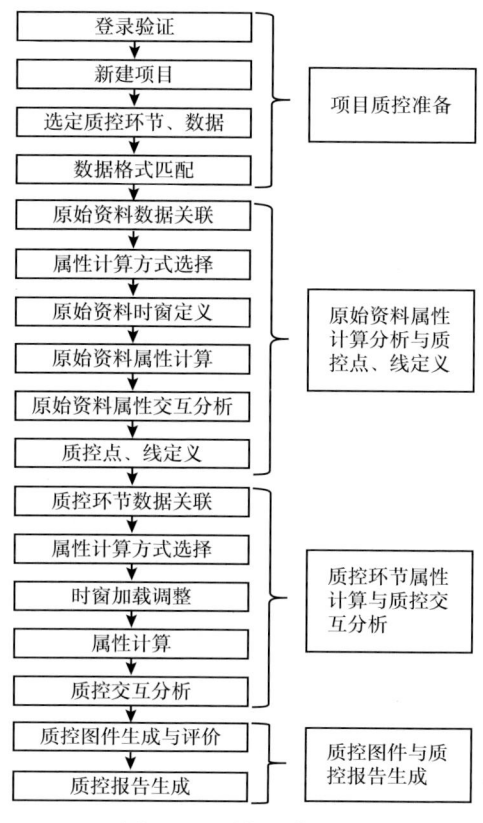

图 9-3 系统工作流程

Seis-ProQC 系统的总体工作流程与外部处理系统的交互关系如图 9-4 所示。资料处理任意环节的结果或原始地震数据均能采用本系统进行监控，监控计算结果保存至本地计算机。对处理过程的关键环节，要求处理人员在本环节处理完成后提交质量监控结果，系统将此结果保存至服务器，并可在任意时刻调用查看。为了体现简单方便和轻量化的设计思想，

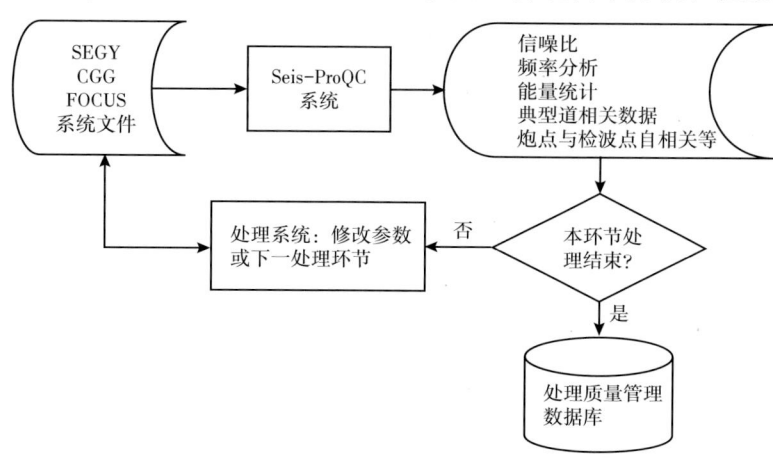

图 9-4 系统工作流程与外部处理系统交互关系

且尽可能不影响处理人员的生产过程，系统采用只读方式直接读取处理系统结果文件，避免了因地震数据的复制或格式转换而影响文件的处理结果。系统还可实现针对多种不同格式文件的质控能力，包括 SEGY 文件及 FOCUS 处理系统、CGG 处理系统、GeoEast 处理系统的内部格式，这些格式的文件不需要进行格式转换，只需将地震文件关联到系统中即可，可大幅提高工作效率。

第二节 系统主要功能

Seis-ProQC 系统的核心功能是实现地震资料处理过程中统一规范的定量化质控分析，满足质控人员及管理人员对项目处理过程监督的需要。为此，针对地震数据处理的工作流程并结合地震工程数据平台的特点，系统采用以处理项目为管理中心，针对核心处理环节设定质控节点，对处理中产生的地震数据中间结果进行定量与定性相结合的质控分析，并结合《地震数据处理过程质量分析与评价规范》的要求，生成相关图件，通过图件自动形成质控报告。

一、质控项目管理与结果存储

本系统采用以处理项目为单位的项目管理方式，每一个处理项目对应一个质控项目，实行用户对项目访问权限的管理，项目处理参数、项目采集信息等内容的管理。系统采用地震工程数据平台为管理核心，可对计算的结果及计算参数进行统一存储，可以方便查看与追溯质控历史。

二、质控环节定义及数据管理

设置处理环节中的质控环节管理项目相关的井数据、速度数据、初至数据、质控点、质控线及管理各个环节的地震数据。数据道集格式支持炮集、CDP 道集及叠后数据，地震数据的管理采用路径关联的形式，并可根据需要关联地震数据与 SPS 信息。井数据、速度数据的加载可采用文本文件、道头提取和 SEGY 数据等多种数据方式。

三、质控参数定义

质控参数的定义包括信号和噪声计算时窗参数的交互设置，有叠前双曲线时窗、背景噪声折线时窗和叠后折线时窗等多种方式。质控参数的定义采用图形交互的方式完成，并通过向导的方式，引导用户分步完成。

四、质控属性计算

质控属性计算包括信号能量、信噪比、频谱特征、子波特征和叠后属性等多种定量化属性计算方法。属性计算采用异步方式进行，用户通过向导方式生成属性计算任务后发送到计算服务端，由计算服务端管理任务的分发、计算及结果收集，客户端通过计算监控功能监控计算进度及暂停终止任务，发送任务后客户端可不受干扰继续进行其他操作，待计算完成后，再由客户端根据需要提取计算结果。

五、交互属性分析

交互属性分析包括地震数据的显示对比；属性计算结果的平面分析、曲线分析、统计分

析；地震数据、井数据、速度数据的频谱分析、衰减分析、子波分析、过井剖面提取、速度剖面提取等功能。

六、质控图件生成与质控报告生成

本功能是整个系统的核心功能，按照《地震数据处理过程质量分析与评价规范》的要求，确定质控环节需要进行的质控功能点，采用自动化、批量化的方式，由用户确定图件显示比例后，生成各个质控功能点对应质控点、线、面的质控图件，并将质控图件及图件参数信息与质控项目信息结合，生成质控报告文档。

第三节　系统界面设计

Seis-ProQC 系统包含两级界面，系统启动登录验证后进入一级界面，一级界面主要用于质控项目管理功能中的工区管理，以及系统配置、用户管理、新建项目及质控属性计算中的作业监控等功能。二级界面由一级界面针对某一质控项目来激发，实现包括质控环节定义数据管理、质控参数定义、交互分析、质控图件与质控报告生成等主要的质控功能。考虑到质控人员同时质控分析多个项目的需求，二级界面可同时打开多个窗口，实现对多个项目同时质控。

Seis-ProQC 系统分为标准和自选两种运行模式，分别对应不同的应用目标。标准模式是以《地震数据处理过程质量分析与评价规范》要求内容为主，依据处理流程，对规范要求的质控环节分别设置不同检查项，完成相应质控分析并输出质控报告，主要面向质控管理人员。自选模式则针对资料处理人员，用于辅助性质控分析，不受操作流程的约束。下面以标准模式的操作流程为例，对系统主要功能界面进行展示。

一、系统启动界面

系统启动界面为系统一级界面启动后弹出的界面，如图 9-5 所示，用于工区选择及用

图 9-5　Seis-ProQC 系统登录界面

户登录验证，登录验证采用工程数据库平台的统一验证机制，登录成功后正式进入系统一级界面。

二、系统一级界面

系统一级界面如图9-6所示。一级界面分为功能操作菜单区、项目列表区和主显示区，主要操作通过菜单栏及项目列表的右键菜单完成。

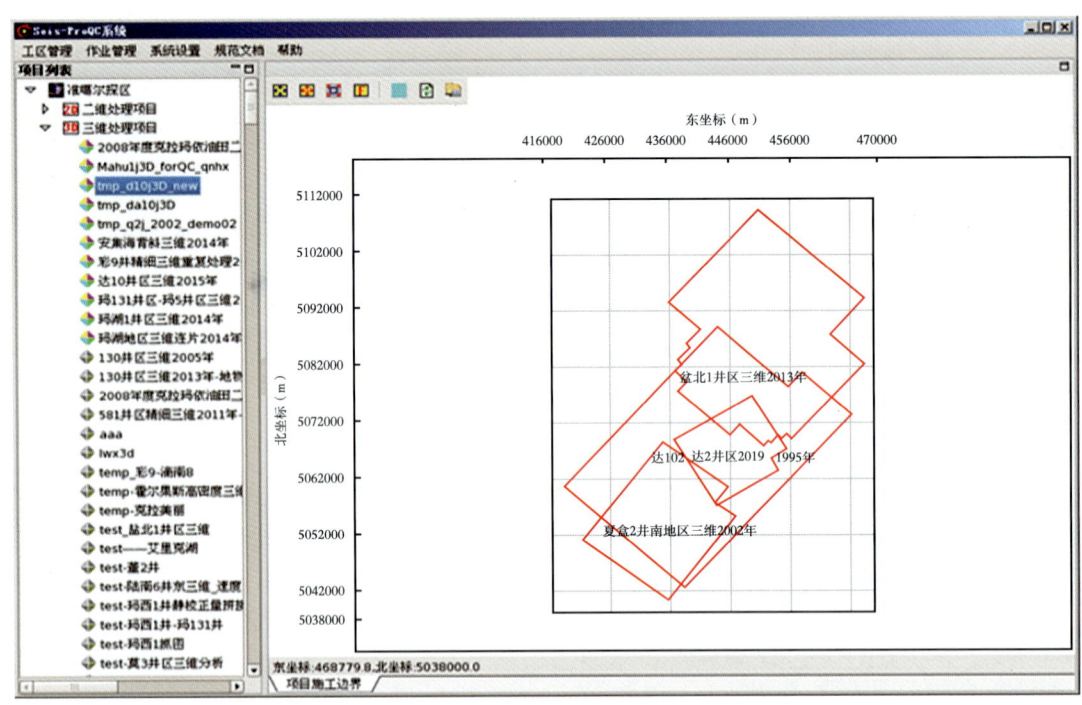

图9-6 系统一级界面

在针对项目进行质控之前，需要先启动项目，完成项目基础信息的设置工作。启动项目包含新建项目和打开现有项目两种情况。如图9-7所示，新建质控项目可以通过输入项目名称、项目类型、区带等基本信息及基准面、替换速度、面元等处理信息后实现。打开现有项目可以通过直接选取或查找项目功能来实现，项目启动后弹出二级窗口界面。

三、系统二级界面

如图9-8所示，系统二级界面菜单栏包括项目管理、数据管理和质控评价等选项。二级界面项目流程采用多级树形结构，使用右键菜单进行流程化质控，可以实现地震数据关联、属性选择、时窗定义和属性计算等功能。

在对处理结果进行质控前，需要先对原始资料进行分析评价，并对观测系统定义进行检查，以便掌握原始资料基本情况，并以此为根据定义质控点和质控线的位置。在质控环节流程树上，通过右键菜单，分步操作，可以加载相应地震数据，并进行包括能量、频率、信噪比及子波特征等定量属性指标的计算。图9-9显示了属性计算方式及参数选择界面，可以选择多种属性进行计算分析。

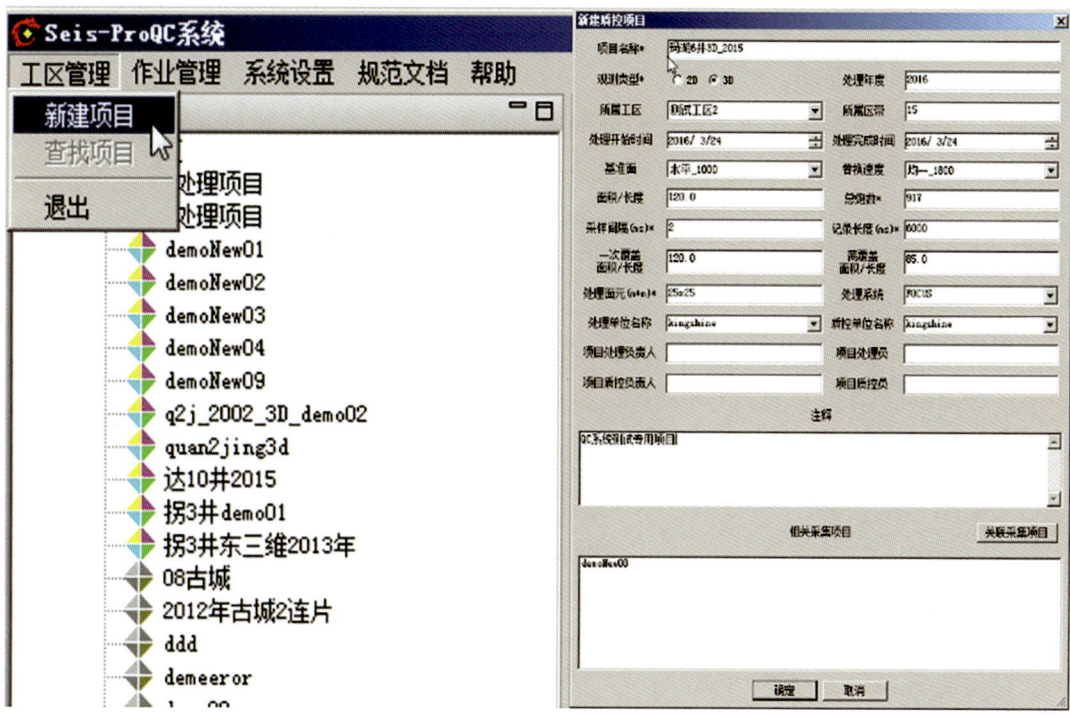

图 9-7 新建质控项目界面

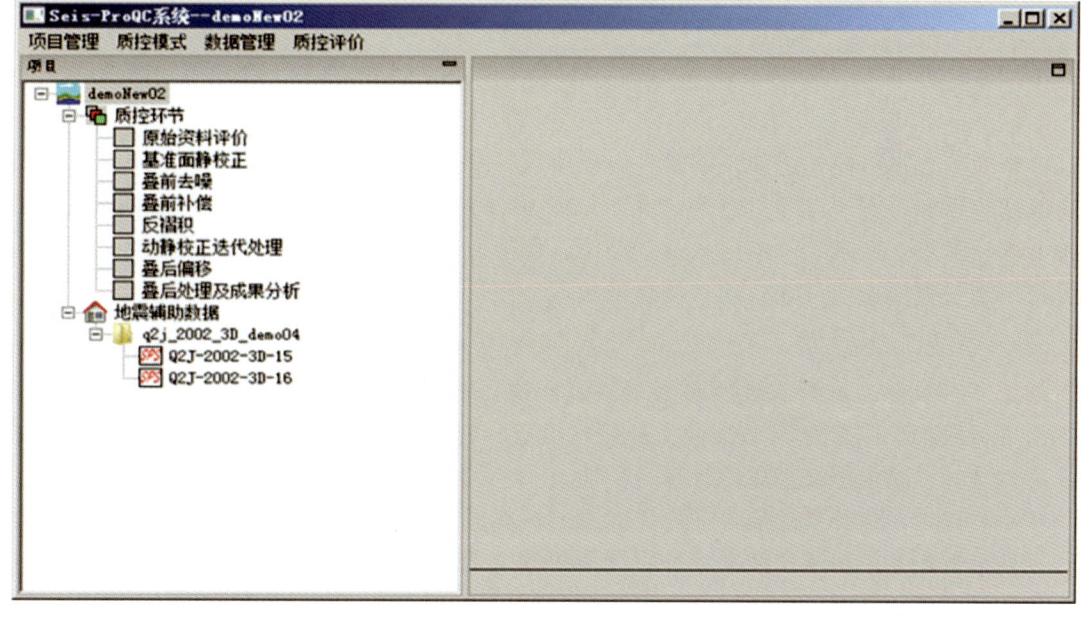

图 9-8 系统二级界面

【第九章】 地震资料处理质量监控与评价系统简介

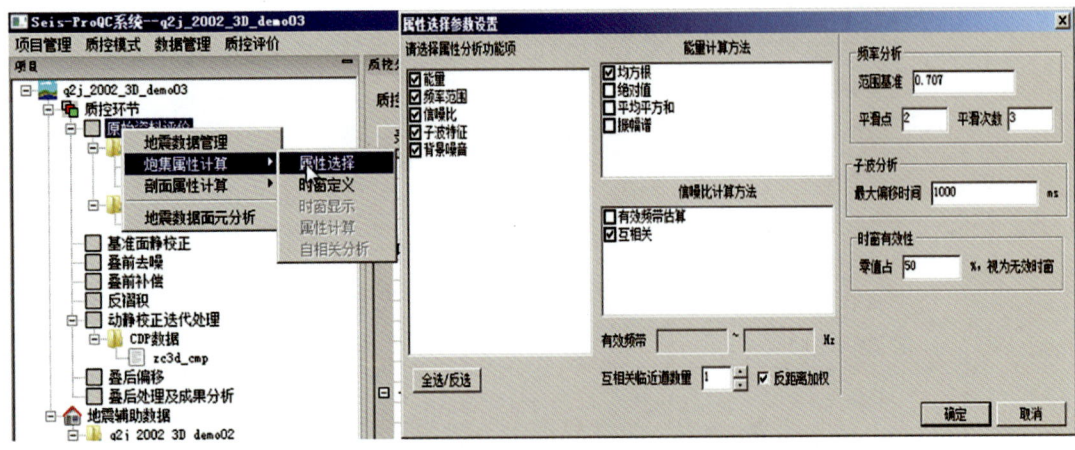

图 9-9 属性选择菜单

属性计算完成后，在质控评价菜单下的质控分析面板中，如图 9-10 所示，可以进行原始资料属性交互分析功能操作。

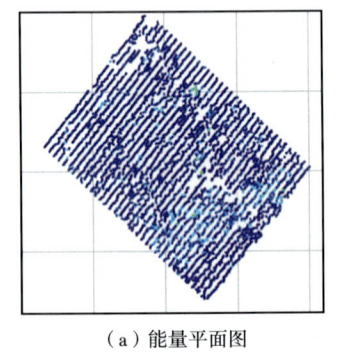

（a）能量平面图　　　　（b）信噪比平面图　　　　（c）有效带宽

图 9-10 炮集指标属性平面显示

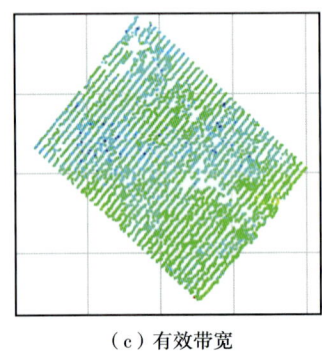

质控点和质控线位置定义一般根据原始资料属性分布、地表高程和静校正量等数据进行交互设置，或采用异常点分析和极值点选择等方式自动化完成，此外也可采用等间隔添加和文本加载方式添加等。图 9-11 为质控点和质控线的选取界面。完成上述步骤后，即可根据相应交互图件对原始资料进行分析评价，结合面元分析功能，检查观测系统定义合理性。

完成原始资料分析操作之后，后续各质控环节操作流程与原始资料质控分析的操作类似，主要分为质控环节数据关联、属性计算方式选择、属性计算和质控交互分析等步骤。在原始资料分析评价的基础上，质控环节中时窗定义可对原分析时窗进行调整，属性计算也可以选择数据范围，根据需要只针对质控点、线进行属性分析。完成质控环节属性计算后，可进行质控交互分析，也可以继续完成所有质控环节的属性计算后统一进行质控交互分析，质控交互分析也在质控分析窗口下进行。图 9-12 和图 9-13 分别为静校正质控环节、速度分析和偏移处理质控环节相关质控图件的显示。图 9-14 和图 9-15 分别为不同处理阶段质控点和质控线对比分析，通过观察质控点和质控线在不同处理阶段的变换，对处理质量进行监控。

— 207 —

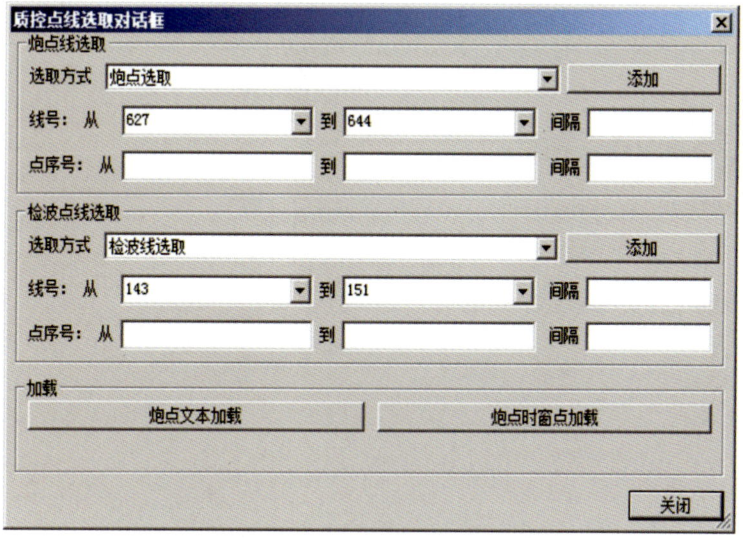

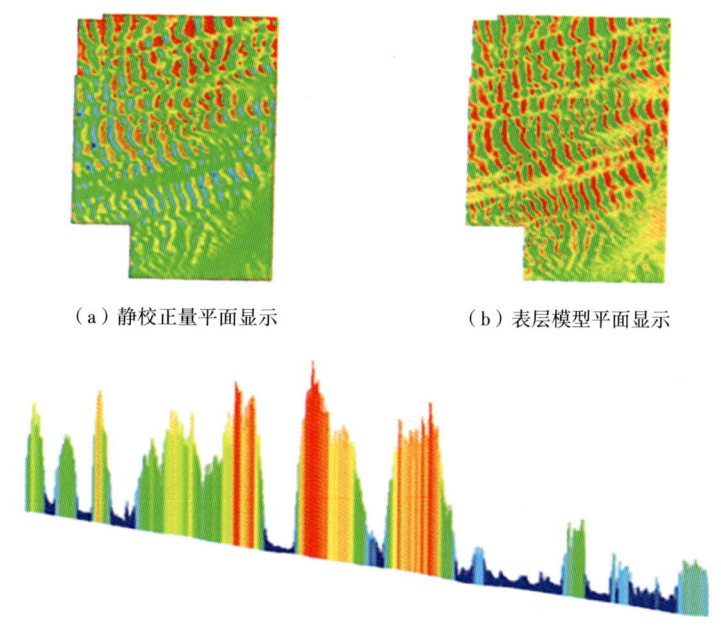

图 9-11 质控点和质控线的选取

（a）静校正量平面显示　　（b）表层模型平面显示

（c）质控线表层模型显示

图 9-12 静校正质控环节交互分析

最后，可以通过参数设置确定显示比例和显示内容，进而生成质控图件，并输入评价信息。通过质控分析图件、质控评价意见及质控项目基本信息等资料，综合形成质控报告文档，完成项目质控。质控报告中包括质控点、质控线等项目基本信息，原始资料及各个质控环节的质控图件，质控点指标评价表，指标极值表等。

【第九章】 地震资料处理质量监控与评价系统简介

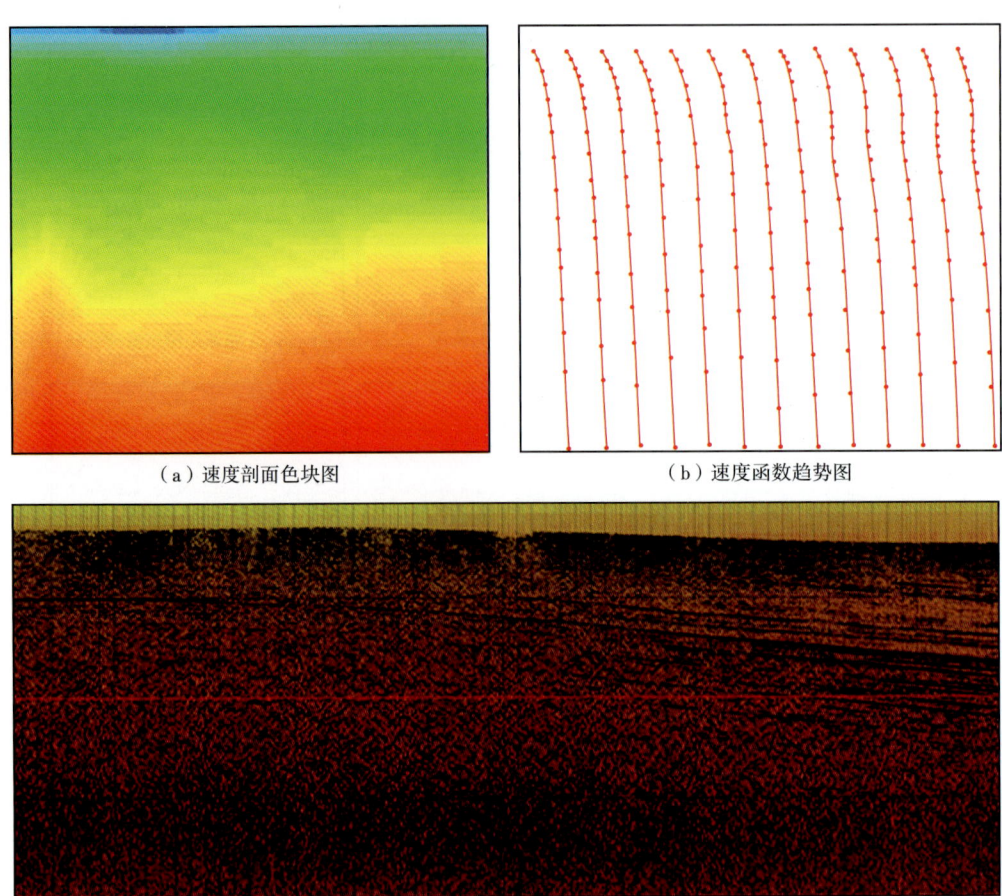

(a)速度剖面色块图　　(b)速度函数趋势图

(c)速度剖面色块波形对比

图 9-13　速度建模和偏移处理质控环节交互分析

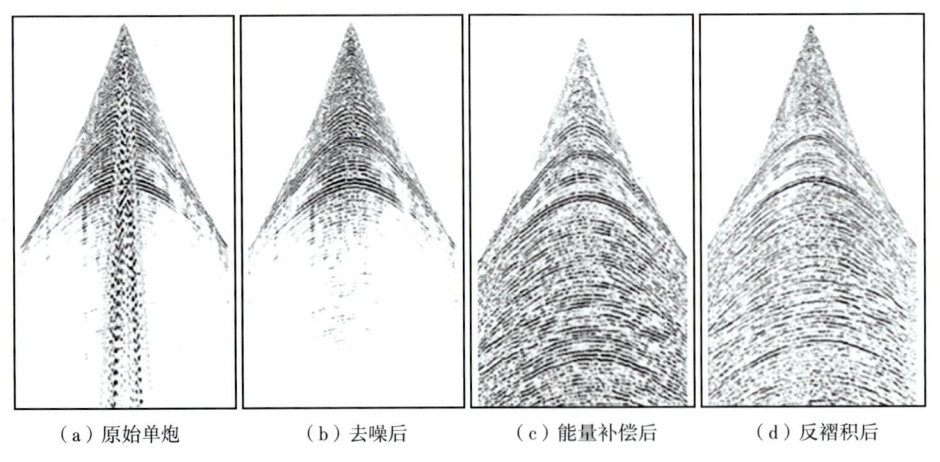

(a)原始单炮　　(b)去噪后　　(c)能量补偿　　(d)反褶积后

图 9-14　不同处理阶段质控点对比分析

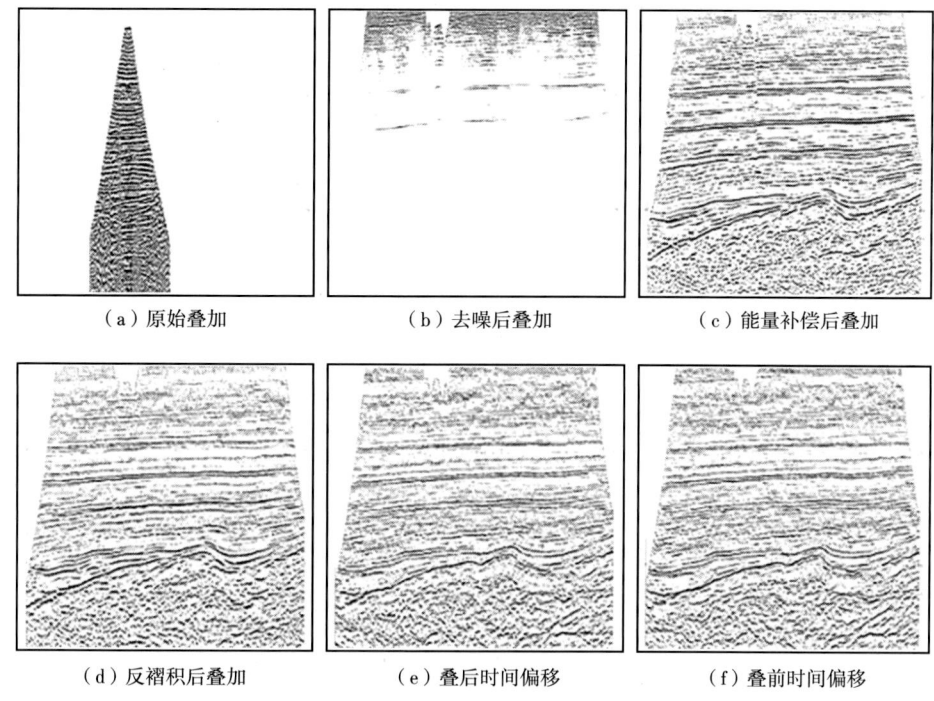

图 9-15 不同处理阶段质控线对比分析

附录 地震数据处理质量分析与评价规范

1. 范围

本规范规定了二维地震数据、三维地震数据处理过程中质量监督开展的质控环节、内容、方式、质控流程及质控记录格式。

本规范适用于二维地震数据、三维地震数据处理质量分析、评价与监督。

2. 规范性引用文件

下列文件对于本规范的应用是必不可少的。凡是注日期的引用文件，仅注日期的版本适用于本规范。凡是不注日期的引用文件，其最新版（包括所有的修改单）适用于本规范。

《陆上地震勘探数据处理技术规程》（SY/T 5332—2011）。

《海上地震勘探数据处理技术规程》（SY/T 10020—2013）。

3. 术语和定义

下列术语和定义适用于本文件。

3.1 质量控制点（Quality control point）

地震数据处理质量控制的空间位置点，简称质控点。

3.2 质量控制线（Quality control line）

地震数据处理质量分析与评价的空间位置线，简称质控线。

3.3 质量控制面（Quality control plane）

地震数据处理质量分析与评价的地质层面或时间面，简称质控面。

4. 质量控制点、线、面选择

4.1 基本要求

地震资料处理项目应设置质量监控的点、线、面，要求包括：

（1）质控点、线、面的选择要具备代表性与控制性，应反映地表、地下地震地质特征的变化；地震数据处理质控过程中各环节分析评价的质控点、线、面须保持一致；

（2）质控点应按不同类型进行选择，不同类型范围内至少包含一个点，工区范围内质控点数不少于四个，地表（海底）、地下地震地质条件复杂地区相应增加质控点；

（3）质控线应根据井的分布、地质目标选择，二维地震时应为十字线或过井线；三维地震时至少为"井"字形线和过井线；

（4）质控面选择至少包含工区内最浅、最深的标志层和主要目的层；

（5）质控点、线、面的选择由项目提供方与项目处理方共同确认；

（6）质控点、线、面的质量分析评价检查率要达到100%；

（7）流程图图1中标注"＊"号的环节需地质解释人员参与分析评价。

4.2 选择依据

地震资料处理质量监控点、线、面的选择依据包括：

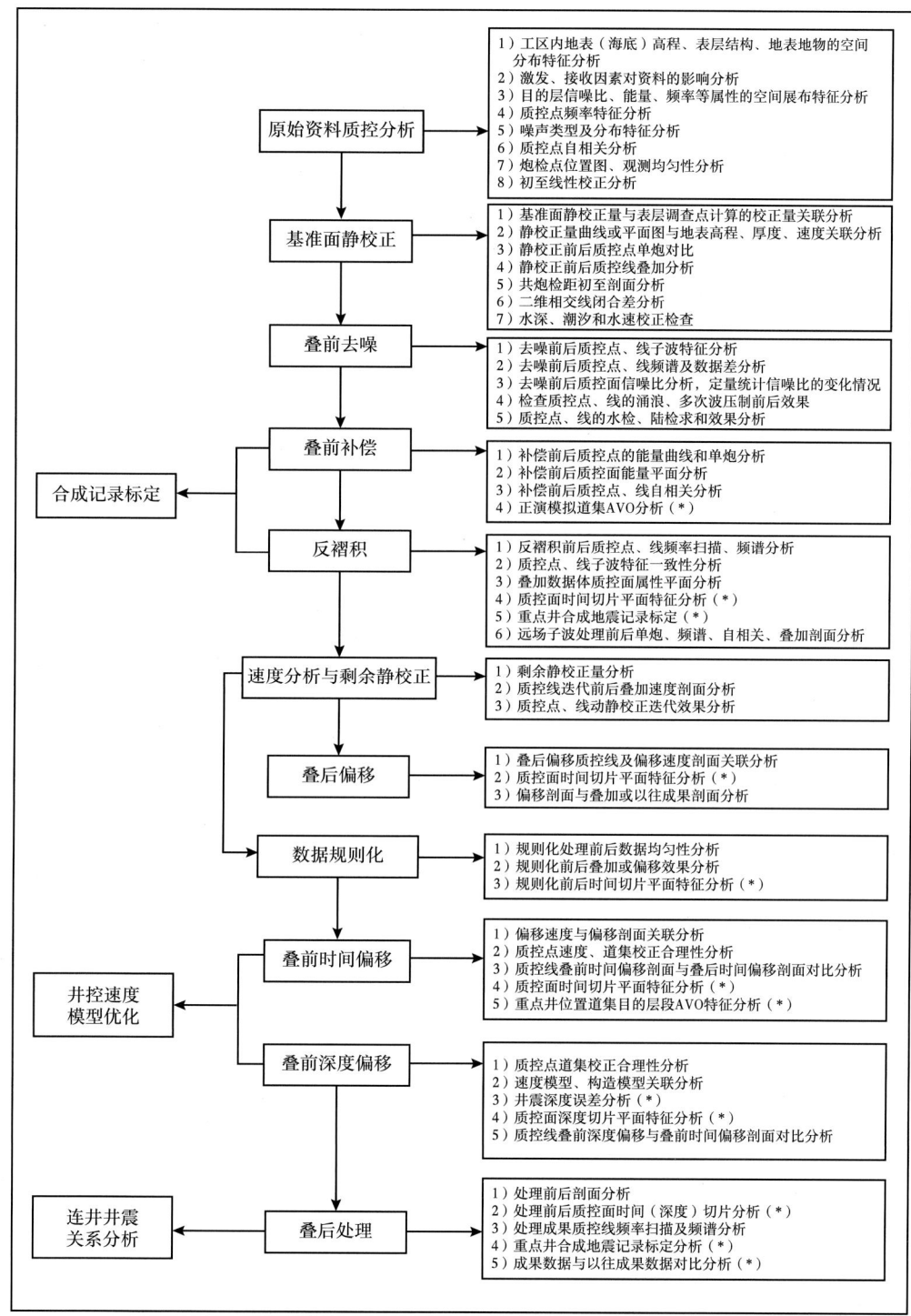

图 1　地震数据处理质量分析与评价流程图

本流程为资料处理质量监控参考流程，实施顺序及内容可依据实际情况调整

(1) 地形（海底）、地表及表层（水体）结构变化特征；
(2) 激发、接收因素；
(3) 重点井位置或以往资料情况；
(4) 地质任务规定的最浅、最深的主要目的层或标志层；
(5) 原始资料品质空间变化特征。

5. 质量控制规范

5.1 质控流程

参照图1执行。

5.2 原始资料质控分析

5.2.1 观测系统质控

观测系统检查应进行炮检点位置定义及观测属性分析，内容包括：

(1) 炮检点位置定义准确性检查：炮检点位置图、初至线性校正图检查，抽查率10%；辅助数据校验，核实异常炮点的位置，统计异常炮数量及所占比例，检查率100%；

(2) 观测属性均匀性、合理性检查：覆盖次数、炮检距、方位角、面元、道距等相关观测系统属性。

5.2.2 原始资料分析

5.2.2.1 总体特征分析

原始资料总体特征分析应进行近地表及地震数据属性分析，内容包括：

(1) 分析工区地表（海底）高程、地表地物、地表类型、表层结构的空间分布特征、激发和接收因素对资料的影响；

(2) 统计分析目的层信噪比、能量、频率等属性，根据平面属性的空间展布特征评价处理方质控点、线、面选择的代表性、合理性及控制密度。

5.2.2.2 质控点特征分析

检查质控点地震记录的噪声特征及子波特征，内容包括：

(1) 噪声特征分析：通过单炮或道集（纯波和增益方式显示）、一维振幅谱（频谱）、二维振幅谱等图件识别噪声类型及特征，评价分析噪声类型及特征的合理性；

(2) 子波特征分析：采用自相关等方法评价子波特征分析的合理性。

5.3 基准面静校正

5.3.1 初至拾取质量检查

初至拾取时间与单炮的叠合图、初至拾取时距图等，检查初至拾取质量，抽查率10%以上。

5.3.2 静校正量检查

基准面静校正量与表层调查点计算的校正量关联检查，抽查率30%以上。静校正量误差分析：静校正量曲线、平面分布图与地表高程（线/平面图）相关性检查；静校正量变化与实际的表层厚度、速度模型变化趋势的相关性检查；海洋数据重点检查水深、潮汐和水速校正分析结果，参照《海上地震勘探数据处理技术规程》（SY/T 10020—2013）执行。

5.3.3 静校正效果检查

采用质控点单炮、质控线剖面、共炮检距初至剖面等对比检查；评价单炮初至、反射同相轴、规则干扰的规律性、叠加剖面的信噪比及成像质量改善程度。

5.3.4 闭合差检查

二维相交测线闭合差统计、分析与评价，误差应满足技术规范《陆上地震勘探数据处理技术规程》（SY/T 5332—2011）要求，检查率100%。

5.4 叠前去噪

5.4.1 质控点、线去噪试验检查

采用去噪前后不同数据域的自相关、一维振幅谱、二维振幅谱、数据差等，评价每个去噪步骤的噪声压制效果。

5.4.2 总体去噪效果检查

在质控点、线、面上定量统计信噪比。采用单炮、道集、剖面、属性切片、数据差等图件，评价去噪效果。

5.5 叠前补偿

5.5.1 子波特征和能量检查

采用质控点自相关、能量曲线和质控面能量平面图等，评价补偿处理效果。处理后时间、空间能量均衡，空间上子波一致性变好，至少检查一个标志层。

5.5.2 总体效果检查

在质控线、面上检查补偿效果。采用自相关、剖面、属性切片等图件，评价能量均匀性和子波一致性。

5.5.3 保真度检查

分析实际数据与合成数据 AVO 特征的一致性，检查信号（振幅或波形）保真度（可选）。

5.6 反褶积

5.6.1 子波特征与频宽检查

采用质控点自相关、频率扫描、频谱分析、合成地震记录标定等方法，评价反褶积处理效果。

5.6.2 总体效果检查

在质控线、面上检查反褶积处理效果，采用地震剖面、频率扫描、频谱分析、标志层段自相关剖面和自相关零延迟振幅切片等数据显示图件，评价频宽、能量和子波一致性，定量统计主要目的层段主频、频宽的变化。处理后在属性切片上无明显地表因素影响，井旁地震道与合成记录在目的层段相关系数达到 0.8 以上。平面属性至少检查一个标志层或目的层。海洋数据处理重点检查远场子波处理后与期望输出的一致性，参照《海上地震勘探数据处理技术规范》（SY/T 10020—2013）执行。

5.7 速度分析及剩余静校正

5.7.1 速度分析检查

利用速度谱、速度剖面、动校正前后道集、叠加剖面等图件，评价速度分析精度。二维项目速度分析点抽查率应达到 20% 以上，三维项目速度分析点抽查率应达到 10% 以上。处理后道集同相轴拉平，速度趋势合理。

5.7.2 剩余静校正检查

利用质控点道集、质控线叠加剖面和炮点、检点剩余静校正量平面图，评价剩余静校正的效果。处理后道集同相轴光滑，叠加剖面成像聚焦、剩余静校正量收敛且小于一个处理采样间隔。

5.8 叠后偏移

5.8.1 偏移速度检查

利用叠加速度剖面、偏移速度扫描等图件，评价偏移速度分析精度。在质控线偏移速度剖面上检查速度变化趋势与构造变化趋势的相关性。

5.8.2 偏移效果检查

利用质控线偏移剖面和质控面切片图件，评价偏移成像效果。处理后绕射波收敛，反射波归位，成像聚焦，构造形态合理。

5.9 数据规则化

5.9.1 数据均匀性检查

利用不同炮检距、方位角的覆盖次数图，评价数据规则化前后效果。根据偏移算法对数据均匀性的要求，检查分炮检距段覆盖次数或分方位覆盖次数均匀性，抽查率达到20%以上。

5.9.2 规则化处理效果检查

利用质控点、线规则化前后道集、叠加剖面及属性切片、偏移剖面等图件，检查规则化效果。

5.10 叠前时间偏移

5.10.1 偏移速度检查

利用偏移道集、速度谱、速度剖面、速度扫描等图件，评价速度分析精度。在质控线偏移速度剖面上检查速度变化趋势与构造变化趋势的相关性，且成像道集同相轴拉平。抽查率达到10%以上。

5.10.2 偏移效果检查

利用质控线偏移剖面和质控面切片图件，评价偏移成像效果。处理后绕射波收敛，反射波归位，成像聚焦，构造形态合理。二维线检查率100%。

5.10.3 保真度检查

分析实际数据与重点井合成数据 AVO 特征的一致性（可选），处理后井旁地震道与合成记录在目的层段相关系数达到0.8以上。

5.11 叠前深度偏移

5.11.1 速度模型精度检查

利用偏移道集、剩余延迟、偏移速度剖面、各向异性参数场（可选）、测井或 VSP 速度等资料，评价速度模型精度。在质控线偏移速度剖面上检查速度变化趋势与构造变化趋势的相关性，且成像道集同相轴拉平，剩余延迟收敛。抽查率达到10%以上。

5.11.2 偏移效果检查

利用质控线偏移剖面和质控面切片图件，评价偏移成像效果。处理后绕射波收敛，反射波归位，成像聚焦，构造形态合理，统计标志层和目的层井震深度误差，误差控制在2%以内。

5.11.3 保真度检查

在时间域进行实际数据与重点井合成数据 AVO/AVA 特征的一致性分析（可选）。

5.12 叠后处理及成果分析

5.12.1 信噪比检查

在质控线、面上利用纯波剖面、切片等图件，进行信噪比检查。评价叠后去噪方法、参数时空变化的合理性，处理后无明显采集脚印、偏移画弧等。

5.12.2 分辨率检查

在质控线、面上利用频谱、频率扫描、合成记录、切片等图件,进行分辨率检查。评价叠后提高分辨率方法、参数时空变化的合理性,处理后应无明显空间假频,反射能量聚焦,断裂清晰,目的层反射波主频和有效频宽满足处理设计要求。

6. 质量控制实施要求

下列条款适用于质控管理及实施:

(1) 项目过程质控记录及图件准确、真实、可靠、齐全;
(2) 项目处理方应按本规范规定的质控内容、方式和要求,提交相应的质控数据文件;
(3) 如有以往处理成果资料,需开展对比、评价;
(4) 质控分析评价应在处理方完成相应环节 5 个工作日内完成;
(5) 项目质控方在项目完成后 15 个工作日内提交质控记录及总结报告;
(6) 依据表 1、表 2 提交过程质控资料。

表 1 地震数据处理项目过程质控记录

项目名称	
参加人员	
检查情况及要求	处理方签字:　　　　　　　　年　月　日　　　　质控方签字:　　　　　　　　年　月　日
整改情况	处理方签字:　　　　　　　　年　月　日　　　　质控方签字:　　　　　　　　年　月　日

保存部门:资料处理项目处理方、质控方

表 2　地震数据处理项目质控评价表

项目名称			
资料处理开始日期		资料处理结束日期	
处理单位		处理项目负责人	
资料面积（km²）/ 长度（km）		满覆盖面积（km²）/ 长度（km）	
总炮数		束/线数	
覆盖次数		激发方式	
原始数据量（TB）		叠后成果数据量（TB）	
地质任务			
合同质量指标			
评价结果			
项目质控结论：			
处理方签字： 年　月　日		质控方签字： 年　月　日	
备注			

保存部门：资料处理项目处理方、质控方

参 考 文 献

陈传仁，李国发. 2011. 勘探地震学教程 [M]. 北京：石油工业出版社.

程玉坤，刘建红，等. 2017. 速度建模特色技术的实际应用 [J]. 石油地球物理勘探，52（2）：110-116.

戴晓峰，刘卫东，甘利灯，等. 2018. Radon 变换压制层间多次波技术在高石梯—磨溪地区的应用 [J]. 石油学报，39（9）：1028-1036.

关昕，王建民，等. 2008. 地震资料处理质量监控及效果分析 [J]. 大庆石油地质与开发，27（2）：124-127.

管路平，冯波，等. 2009. 偏移速度分析的精度与观测系统的关系 [J]. 石油物探，48（2）：105-109.

郭朝斌，李振春，等. 2011. 陆上多次反射折射波定量分析 [J]. 中国石油大学学报（自然科学版），35（1）：45-51.

黄毅，毛海波，等. 2002. 基准面校正在资料处理中的应用效果分析 [J]. 石油物探，41（增1）：336-342.

蒋立，毛海波，范旭. 2013. 一种能同时提高信噪比和分辨率的时频域振幅谱校正方法 [J]. 物探化探计算技术，35（4）：409-412.

蒋立，王晓涛. 2017. 沙漠区近地表和中深层一体化 Q 模型的建立及应用 [J]. 新疆石油地质，38（1）：91-95.

匡立春，吕焕通. 2005. 准噶尔盆地岩性油气藏勘探成果和方向 [J]. 石油勘探与开发，32（6）：32-37.

李国发，常索亮. 2009. 复杂地表煤田地震资料处理的关键技术研究 [J]. 中国矿业大学学报，38（1）：61-66.

李国发，彭更新，等. 2011. 基于目标函数的地表一致性反褶积方法 [J]. 山东科技大学学报，30（3）：27-32.

李国发，王尚旭. 2010. 基于叠前波场模拟的合成地震记录层位标定 [J]. 中国石油大学学报，34（1）：28-33.

李国发，王艳仓，等. 2010. 地震波阻抗反演实验分析 [J]. 石油地球物理勘探，45（6）：868-872.

李国发，岳英，等. 2011. 基于三维模型的薄互层振幅属性实验研究 [J]. 石油地球物理勘探，46（1）：115-120.

李慧，成德安. 2013. 网格层析成像速度建模方法与应用 [J]. 石油地球物理勘探，48（增1）：12-17.

李庆忠. 2008. 地震勘探分辨率与信噪比谱的关系 [J]. 石油地球物理勘探，43（2）：244-245.

李庆忠. 1993. 走向精确勘探的道路 [M]. 北京：石油工业出版社.

凌云，高军，吴琳. 2005. 时频空间域球面发散与吸收补偿 [J]. 石油地球物理勘探，40（2）：176-182.

凌云，周熙襄. 1994. 自适应可控震源地表一致性反褶积 [J]. 石油地球物理勘探，29（3）：306-315.

凌云. 2001. 大地吸收衰减分析 [J]. 石油地球物理勘探，6（1）：1-8.

凌云研究组. 2004. 储层演化地震分析 [J]. 石油地球物理勘探，39（6）672-678.

刘杰，张建中，等. 2016. 地震子波估算方法对比研究 [J]. 地球物理学进展，31（2）：723-731.

罗勇，毛海波. 2018. 基于双重稀疏表示的地震资料随机噪声衰减方法 [J]. 物探与化探，42（3）：608-615.

罗勇，张龙. 2013. 复杂构造地震叠前深度偏移速度模型构建及效果 [J]. 新疆石油地质，35（5）：576-579.

马彦彦，李国发，等. 2014. 叠前深度偏移速度建模方法分析 [J]. 石油地球物理勘探，49（4）：687-693.

莫延钢. 2014. 低信噪比地震资料分析监控方法 [D]. 东营：中国石油大学（华东）.

牟永光，陈小宏，李国发，等. 2007. 地震数据处理方法 [M]. 北京：石油工业出版社.

潘龙, 刘宜文, 郑鸿明, 等. 2019. 初至波剩余静校正技术在南安集海地区的应用 [J]. 石油地球物理勘探, 54 (2): 274-279.

王西文, 赵邦六, 吕焕通, 等. 2010. 地震资料采集方式对地震处理的影响研究 [J]. 地球物理学进展, 25 (3): 840-852.

王西文, 赵邦六, 吕焕通, 等. 2009. 地震资料相对保真处理方法研究 [J]. 石油物探, 48 (4): 319-330.

肖艳玲, 范旭等. 2017. 网格层析速度反演技术在齐古背斜叠前深度偏移中的应用 [J]. 石油地球物理勘探, 52 (增2): 98-103.

熊翥. 1993. 地震数据数字处理应用技术 [M]. 北京: 石油工业出版社.

薛为平, 郑鸿明, 等. 2008. 近地表结构解释系统研发及其应用 [J]. 新疆石油地质, 29 (4): 520-523.

杨勤勇, 胡光辉. 2014. 全波形反演研究现状及发展趋势 [J]. 石油物探, 53 (1): 77-83.

云美厚, 丁伟. 2005. 地震分辨力新认识 [J]. 石油地球物理勘探, 40 (5): 603-608.

张军华, 藏胜涛. 2009. 地震资料信噪比定量计算及方法比较 [J]. 石油地球物理勘探, 44 (4): 481-486.

张敏, 李振春. 2007. 偏移速度分析与建模方法综述 [J]. 勘探地球物理进展, 30 (6): 421-426.

张延玲, 杨长春, 贾曙光. 2005. 地震属性技术的研究和应用 [J]. 地球物理学进展, 20 (4): 1129-1133.

张翙孟, 刘秋林, 等. 2008. 地震资料品质定量分析和采集参数优选 [J]. 石油地球物理勘探, 43 (2): 1-5.

赵邦六, 董世泰. 2017. 井中地震技术的昨天、今天和明天 [J]. 石油地球物理勘探, 52 (1): 1112-1123.

赵邦六, 王喜双, 等. 2014. 渤海湾盆地物探技术需求及发展方向 [J]. 石油地球物理勘探, 49 (2): 394-409.

赵波, 俞寿朋. 1996. 谱模拟反褶积方法及其应用 [J]. 石油地球物理勘探, 31 (1): 101-113.

郑鸿明, 刘宜文, 等. 2012. 影响构造形态的原因分析及解决思路 [J]. 石油物探, 51 (1): 71-79.

郑鸿明, 吕焕通, 娄兵, 等. 2009. 地震勘探近地表异常校正 [M]. 北京: 石油工业出版社.

郑鸿明, 彭立, 李生杰. 2001. 模拟退火静校正 [J]. 新疆石油地质, 22 (1): 31-34.

Abma R, Claerbout J F. 1995. Lateral prediction for noise attenuation by t-x and f-x techniques [J]. Geophysics, 60 (6): 1887-1896.

Bickel S H. 1985. Plane-wave Q deconvolution [J]. Geophysics, 50 (9): 1426-1439.

Blias E. 2012. Accurate interval Q-factor estimation from VSP data [J]. Geophysics, 77 (3): 149-156.

Brown A R. 1996. Seismic attributes and their classification [J]. The Leading Edge, 25 (10): 1090.

Canales L. 1984. Random noise reduction [C]. 54th SEG Meeting, Expanded Abstracts, 525-527.

Cerney B. 2007. Uncertainties in low-frequency acoustic impedance models [J]. The Leading Edge, 26 (1): 74-86.

Chen Q, Steve Sidney. 1997. Seismic attributes technology for reservoir forecasting and monitoring [J]. The Leading Edge, 26 (3): 445-456.

Hargreaves N D. 1991. Inverse Q filtering by Fourier transform [J]. Geophysics, 56 (4): 519-527.

Jeng Y, Tsai J Y. 1999. An improved method of determining near-surface Q [J]. Geophysics, 64 (5): 1608-1617.

Kallweit R S. 1982. The limits of resolution of zero-phase wavelets [J]. Geophysics, 47 (7): 1035-1046.

Kosloff D, Sudman Y. 2002. Uncertainty in determining interval velocities from surface reflection seismic data [J]. Geophysics, 67 (3): 952-963.

Lazear G D. 1993. Mixed-phase wavelet estimation using fourth-order cumulants [J]. Geophysics, 58 (7): 1042-1051.

Levin S A. 1989. Surface-consistent deconvolution [J]. Geophysics, 54 (9): 1123-1133.

Li G F, Cao M Q, Zhou H. 2010. Effects of near-surface absorption on the reflection characteristics of continental interbedded strata: the Dagang Oillfield as an example [J]. Acta Geologica Sinica, 84 (5): 1306-1314.

Li G F, Liu Y, et al. 2015. Absorption decomposition and compensation via a two-step scheme [J]. Geophysics, 80 (6): 145-155.

Li G F, Peng G X, Yue Y, et al. 2012. Signal-purity-spectrum-based colored deconvolution [J]. Applied Geophysics, 9 (3): 333-340.

Li G F, Qin D H, et al. 2013. Experimental analysis and application of sparsity constrained deconvolution [J]. Applied Geophysics, 10 (2): 191-200.

Li G F, Sacchi M D, et al. 2015. Characterization of interbedded thin beds using zero-crossing-time amplitude stratal slices [J]. Geophysics, 80 (5): 23-35.

Li G F, Xiong J L, et al. 2008. Seismic reflection characteristics of fluvial sand and shale interbedded layers [J]. Applied Geophysics, 5 (3): 219-229.

Li G F, Zheng H, et al. 2015. Frequency-dependent near-surface Q factor measurements via a cross-hole survey [J]. Journal of Applied Geophysics, 121: 1-12.

Li G F, Zheng H, et al. 2016. Tomographic inversion of near-surface Q factor by combining surface and cross-hole seismic surveys [J]. Applied Geophysics, 13 (1): 93-102.

Quan Y, Harris J M. 1997. Seismic attenuation tomography using the frequency shift method [J]. Geophysics, 62 (3): 895-905.

Robinson E A, Treitel S. 1980. Geophysical signal analysis [M]. Prentice-Hall, Inc.

Sacchi M D. 1997. Reweighting strategies in seismic deconvolution [J]. Geophysical Journal International, 129 (3): 651-656.

Velis D R. 2008. Stochastic sparse-spike deconvolution [J]. Geophysics, 73 (1): 1-9.

Wang Y. 2002. A stable and efficient approach of inverse Q filtering [J]. Geophysics, 67 (2): 657-663.

Widess M B. 1982. Quantifying resolving power of seismic systems [J]. Geophysics, 47 (8): 1160-1173.

单元。

一、峰频、主频和频宽

实际地震信号的频谱往往是带限的,且其振幅谱是相对光滑的。图2-4示意性地显示了地震信号振幅谱的分布特征,其中,频率f_p为对应振幅谱的最大值,称为峰值频率。在构成地震信号的所有频率成分中,峰值频率对地震信号的贡献最大。频带宽度是考核地震信号频谱特征的另外一个重要参数,一般定义为:

$$H_f = |f_2 - f_1| \qquad (2-7)$$

其中:

$$a(f_1) = a(f_2) = \beta \cdot a(f_p) \qquad (2-8)$$

式中 β——比例因子,$\beta = 1/\sqrt{2} = 0.707$。

因此,频带宽度等于峰频能量值0.707倍位置截取的两个频率之间的宽度,就是说在这个频带范围内地震信号反映了地震子波的主要形态。

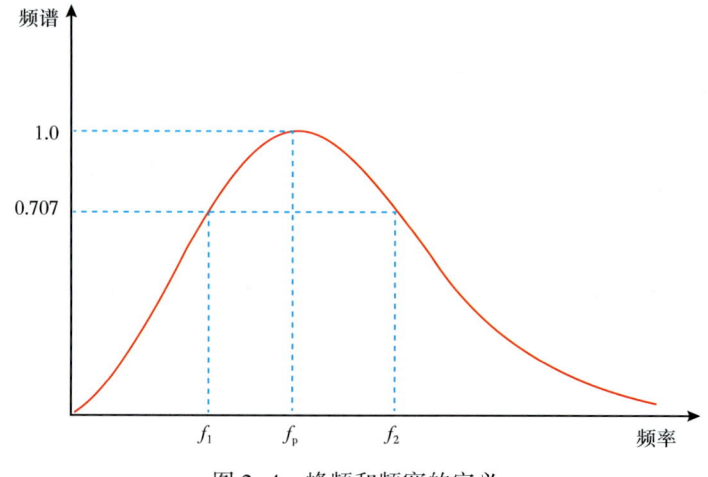

图2-4 峰频和频宽的定义

在实际工作中,通常将峰值频率也称为地震信号的主频,实际上,峰值和主频是两个不同的概念。主频有时也称为视频率或视主频,是一个描述地震子波时间域波形特征的重要参数,数值上等于地震子波相邻极大值(或极小值)之间时间间隔的倒数。地震信号的峰值频率不一定是信号的主频。下面利用雷克子波说明两者的差异。

雷克子波的解析表达式为:

$$W(t) = [1 - 2(\pi f_p t)^2] e^{-(\pi f_p t)^2} \qquad (2-9)$$

式中 f_p——峰值频率,代表振幅谱最大值对应的频率。

其振幅谱为:

$$W(f) = \frac{2f_p^2}{\sqrt{\pi} f_p^3} e^{-\left(\frac{f}{f_p}\right)^2} \qquad (2-10)$$

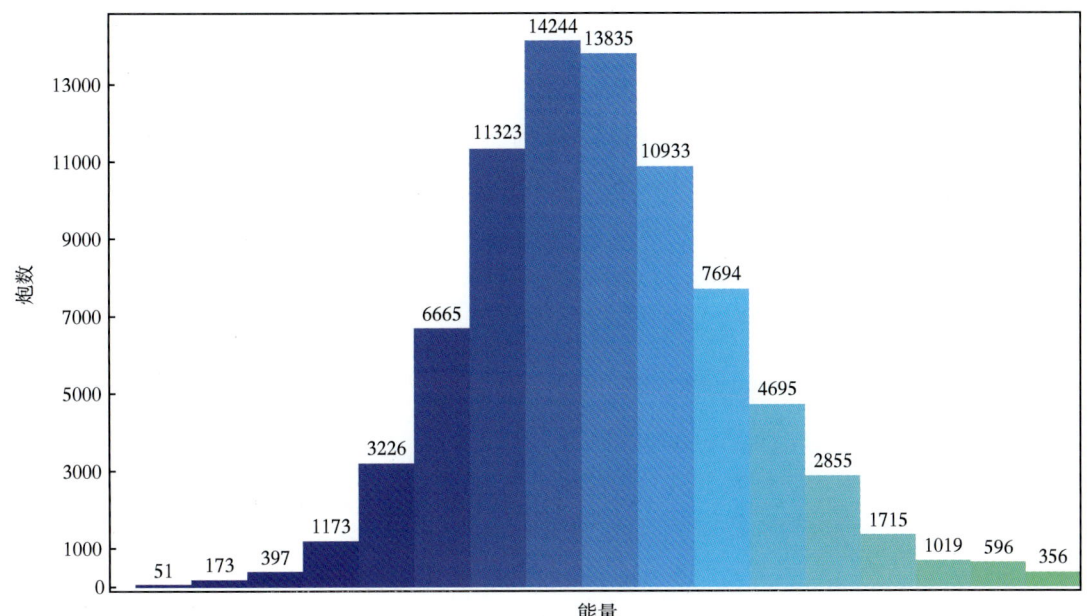

图 2-3　原始单炮能量统计柱状图

第二节　频率特征分析

频率特征是考核地震信号分辨率的重要指标，傅里叶变换是地震信号频率分析的主要数学工具，它将时间域的地震信号转化为频率域的地震响应。设有地震信号 $s(t)$，其傅里叶频谱 $s(f)$ 可表示为：

$$s(f) = \int_{-\infty}^{+\infty} s(t) e^{-i2\pi ft} dt \tag{2-4}$$

式中　f——频率，Hz；
　　　i——虚数单位；
　　　$s(f)$——频谱复函数。
在极坐标系下可以表示为：

$$s(f) = a(f) e^{-i\phi(f)} \tag{2-5}$$

式中　$a(f)$——振幅谱，表示某一简谐振动的振幅值；
　　　$\phi(f)$——相位谱，表示某一简谐振动的初始相位。
由傅里叶谱恢复时间域地震信号的逆变换可表示为：

$$s(t) = \int_{-\infty}^{+\infty} s(f) e^{i2\pi ft} df \tag{2-6}$$

由式（2-6）可以看出，傅里叶变换的物理意义是将任何地震信号表示为不同频谱、不同相位、不同振幅的简谐波的叠加。按照傅里叶变换的观点，简谐波是构成地震信号的基本

法包括几何扩散补偿、地层吸收补偿和地表一致性补偿等,这些处理方法的目的是消除激发、接收、近地表变化、地震波传播过程、上覆地层等对地震反射能量的影响,恢复和凸显波阻抗变化对反射能量的影响。在以上诸多要素中,激发、接收和近地表变化引起的能量差异在能量分析中具有十分重要的影响,是地表一致性能量补偿的主要目的。

图 2-1 是野外数据原始单炮能量分布图。根据能量空间变化,结合初至以前的能量和近地表结构及地表物性和激发、接收条件,可以对能量变化的原因进行针对性分析。图 2-2 为能量较强的单炮 552172 炮和能量较弱的单炮 552372 炮,据此可以就能量差异的原因进行更加深入的分析。图 2-3 是对整个工区原始单炮能量进行的统计,可以对单炮最小能量、最大能量、平均能量及各能量级别占的百分比进行定量分析。

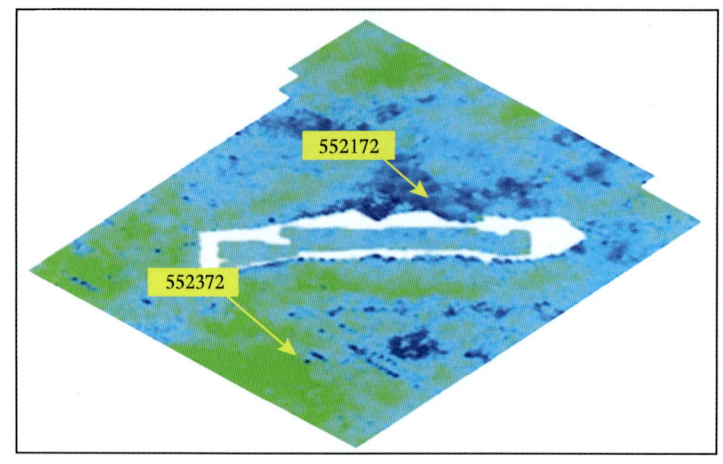

图 2-1 原始单炮均方根能量平面图

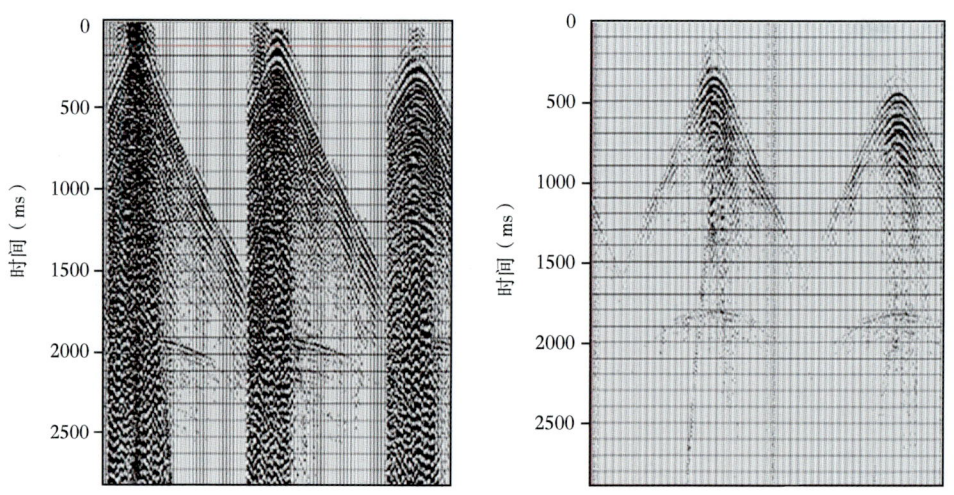

图 2-2 从图 2-1 中挑选的强能量和弱能量单炮对比

第二章 质量评价要素和方法

描述地震资料品质常用的属性有能量、频率、信噪比、子波及其一致性和 AVO 反射特征等,通过对以上属性的估算和显示,可以直观地揭示地震资料本身存在的问题,客观地评价不同处理方法对地震资料的影响,优化处理流程和处理方法,以保证地震资料的处理质量。

第一节 能量分析

能量是对地震信号强弱的一种度量,它与反射振幅的平方成正比。一般利用反射振幅对地震能量进行计算和评价。地震记录的能量不仅反映了地下界面的反射系数,还与地震波的激发、传播和接收等因素有关。这些因素具体包括地震波的激发条件、接收条件、波前扩散、吸收、散射、透射损失、微曲多次波、入射角的变化、波的干涉和噪声等。仅就激发因素而言,地震波能量的大小又与井深、药量、激发岩性、近地表特征等密切相关。地震波的能量变化伴随其激发、传播和接收的整个过程,因此,地震波的传播过程也是其能量的传播过程,能量分析在地震资料处理中具有十分重要的作用。

一、能量计算

对地震记录而言,能量体现在各地震道离散振幅的幅值大小,通过振幅统计可以间接反映地震能量的强弱。经常采用的能量计算方法有均方根振幅法、最大振幅法和平均振幅法。设有地震记录 $f(t)$,则其计算公式依次为:

均方根振幅:

$$E_{\text{rms}} = \left[\frac{1}{N} \sum_{t=0}^{N-1} f^2(t) \right]^{1/2} \quad (2-1)$$

最大振幅:

$$E_{\max} = \max(|f(t)|) \quad (2-2)$$

平均振幅:

$$E_{\text{mean}} = \frac{1}{N} \sum_{t=0}^{N-1} |f(t)| \quad (2-3)$$

二、能量分析

影响地震反射能量的因素很多,值得关注的是与反射强度有关的能量,这部分能量的空间变化代表了储层物性和岩性的变化,是地震属性分析和地震反演的基础。地震能量补偿方

图 1-6 为反组合前后的效果分析。其中，图 1-6（a）、（b）分别是反组合前后的共炮点道集，就视觉效果而言，反组合前后似乎没有太大的差异。图 1-6（c）是反组合前后 1150ms 附近地震反射的 AVO 曲线，可以明显地看到，反组合处理很好地消除了检波器组合对大炮检距地震反射的衰减作用，有效地恢复了实际地层的真实反射特征。

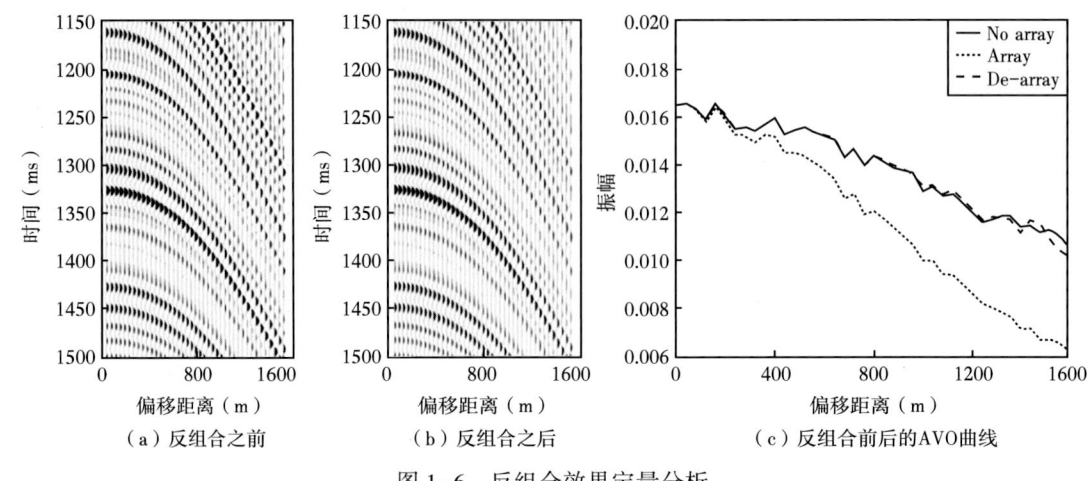

（a）反组合之前　　　（b）反组合之后　　　（c）反组合前后的AVO曲线

图 1-6　反组合效果定量分析

梯形高度为200cm。这样的定量描述比定性描述更准确、更清楚。由此可以看出，定量分析较之定性分析更加科学、准确。

地震勘探目标正在向复杂构造背景下的地层岩性圈闭发展，地层岩性油气藏预测主要依赖于地震波动力学信息，要求处理成果不仅具有较高的信噪比、分辨率和成像精度，还对地震数据的保幅性能提出了更高要求。因此，发展基于定量分析的质控方法是现代地震资料处理的重要发展趋势。地震资料处理质量评价的主要指标包括能量、频率、信噪比、分辨率、子波及其一致性、AVO反射特征等。地震资料定量分析指对这些物理量的大小给出具体的数值度量，并基于这些度量，直接判定地震资料处理前后品质特征的变化。通过地震资料定量化分析能够使处理人员更加客观地观察地震数据在处理过程中的变化情况，更深入地了解处理过程对地震数据的影响，为高质量地震资料处理提供基础保障。

图1-5是反褶积前后的地震剖面和振幅谱，就地震剖面而言，从视觉上很难对反褶积的效果进行评价和分析，但是，从反褶积前后的频谱可以看出，20~40Hz的频率成分在反褶积之后得到了提升，反褶积改善了地震数据的分辨率。

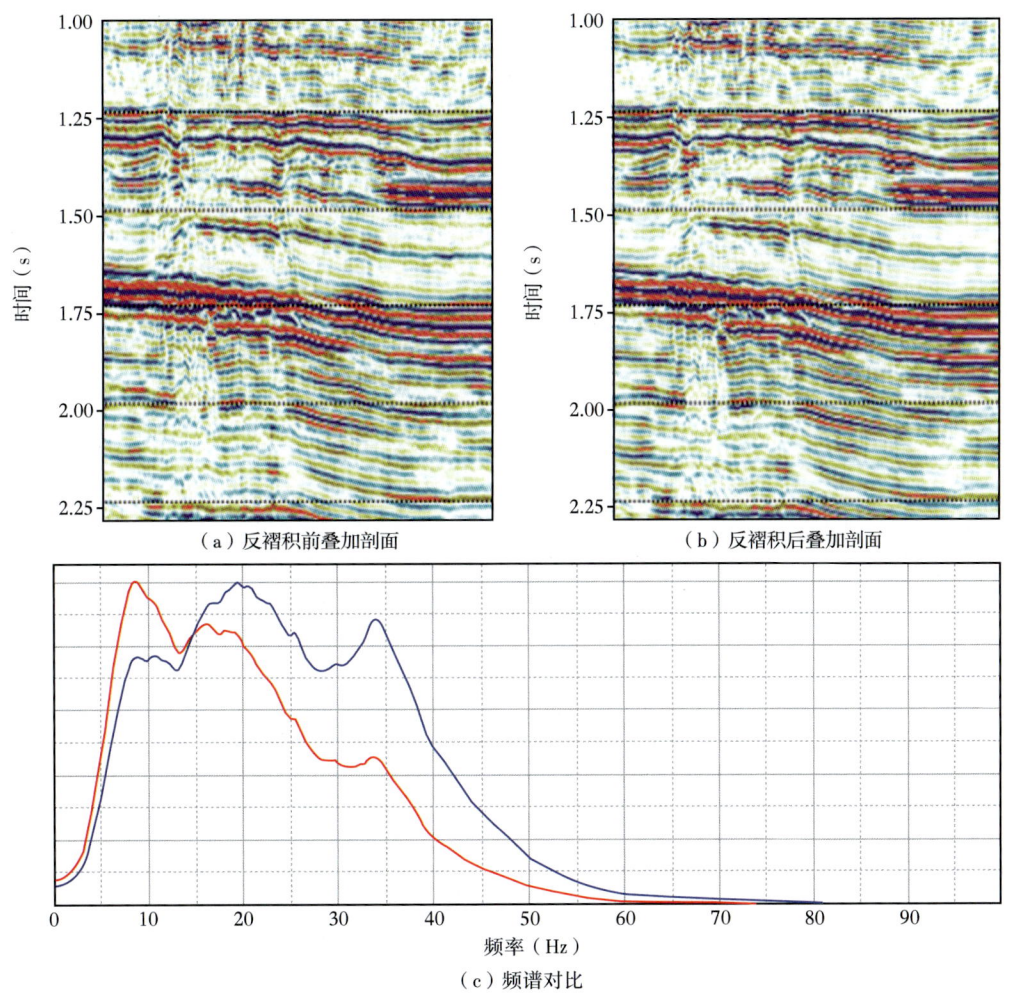

图1-5 反褶积前后叠加剖面（a、b）和频谱对比（c）

基于专家模式的定性评价方法在地震资料处理中发挥了重要作用，但也存在诸多局限性。第一，质量控制是有选择性的，只能对控制点和控制线进行质量监控，不可能覆盖所有的叠前数据。第二，以"相面法"为主的质量监控受处理经验及知识结构的影响较大。由于每个人对处理方法和地震资料的理解存在差异，导致评价结果不尽相同，评价结果有失客观性。第三，定性方法以视信噪比、视分辨率和视觉上的波组关系等为主要依据，质控内容不全面，评价结论具有片面性。第四，定性评价依据的是地震数据的视觉效果对比，有可能造成与处理系统显示方式有关的错误评价。

目前，虽然各个处理系统均有各自的质量监控方法，但也存在诸多不足之处。第一，质量控制功能不全面，没有建立标准的处理过程分析与质量评价体系。第二，不同处理系统采用的质量分析方法、算法和量纲不统一，处理结果的量值差异很大，不便于横向对比。第三，不能对数据处理进行过程化的实时分析，影响了质量评价的效率和精度。因此，有必要建立地震资料处理质量控制的统一规范，增强质量评价的客观性和科学性，一方面有助于地震资料处理人员建立更加合理的处理流程和处理参数，另一方面也为管理人员进行质量监控提供参考依据。

第三节　定量化质量监控

定性分析指分析者凭借自身的直觉、经验和其他的辅助资料，对研究对象的性质、特点和变化规律做出判断的一种方法。定量分析是基于统计学理论建立数学模型，利用数学模型对研究对象的各项指标进行分析和判断的方法。简而言之，定量分析是对研究对象更具体、更直接的描述，它利用特定的算法对分析对象的某种指标给出数值的度量，基于指标数值的大小对分析对象的质量给出定量评价。

为了更加直观地理解定性分析和定量分析的区别，以图1-4中两个物体的描述方式加以说明。定性描述为有两个梯形台，四面为四个等腰梯形的物体，图1-4（a）梯形物体的底面积、高度都比图1-4（b）小。在大脑中形成的印象就是有一大一小的两个梯形台，但是大小只是个相对概念，大的物体到底有多大，小的物体到底有多小，没有清晰的概念。如果抛开其中的一个物体，上述的描述则不能成立。定量描述则不同，具体表述为有两个梯形台，图1-4（a）梯形物体顶面为边长50cm的正方形，底面为边长100cm的正方形，梯形高度为100cm；右边梯形物体的顶面为边长100cm的正方形，底面为边长200cm的正方形，

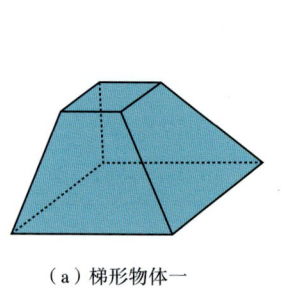

（a）梯形物体一　　　　　　　　（b）梯形物体二

图1-4　物体的描述

高一些；第二，从初至时间可以初步判断，地表起伏较大，静校正问题比较严重。图 1-2 为不同参数处理后的成像剖面。两者的定性对比可以看出，图 1-2（b）的信噪比和成像质量优于图 1-2（a）。这些定性的结论均是一个相对概念，评价标准在一定程度上依赖于质量管理人员的知识结构及主观认识。

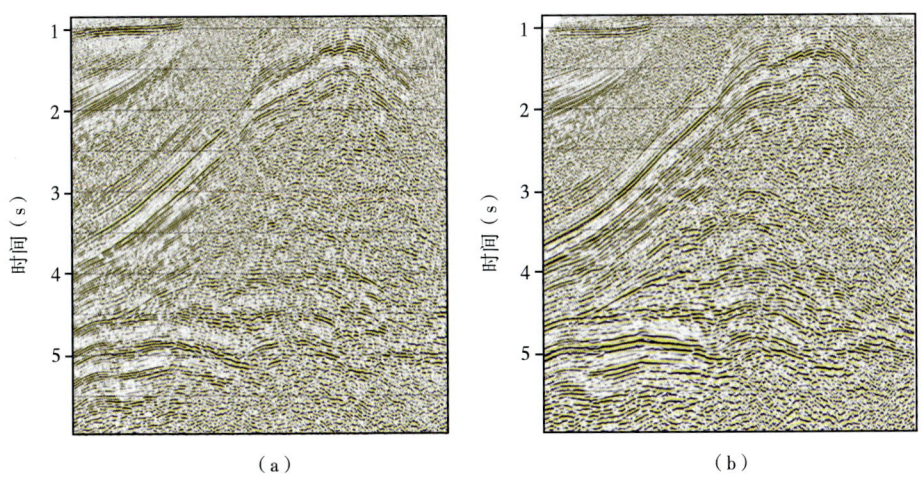

图 1-2　偏移剖面对比分析

业界有多套地震资料处理软件系统，不同处理系统在显示方式上存在一定差异，这使得"相面法"质量评价会产生一些由显示方式导致的错觉和假象。图 1-3 是不同处理系统显示的共炮点道集。从视觉上看，GeoEast 处理系统显示的剖面能量不均匀，而 Paradigm 处理系统和 CGGVeritas 处理系统显示的剖面背景噪声较强。实际上，它们展示的是同一套数据，视觉上的差异是不同处理系统的显示方式造成的。

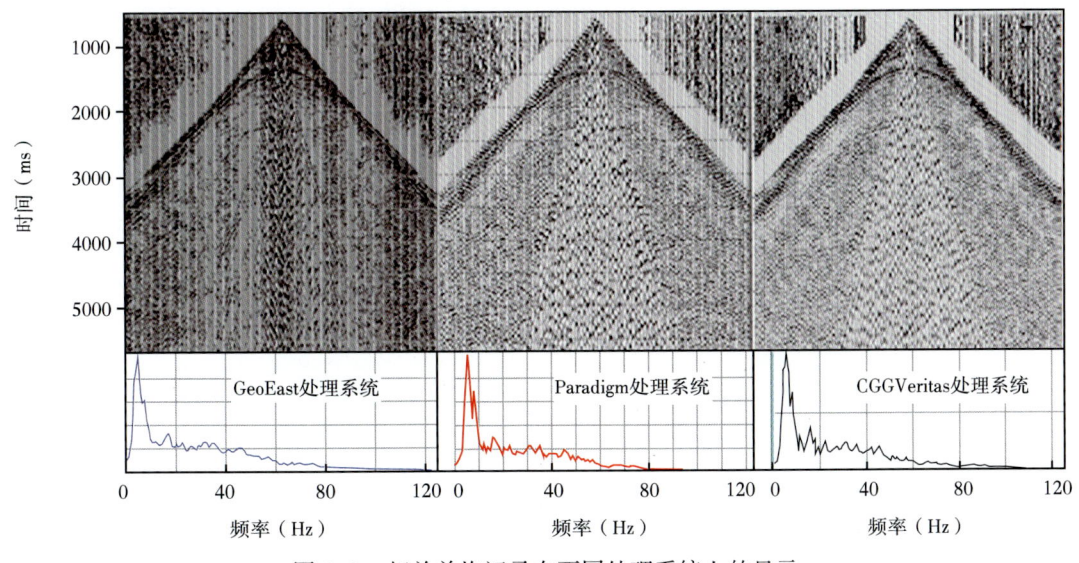

图 1-3　相关单炮记录在不同处理系统上的显示

有在对这两个假设充分了解的情况下,才能确定合理的反褶积时窗。

随着勘探开发工作的不断深入,地震勘探也由构造油气藏勘探阶段进入精细岩性油气藏勘探阶段,要求地震资料处理不仅能够恢复地下介质的构造形态,还能够获得地下岩性和流体的地震响应特征。由于勘探对象的变化(包括地表情况和地下构造的复杂化),野外数据采集的地震波场非常复杂,且混杂有各种干扰。不适当的处理流程很可能湮没岩性变化信息,甚至会出现处理假象。为恢复强噪声背景下的弱反射信号,地震资料处理过程中引入了大量的新技术、新方法,它们在理论上是成立的,也有很多成功的应用实例,但也不乏失败的教训。原因在于这些技术所要求的假设条件是不同的,在实际应用中,这些假设条件难以全部满足,使得新技术的应用没有达到预期的效果;另外,技术人员的主观性也是一个不可忽视的问题。在地震资料处理中,其流程环环相扣,处理模块和处理参数的每一次选择都相互影响、相互制约,这使得中间环节的每一个结果都将对最终结果的输出具有决定性作用。因此,中间结果的质量控制就变得尤为重要。

第二节 质量监控现状及主要问题

质量监控简称质控,指为达到设计要求在生产过程中采取的技术保障措施。地震资料处理质控,是指在地震资料处理过程中,对相关的流程、方法和处理参数采取的质量分析与评价监控工作,通过对处理过程的质量监控,达到预期的处理要求。

处理人员对资料的分析和理解不尽相同,选择的处理流程、处理模块和处理参数也有所差异,这些都会影响地震数据的最终处理质量,因此,质量监控在地震资料处理中具有十分重要的作用。早期的质量监控主要由经验丰富的技术人员凭借处理经验和地质认识对处理结果进行定性评价,通过给处理成果"相面"判断处理参数及处理流程的合理性。这种质控方法人为因素较多,缺乏客观性和科学性。

图1-1是一条二维地震勘探测线的两个单炮记录。从定性的角度评价,可以得出如下结论:第一,两个单炮记录的信噪比均较低,相对而言,图1-1(b)单炮记录的信噪比略

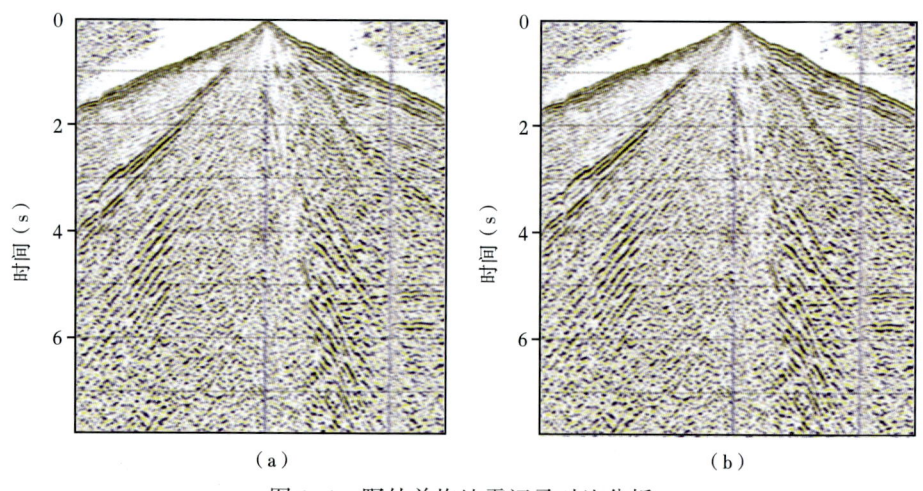

图1-1 野外单炮地震记录对比分析

第一章 概　　述

地震资料处理是一项非常复杂的系统工程，处理流程、处理方法和处理参数都会对最终处理质量产生影响。质量控制是地震资料处理的基础工作，经历了从定性到定量的发展过程。

第一节　地震资料处理特点

石油地震勘探工作主要包括地震数据采集、地震资料处理和地震资料解释三个主要环节，地震数据采集是利用数字地震仪按照事先设计的观测方式在野外采集和记录地震数据。地震资料处理是利用数字计算机对野外采集的地震数据进行信号分析处理，通过提高地震数据的信噪比和分辨率，对地下构造进行数据成像的过程。地震资料解释是对地震数据处理的各类数据体进行构造解释分析和岩性解释分析，发现构造、地层和岩性油气圈闭的过程。地震资料处理是地震数据采集和地震资料解释的纽带，是承上启下的关键一环，处理质量的好坏直接影响地质目标的准确性、构造落实的可靠性、储层预测的可信度和流体检测的真实性，在地震勘探过程中具有十分重要的作用。

地震资料处理是一项十分复杂的系统工程，包含流程构建、方法选择和参数优化等一系列实验分析工作，流程、方法和参数在不同层面上影响着地震数据的最终处理品质。地震数据处理方法种类繁多，主要有静校正、去噪、反褶积、速度分析、动校正、叠加和偏移归位等技术环节。其中最主要的步骤包括去噪、反褶积和偏移归位。去噪处理是压制干扰、恢复信号和提高信噪比的过程。反褶积处理是压缩地震子波提高垂向分辨率的过程。偏移归位处理是实现反射界面空间归位，提高地震数据空间分辨率的过程。除了以上三类方法之外，其他方法在整个地震处理过程中也各有独特的任务，发挥着其他处理方法不可替代的作用。例如，在地形和地表条件复杂的山地和沙漠进行地震勘探中，静校正处理将起到十分关键的作用。地震资料处理的系统性不仅体现在处理方法的多样性和复杂性，还体现在不同处理方法之间的相互制约关系上。处理速度分析和静校正的关系时，如果静校正问题比较突出，就不可能得到准确的叠加速度；如果叠加速度误差较大，也不可能得到准确的静校正时差。地表一致性振幅补偿和叠前去噪的关系，在叠前噪声未能得到很好压制的情况下，很难得到理想的地表一致性补偿算子；在地震道之间能量差异未能很好消除的情况下，也很难取得理想的叠前去噪效果。

除了系统性之外，复杂性是地震资料处理的第二个典型特征。地震资料处理涉及大量的数理方法，每种数理方法不仅有着不同的数理推导和严密的数理论证，还有其特定的局限性和适用条件。地震资料处理人员只有在对方法原理和适用条件充分理解的基础上，才能有效发挥这些处理方法的技术优势，取得满意的处理效果。例如，反褶积处理需要反射系数白噪假设和地震子波稳态假设，但是对实际地震资料而言，这两个假设往往很难同时满足。反射系数白噪假设需要反褶积时窗尽量大一些，而稳态子波假设需要反褶积时窗尽量小一些。只

  第五节 反射波剩余静校正质量监控 ………………………………………………… (94)

第六章 噪声衰减质量监控 ……………………………………………………………… (98)
  第一节 随机干扰压制和质量监控 ……………………………………………………… (98)
  第二节 规则干扰压制和质量监控 …………………………………………………… (105)
  第三节 多次波压制和质量监控 ……………………………………………………… (117)
  第四节 多域综合去噪质量监控 ……………………………………………………… (126)

第七章 提高分辨率处理质量监控 ……………………………………………………… (129)
  第一节 地表一致性反褶积质量监控 ………………………………………………… (129)
  第二节 预测反褶积质量监控 ………………………………………………………… (136)
  第三节 反 Q 滤波质量监控 ………………………………………………………… (143)
  第四节 谱白化反褶积 ………………………………………………………………… (156)

第八章 速度建模和偏移成像质量监控 ………………………………………………… (168)
  第一节 地震速度的概念和类型 ……………………………………………………… (168)
  第二节 速度模型对偏移成像的影响 ………………………………………………… (169)
  第三节 偏移速度分析和建模方法 …………………………………………………… (172)
  第四节 叠前时间偏移速度分析与质量监控 ………………………………………… (187)
  第五节 叠前深度偏移速度建模与质量监控 ………………………………………… (193)

第九章 地震资料处理质量监控与评价系统简介 ……………………………………… (200)
  第一节 系统构成 ……………………………………………………………………… (200)
  第二节 系统主要功能 ………………………………………………………………… (203)
  第三节 系统界面设计 ………………………………………………………………… (204)

附录 地震数据处理质量分析与评价规范 ……………………………………………… (211)

参考文献 ………………………………………………………………………………………… (218)

CONTENTS 目 录

第一章　概述 ·· (1)
　第一节　地震资料处理特点 ··· (1)
　第二节　质量监控现状及主要问题 ·· (2)
　第三节　定量化质量监控 ·· (4)
第二章　质量评价要素和方法 ··· (7)
　第一节　能量分析 ··· (7)
　第二节　频率特征分析 ·· (9)
　第三节　信噪比分析 ··· (12)
　第四节　子波特征分析 ·· (18)
　第五节　AVO 特征分析 ·· (22)
　第六节　平面属性分析 ·· (28)
　第七节　质控点和质控线的选择 ··· (30)
第三章　预处理阶段质量监控 ··· (33)
　第一节　观测系统分析 ·· (33)
　第二节　能量分析 ··· (35)
　第三节　噪声分析 ··· (36)
　第四节　频率分析 ··· (38)
　第五节　子波分析 ··· (40)
　第六节　地表因素分析 ·· (44)
第四章　真振幅恢复 ·· (50)
　第一节　波前扩散能量补偿和质量监控 ··· (50)
　第二节　地表一致性振幅补偿和质量监控 ·· (54)
　第三节　近地表吸收能量补偿和质量监控 ·· (58)
第五章　静校正过程质量监控 ··· (68)
　第一节　野外静校正质量监控 ·· (68)
　第二节　沙丘曲线静校正质量监控 ·· (75)
　第三节　初至波静校正质量监控 ··· (78)
　第四节　反射波剩余静校正 ·· (90)

本书共分九章，第一章概述了地震资料处理的特点和质量控制的基本思想；第二章介绍了质量控制的要素和方法；第三章到第八章分别就预处理、真振幅恢复、静校正、噪声衰减、提高分辨率，速度建模和成像中质量控制方法进行了分析和讨论；第九章简要介绍了新疆油田分公司研发的地震资料处理质控与评价系统。

本书的研究内容是中国石油新疆油田分公司物探技术人员对多年的生产和科研工作进行积累和凝练的结果，部分研究工作得到了中国石油天然气股份有限公司科技攻关项目的资助和支持。本书由新疆油田分公司的范旭、娄兵、郑鸿明、潘龙、张龙、毛海波、蒋立、杨晓海、刘宜文、张超和电子科技大学长三角研究院（湖州）的李皓共同编写，中国石油大学（北京）李国发教授参与了本书的审阅和定稿工作。另外，新疆油田分公司勘探开发研究院的多名地震资料处理人员和技术专家参与了本书编写过程的讨论，并提供了诸多处理实例和效果图件，谨向他们表示衷心感谢。

由于笔者水平有限，本书难免存在不足之处，敬请读者批评指正。

前　言

地震资料处理作为地震数据采集和地震数据解释的桥梁，其核心任务是充分挖掘野外地震数据的全波场信息，去伪存真地获取高分辨率地下影像，为地震数据解释和储层预测提供高质量的基础数据。在这个过程中，地震资料处理人员需要依据地质任务和处理目标，综合运用地球物理学和地质学等基础知识，对处理流程、处理模块、处理参数进行大量的实验分析和方案优选，以满足地震资料处理在信噪比、分辨率、成像精度和保幅性能等多项指标上的要求。因此，地震资料处理是一项综合性很强的系统工程，只有当各个技术环节达到最优配置和最佳融合时，才能得到高质量的处理成果。

沉积环境变化和构造运动使得储层结构的地质成因相当复杂，其地质特征不可能用精确的数学模型进行描述。另外，现有的地震勘探理论和处理方法大都基于对实际介质和地震波场某种程度的近似模拟，如各向同性弹性介质假设、反射系数白噪假设和地震子波最小相位假设等，因此，地震资料处理结果存在一定的近似性和多解性。不同处理人员根据地质任务和处理目标所采用的处理流程和处理参数不尽相同，处理结果或多或少地存在差异。究竟什么样的结果好、什么样的结果不好，需要有一套完善的质量控制方法，以保证处理结果的客观性和可靠性。

如何对地震资料处理过程进行质量控制，对哪些内容进行质量监控，是本书的主题。过去地震资料处理的质量监控主要依据处理专家的经验，根据试验结果判断处理流程的合理性和处理参数的正确性。地震数据非常庞大，叠前不可能对每个炮点和检波点进行检查，叠后也不可能对每一条测线进行检查，因此，这种质控方式是有选择性的。另外，这种"相面法"为主的质控方式具有较大的主观性和盲目性，判断结果依赖于质控人员的知识结构和认知水平。最为关键的是，这种质控方式是定性的，无法做到定量分析和定量判别。随着油气田勘探开发工作的不断深入，地震勘探已从构造油气藏勘探阶段进入岩性油气藏勘探阶段，对地震资料处理质量提出了更高要求。不同处理流程的差异也许并没有改变地震剖面的构造特征，但很可能导致地震波动力学信息的空间变化，进而影响地震反演和储层预测的精度。因此，以往的定性质量控制方法已经不能满足现今高精度地震勘探的实际需要，质控方式应该由定性向定量、由重结果向重过程、由抽查向全查进行转变，以更好地满足岩性勘探的地质需要。

《地震资料处理质量监控方法研究与实践》编写人员

范　旭　娄　兵　潘　龙　李　皓

张　龙　毛海波　林　娟　蒋　立

杨晓海　刘宜文　郑鸿明　李晓峰

内 容 提 要

地震资料处理作为地震数据采集和地震数据解释的桥梁,对后续工作的开展十分重要。本书从预处理、真振幅恢复、静校正、噪声衰减、提高分辨率、速度建模和成像等多个处理环节全面系统地介绍了对地震资料处理进行质量控制的主要方法和技术流程。

本书可供石油地球物理勘探领域的技术人员使用,也可作为高等院校相关专业的教学参考书。

图书在版编目（CIP）数据

地震资料处理质量监控方法研究与实践／范旭等著
. — 北京：石油工业出版社，2023.10
（准噶尔盆地油气勘探开发系列丛书）
ISBN 978-7-5183-4734-6

Ⅰ.①地… Ⅱ.①范… Ⅲ.①准噶尔盆地-油气勘探-地震勘探-地震资料处理-研究 Ⅳ.①P618.130.8

中国版本图书馆 CIP 数据核字（2021）第 130426 号

出版发行：石油工业出版社
（北京安定门外安华里 2 区 1 号　100011）
网　　址：www.petropub.com
编辑部：（010）64523708
图书营销中心：（010）64523633
经　　销：全国新华书店
印　　刷：北京中石油彩色印刷有限责任公司

2023 年 10 月第 1 版　2023 年 10 月第 1 次印刷
787×1092 毫米　开本：1/16　印张：14.25
字数：350 千字

定价：130.00 元
（如出现印装质量问题，我社图书营销中心负责调换）
版权所有，翻印必究

准噶尔盆地油气勘探开发系列丛书

地震资料处理质量监控方法研究与实践

范 旭 娄 兵 潘 龙 李 皓 等著

石油工业出版社